SCHÄFFER
POESCHEL

▮ Handelsblatt

Mittelstands-Bibliothek – Band 3

Detlef Keitsch

Risikomanagement

2007

Schäffer-Poeschel Verlag Stuttgart

Handelsblatt Mittelstands-Bibliothek

Bibliografische Information der Deutschen Nationalbibliothek
Die Deutsche Nationalbibliothek verzeichnet diese Publikation
in der Deutschen Nationalbibliografie; detaillierte bibliografische
Daten sind im Internet über http://dnb.d-nb.de abrufbar.

Gedruckt auf chlorfrei gebleichtem, säurefreiem und alterungs-
beständigem Papier

Band 3: ISBN 978-3-7910-2713-5
Gesamtwerk: ISBN 978-3-7910-2710-4

© 2007 Schäffer-Poeschel Verlag für Wirtschaft · Steuern · Recht GmbH

www.schaeffer-poeschel.de
info@schaeffer-poeschel.de

Einbandgestaltung: Willy Löffelhardt
Satz: pws Print und Werbeservice Stuttgart GmbH
Druck und Bindung: Ebner & Spiegel GmbH, Ulm

Printed in Germany
Oktober 2007

Schäffer-Poeschel Verlag Stuttgart
Ein Tochterunternehmen der Verlagsgruppe Handelsblatt

Vorwort

Noch immer haben viele Unternehmen einen enormen Nachholbedarf bei ihrem Risikomanagement. Die Ursachen hierfür sind vielseitig und reichen von der Scheu vor dem Ressourcenaufwand über das Fehlen definierter Anforderungen bis hin zur Frage nach dem »Wie?« der praktischen Umsetzung.

Auch wird noch immer die Bedeutung eines Risikomanagements für die Unternehmensstrategie und -steuerung nicht erkannt bzw. unterschätzt, ebenso die Tatsache, dass ein implementiertes Risikomanagement das Rating nachhaltig positiv beeinflusst.

Möge dieses Buch dazu beitragen, Ihnen die gewünschten Hilfestellungen und Antworten bei der Einführung eines erfolgreichen Risikomanagementsystems zu liefern.

Bad Soden im Juli 2007   Detlef Keitsch

Der Autor

Detlef Keitsch

Jahrgang 1952, nach dem Abschluss der versicherungskaufmän-
nischen Lehre und des Studiums an der Hochschule für Wirtschaft
und Politik in Hamburg als Dipl. Betriebswirt begann seine beruf-
liche Laufbahn 1975 in London im Investmentbanking.

Er war zuerst als Devisenhändler und später in leitender Funk-
tion im Geld- und Devisenhandel mehrerer großer internationaler
Banken und ist derzeit im Inhouse-Consulting eines internationalen
Unternehmens tätig.

Seit 1993 befasst er sich mit dem Thema des Risikomanagements
von Unternehmen.

Inhaltsverzeichnis

1   Einleitung

Nichts geschieht ohne Risiko – aber ohne Risiko geschieht auch nichts.
Jegliches unternehmerische Handeln bir Risiken sind Bestandteil jeglicher unternehmerischer Geschäftstätigkeit und beinhalten die Gefahr, dass durch Ereignisse – seien diese externer oder interner Natur – oder durch Handlungen – zu verstehen als Entscheidungen – Unternehmensziele nicht erreicht werden oder gar den Fortbestand eines Unternehmens gefährden.

Um so wichtiger ist daher ein permanenter, kontrollierter Umgang mit diesen Risiken, wobei nicht alle Risiken gleich zu einer Existenz- oder Bestandsgefährdung führen müssen. Vielmehr bedeutet ein kontrollierter Umgang die Betrachtung und Beurteilung von Einzelrisiken hinsichtlich ihrer Auswirkungen auf die damit verbundene Gesamtrisikosituation eines Unternehmens.

Für eine erfolgreiche Einführung eines Risikomanagementsystems ist es erforderlich, die organisatorische Zuordnung der daraus resultierenden Aufgaben festzulegen und den Prozess als solchen zu definieren.

Gesamtverantwortlich für das Risikomanagement ist die Geschäftsleitung, wobei die Verantwortlichen der einzelnen Unternehmensbereiche einzubinden sind. Unterstützt wird das Risikomanagement durch ein Controlling und ein Überwachungssystem, einer internen Revision.

Es ist Aufgabe der **Geschäftsleitung**, dafür Sorge zu tragen, im Unternehmen eine **Risiko- und Kontrollkultur** zu implementieren, die durch den Führungsstil der Unternehmensleitung, eine verbindliche Werteskala und die Integrität der Mitarbeiter sowie eine durchgehend praktizierte Kommunikation geprägt ist.

Risikokultur

Darüber hinaus ist es notwendig, Grundsätze für eine Risikopolitik als Leitlinien im Unternehmen einzuführen, die es im gesamten Unternehmen zu kommunizieren gilt. Diese risikopolitischen Grundsätze, zu verstehen als risikopolitische Verhaltensregeln, sind gleichzeitig der Ausgangspunkt für die Gestaltung eines unternehmensweiten Risikomanagementprozesses und tragen dazu bei, das Risikobewusstsein im Unternehmen zu fördern und eine entsprechende »Risikokultur« zu entwickeln. Dies kann so weit reichen, dass durch Aufnahme dieser Grundsätze in die Arbeitsverträge jeder einzelne Mitarbeiter zu einem risikobewussten Verhalten verpflichtet wird.

Nach Schaffung dieser Voraussetzung liegt es im Verantwortungsbereich der Geschäftsführung, die unternehmensstrategischen Risiken zu identifizieren und zu bewerten.

**Risikoverant-
wortung**

Die einzelnen Geschäftseinheiten, in denen die Risikoursprünge liegen, sind für die Risiken operativ verantwortlich. Damit wird die Risikoverantwortung dezentralisiert und zugleich dem »vor Ort« vorhandenen Fach- und Sachverstand Rechnung getragen.

Das **Controlling** übernimmt dabei eine bereichsübergreifende Managementunterstützungsfunktion in allen Fragen des Risikomanagements. Insbesondere sind dieses die Entwicklung von Methoden, Systemen, entsprechenden Anweisungen und unternehmensweiten Standards sowie die Einführung eines Berichtswesens und das Risikocontrolling.

Inwieweit das Risikomanagement den gestellten Anforderungen entspricht und ob den vom Controlling erstellten Methoden, Anweisungen und Standards adäquat nachgekommen wird, liegt im Aufgabenbereich und Prüfungsauftrag der **internen Revision.** Sie ist damit das Bindeglied zwischen Geschäftsführung und Controlling.

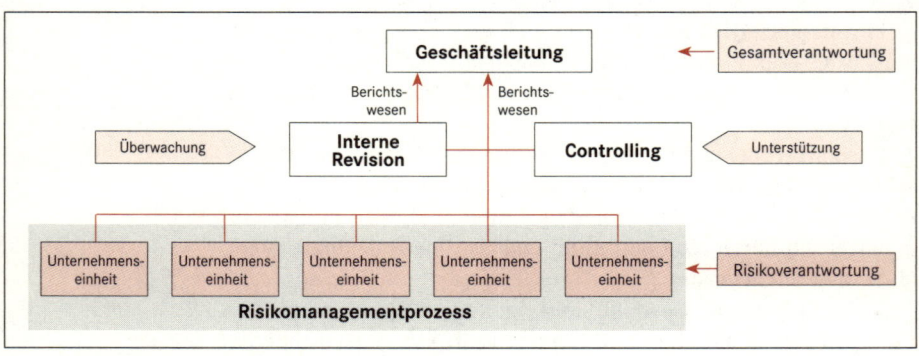

Abb. 1: Risikomanagement als übergreifender Prozess

Risikomanagement ist als ein kontinuierlicher Prozess in Form eines Regelkreises zu etablieren und in alle wesentlichen Unternehmensprozesse, Unternehmensbereiche und auf allen Hierarchieebenen zu integrieren, um Risiken bereits in ihren Ursprüngen erkennen und gegensteuern zu können.

Die Umsetzung ist in den jeweiligen Unternehmensbereichen durch das operative Management vorzunehmen wie auch dort zu verantworten.

Risikomanagement verlangt eine durchgängige Unternehmenskommunikation. Erst die Kommunikation schafft die Grundlage für eine unternehmensweite Risikokultur.

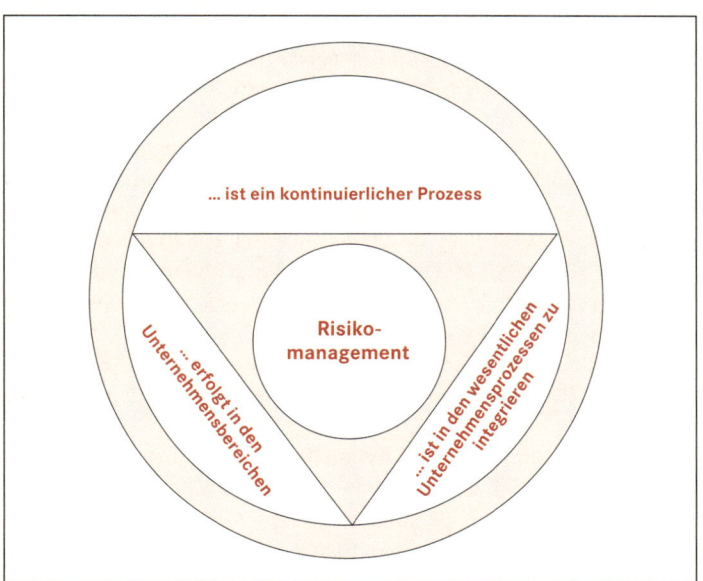

Abb. 2: Was ist Risikomanagement?

1.1   Was ist »Risiko«?

Um das notwendige Risikobewusstsein zu sensibilisieren, soll an dieser Stelle zunächst geklärt werden, wie **Risiko** zu definieren ist.

Was Risiko ist – oder besser die Einschätzung dessen, was Risiko ist – hängt von unserer ureigenen individuellen und damit höchst subjektiven (Risiko-)Wahrnehmung ab. Die Risikoeinschätzung ist ein Konstrukt unserer Sinneswahrnehmung, die uns Menschen von Kindheit an geprägt hat. Die Eindrücke unserer Sinne (sehen, fühlen, hören usw.), wie wir sie zusammensetzen und »verarbeiten«,

Risikowahrnehmung

sind stark beeinflusst von unserer Erziehung, unseren Wertvorstellungen, Meinungen und gesammelten Erfahrungen.

Nachstehendes sehr vereinfachtes Beispiel soll die unterschiedliche Risikowahrnehmung und Risikoeinschätzung verdeutlichen.

> **Beispiel:**
> *Zwei Jungen wollen auf einen Baum klettern. Immer höher. Die Äste werden dünner und beginnen bereits nachzugeben und durch Knackgeräusche ihre nachlassende Stabilität zu verkünden. Trotzdem wagt sich der eine von ihnen noch höher: ... Was soll schon großartig passieren? ... Solange die Äste nicht brechen, sondern nur knacken, habe ich »alles unter Kontrolle«. Der andere Junge, von einer gewissen Angst und Ungewissheit durch die nachgebenden Äste heimgesucht, beendet abrupt seine Kletterpartie – schließlich könnten die Äste irgendwie brechen und er abstürzen. Beide schätzen das »Risiko« unterschiedlich ein.*

Risiko wird individuell differenziert wahrgenommen und bewertet und ist allgemein recht verzerrt. Ob es sich um ein großes oder kleines Risiko handelt, unterliegt der persönlichen Beurteilung. Das Resultat ist, dass Risiken, die wir vermeintlich beherrschen und meinen beeinflussen zu können, unterschätzt und diejenigen, die außerhalb unserer Kontrolle zu liegen scheinen, entsprechend überschätzt werden.

Die Risikowahrnehmung und -einschätzung wird zugleich mit individuellen (Risiko-)Kontrollmöglichkeiten in Verbindung gebracht.

Risikodefinitionen   Aufgrund der subjektiven individuellen Risikowahrnehmung sind auch die unterschiedlichsten »Risiko«-Definitionen und -erklärungen zu finden (alle: Brockhaus, Studienausgabe 2001):

- **Risiko**: aus dem italienischen Ris(i)co (Klippe, die zu umschiffen ist).
- **Risiko** wird auch mit Wagnis beschrieben: Wagnis, die Möglichkeit, dass eine Handlung oder Aktivität einen körperlichen oder materiellen Schaden oder Verlust zur Folge hat oder mit anderen Nachteilen verbunden ist, im Unterschied zur Gefahr, die eine eher unmittelbare Bedrohung bezeichnet.
- **Wagnisse**: Risiken und Verlustgefahren, die sich aus unternehmerischer Tätigkeit ergeben.
- **Gefahr**: Bedrohung der Sicherheit, drohendes Unheil. Der Begriff spielt im Zivilrecht im Rahmen der Risikoverteilung ... eine Rolle.

Auf das Risikomanagement bezogen ist Risiko demzufolge als das individuelle »In-Kauf-Nehmen« begleitender Gefahren im Rahmen eines jeglichen unternehmerischen Handelns und Entscheidens und als eine zu kalkulierende Größe eines möglichen, aber nicht gewünschten Ereignisses auf dem Weg der Zielerreichung zu verstehen.

Risiko als kalkulierbare Größe

Der Begriff soll im Sinne des unternehmerischen Risikomanagementprozesses eine weitere Unterscheidung und Abgrenzung erfahren: Risiko und Ungewissheit. Hierzu hat bereits 1921 Frank Knight in seinem Buch »*Risk, uncertainty and profit*« eine recht klare Aussage gemacht:

»*The distinction between risk and uncertainty:*
If you don't know for sure what will happen, but know the odds, that's
risk.
If you don't even know the odds, that's uncertainty.«

»*Die Unterscheidung zwischen Risiko und Ungewissheit meint:*
Wenn wir nicht sicher wissen, was passieren wird, aber die Eintritts-
wahrscheinlichkeit kennen, ist das RISIKO.
Wenn wir aber noch nicht einmal die Wahrscheinlichkeit kennen,
ist es UNGEWISSHEIT.«

(Freie Übersetzung durch den Verfasser)

Bei diesem Risikobegriff handelt es sich um einen Ansatz aus der Entscheidungstheorie, der in der heutigen, modernen Risikobetrachtung kaum oder nur noch selten seine Anwendung findet.

Risikobegriff

Dennoch ist es dieser Ansatz wert, genauer beleuchtet zu werden, verbindet er doch den Risikoaspekt mit der Eintrittswahrscheinlichkeit des eigentlichen Risikoereignisses und bringt diesen in Zusammenhang mit der mathematisch-statistischen Wahrscheinlichkeitsrechnung, um das Risiko somit als »berechenbar« und zugleich »steuerbar« darzustellen.

Risiko-wahrscheinlichkeit

Um dieses zu verdeutlichen, soll auf den Begriff »Risiko« im nächsten Kapitel inhaltlich näher eingegangen werden und aus einer allgemein praktischen Betrachtung die Berechenbar- und Steuerbarkeit des Risikos aufgezeigt werden.

1.2 Risiken

Grundsätzlich können Risiken in drei große Kategorien eingeteilt werden:

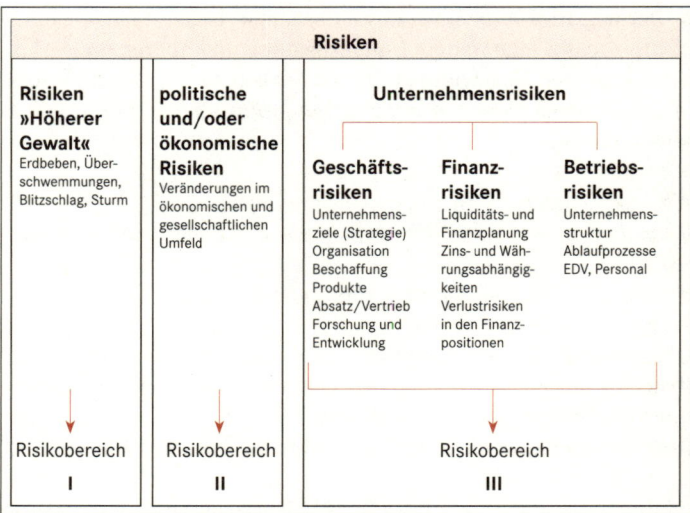

Abb. 3: Übersicht der Risikokategorien mit ihrem Schwerpunkt im Unternehmen

Risikokategorien

1. Risiken der »höheren Gewalt«

Als Risiken der »höheren Gewalt« sind die unvorhersehbaren Naturkatastrophen gemeint, die, wenn sie auf ein Unternehmen einwirken, verheerende Folgen nach sich ziehen können – bis hin zum Betriebsstillstand oder gar Totalschaden.

2. Politische und ökonomische Risiken

Unter politischen und ökonomischen Risiken sind die Risiken anzusiedeln, die sich aus den Veränderungen im gesellschaftlichen und wirtschaftlichen Umfeld ergeben.

3. Unternehmensrisiken

Unternehmenskriterien ergeben sich aus den unternehmerischen Aktivitäten und können eingeteilt werden in:

- **Geschäftsrisiken:** Sie beziehen sich auf die Kernbereiche, die eigentliche unternehmerische Geschäftätigkeit, und finden sich in den unternehmensstrategischen Entscheidungen, in den Produkten und den Innovationen der Unternehmen, wieder.

● **Finanzrisiken:** Sie erstrecken sich auf die unternehmerischen Finanzpositionen und sind als Verlustrisiken zu verstehen. Sie haben ihren Ursprung in einer nicht ausreichend vorausschauenden Liquiditäts- und Finanzplanung oder in den täglichen Kursveränderungen auf den Finanzmärkten sowie in der Veränderung der Ertrags-, Finanz- und Vermögenslage.

● **Betriebsrisiken:** Sie definieren sich als interne und organisatorische Risiken und finden sich in den Ablaufprozessen, in der Unternehmensorganisation und -struktur, in der eingesetzten Informationstechnologie wie auch im Personal und auf den Beschaffungs- und Absatzmärkten.

Zwischen den drei Risikokategorien bestehen Wechselbeziehungen, wobei die Wirkung hauptsächlich in hierarchischer Weise von der höheren Gewalt und der politisch-ökonomischen Seite auf die Unternehmensrisiken »ausstrahlt«.

Besonders die Risiken aus politisch-ökonomischen Veränderungsprozessen stehen in enger Korrelation zu den Unternehmensrisiken und hier besonders zu den strategischen Entscheidungen und den sehr sensibel reagierenden Finanzpositionen in Form ihrer Risikoprofile. Ungewissheit und Risiko

Auf die Unterteilung bei Frank Knight in »Ungewissheit« und »Risiko« soll an dieser Stelle kurz eingegangen werden.

Obwohl der Eintritt einer höheren Gewalt in Gestalt von Naturkatastrophen allgemein als ungewiss, ja unberechenbar gilt, so lassen sich doch eine Reihe dieser Ereignisse hinsichtlich ihrer Eintrittswahrscheinlichkeit und -häufigkeit als messbares und berechenbares Risiko darstellen. Zu denken ist hier beispielsweise an Betriebsunterbrechung durch Blitzschlag, Feuer, Sturm etc. und die sich kausal daraus ergebenden finanziellen Folgeschäden.

> Decken Sie durch entsprechende Versicherungen die aus dem möglichen Eintritt einer höheren Gewalt entstehenden finanziellen Risiken ab **Tipp**

Auch die politischen und die damit meist einher gehenden ökonomischen Veränderungen sind geneigt, zumindest zum Teil, als ungewiss eingestuft zu werden. Doch bei genauerer Betrachtung von Gegebenheiten, ihren Entwicklungen, Tendenzen und möglichen Auswirkungen können gewisse Folgerungen gezogen und somit als einschätzbar gewertet werden. Damit verlagert sich das Gewicht von politisch-ökonomischer Ungewissheit zum politisch-ökonomischen Risiko. Deutlich wird dieses durch Unternehmensentscheidungen zu Produktionsverlagerung, umweltfreundlicheren Produkten, Rationalisierungsprozessen, Rückzug aus bestehenden Märkten usw. aufgrund vorausgegangener sich abzeichnender Entwicklungen.

Dagegen können die unternehmerischen Risiken als relativ berechen- oder steuerbar angesehen werden. Marktpotential-Analysen, Konsumentenbefragungen und -verhalten, technische Trends etc. helfen, die Risiken eines Unternehmens **relativ kalkulierbar** zu machen, auch wenn durch die Wechselwirkung mit den politisch-ökonomischen Risiken und deren Auswirkungen **eine gewisse Neigung zur Ungewissheit** bestehen mag.

Vorhaben zu Gesetzesänderungen und die sich daraus ergebenden Fragen der Auslegung – vor allem im Steuergesetz – mögen beispielhaft sein.

Anders sieht es mit den **Betriebsrisiken** aus, deren Ursprünge im Unternehmen selbst zu suchen sind, auch wenn einige von externer Seite in das Unternehmen »importiert« werden, wie beispielsweise das Rechtsrisiko mit Vertragspartnern oder andere Einflüsse von außen wie Produktionsstillstand durch Stromausfall usw.

Risikowechsel-
wirkung

Diese kritischen Faktoren der Kategorie »Unternehmensrisiken« können generell als steuerbar/berechenbar klassifiziert werden, da sie meist vorhersehe-, zumindest jedoch abschätzbar, und darüber hinaus häufig durch entsprechende Vorsorgemaßnahmen und Versicherungen abzudecken sind.

Zwar bestehen Wechselwirkungen der Risiken untereinander, vor allem die der ökonomisch-politischen mit den Finanzrisiken, doch Finanzrisiken allein für sich betrachtet, d. h. losgelöst von allen anderen Einflüssen, können mathematisch-statistisch in Form von Standardabweichungen, Sensitivitäten und Simulationen »gemessen« werden und sind daher als **quantifizier-**, **berechen-** und **steuerbar** einzuordnen. Daraus ergibt sich zunächst die Frage nach der Notwendigkeit für die Einrichtung eines unternehmerischen Risikomanagementsystems.

1.3   Warum Risikomanagement?

Die Erfordernisse und Notwendigkeit, ein Risikomanagement im Unternehmen zu etablieren, sind vielseitig.

Neben der allgemeinen Managementinformation über Finanzpositionen, deren Fristigkeiten, Performance und Absicherungsbedarf, der Sicherstellung der Liquidität und Zahlungsfähigkeit eines Unternehmens sowie der Kosten-, Umsatz-, Gewinnentwicklung und operativer Effizienz, sind es vor allem die sich ständig verändernden internen und externen Rahmenbedingungen, die die Forderung nach einer Implementierung eines Risikomanagements erheben:

1. Nicht nur für börsennotierte Unternehmen **fordert das Gesetz zur Kontrolle und Transparenz im Unternehmensbereich (KonTraG)**, ein Überwachungssystem zur Früherkennung bestandsgefährdender Risiken einzurichten (§ 91 Abs. 2 AktG). Risikomanagement ist ebenso Bestandteil der Sorgfaltspflichten eines jeden GmbH-Geschäftsführers (§ 43 Abs. 1 GmbHG). Auch diese müssen wie die Vorstände einer Aktiengesellschaft im Fall einer Unternehmenskrise beweisen, dass sie sich objektiv und subjektiv pflichtgemäß verhalten und Maßnahmen zur Früherkennung und Abwehr der Risiken getroffen haben.

Gesetzliche Anforderungen

2. Künftig gelten für knapp fünf Millionen nicht börsennotierte Unternehmen in der EU neue Vorschriften für die Rechnungslegung. Das neue Gesetz sieht unter anderem vor, dass diese Unternehmen künftig in ihren Jahresberichten explizit auf Risiken und Unsicherheiten hinweisen und ihre Schulden beziffern müssen. Den EU-Mitgliedstaaten wird mit dieser neuen Verordnung darüber hinaus gestattet, diese gesetzlichen Anforderungen auch auf alle anderen Unternehmen auszudehnen. Damit wird das Risikomanagement auch für die kleinen und mittelständischen Unternehmen (KMU) zu einem wesentlichen Bestandteil der Unternehmensplanung.

3. Bedingt durch Basel II müssen die Kreditinstitute künftig eine fundierte Risikoanalyse ihrer Kreditnehmer erstellen, die sich nicht mehr auf die vergangenheitsorientierte Ertrags- und Finanzlage in Form einer Kreditwürdigkeitsprüfung allein beschränkt, sondern eine zukunftsorientierte Beurteilung der Risiken des Unternehmens verlangt (§ 18 Kreditwesengesetz KWG). Damit wird die Kreditgewährung in Abhängigkeit eines ausreichend vorhandenen Risikomanagements gebracht. Die Frage wird immer öfter lauten: »Besteht in Ihrem Unternehmen ein angemessenes Risikomanagement und Risikocontrolling?«

Kredit und Risiko

4. Fast ausnahmslos wird bis heute eine Risikobetrachtung auf den Finanzbereich beschränkt. Dabei sind alle Aussagen, die aus der Buchhaltung heraus über ein Unternehmen in Erfahrung gebracht werden, Vergangenheit, weil die Auswertungen immer erst im Nachhinein vorliegen und sich nur auf die abgelaufenen Zeiträume beziehen. Übersehen wird auch, dass das Zahlenwerk nur Auskunft über das Ende einer Prozesskette gibt: das am Ende erwirtschaftete »Geld«. Die Buchhaltung betrachtet bedauerlicherweise die Prozesskette erst mit Beginn der Rechnungslegung.

Risiken, die im operativen Bereich des Unternehmens ihren Ursprung haben, werden häufig vernachlässigt, ohne dass erkannt wird, dass gerade sie zu erheblichen Kosten führen.

Veränderte Risikobetrachtung

Betriebliche Risiken stecken sowohl in den unternehmerischen Kern- als auch in den sie unterstützenden Prozessen. Zwar werden als häufigste Insolvenzursache die finanziellen Risiken angeführt, doch eine alleinige Fixierung auf sie führt zu einer unvollständigen Darstellung und Erfassung der Gesamtrisikolage eines Unternehmens.

In Untersuchungen ist nachgewiesen, dass die operativen Risiken durchschnittlich etwa 10 % der Gesamtkosten eines Unternehmens ausmachen und die daraus resultierenden Verluste mehr oder weniger »unbemerkt« im unternehmerischen Zahlenwerk »verschwinden«.

Mit der Forderung des KonTraG, im Lagebericht »auch auf die Risiken der künftigen Entwicklung einzugehen«, wird ein gesetzlich verordneter Aufbruch in eine neue Dimension verlangt. Bestand der Jahresabschluss fast ausschließlich aus Finanzzahlen, werden mit dem KonTraG ganz neue Datensphären angesprochen, die ein frühzeitiges Erkennen von Risiken erst möglich machen – so genannte Frühwarnindikatoren, die über die reinen Finanzkennzahlen hinausgehen.

5. Die steigende Bereitschaft der Unternehmen, Finanzderivate zur Absicherung von Finanzpositionen und Portfolien zu nutzen, und die damit einhergehende Problematik, dass herkömmliche Buchhaltungssysteme diese neuen Finanzprodukte nicht oder nur mangelhaft hinsichtlich ihrer Risikoprofile und Cash-Flow-Strukturen verarbeiten und erfassen können, lässt gleichzeitig die Sensibilität im Unternehmensmanagement bezüglich der sich daraus ergebenden Risiken steigen.

IT als Risiko

6. Der Einsatz immer neuer Informationstechnologien lässt Geschäftsprozesse effizienter, aber auch komplexer werden. Gleichzeitig werden die Reaktionszeiten kürzer und stellen die Unternehmen vor eine neue Risikolage. Es ist davon auszugehen, dass diese operativen Risiken in der Zukunft noch stärker steigen werden. Auch die rasante Ausbreitung des Internets mit der Eröffnung neuer Chancen, aber auch Risiken, zeigen den Weg der Notwendigkeit eines unternehmerischen Risikomanagements auf.

7. Durch die zunehmende globale Ausrichtung der Unternehmen ist der weltweite Wettbewerb härter und der Druck auf die Unternehmensmargen größer geworden. Der Kostenspielraum in den Unternehmen hat sich damit erheblich verringert, das Risiko jedoch vergrößert.

Es ist nicht mehr nur die reine Rechnungslegung, die allgemein in der Tätigkeit der Wirtschaftsprüfer gesehen wird. Verstärkt wird sich danach auch auf interne Abläufe und Risikofelder im Unternehmen konzentriert, um bereits im Vorfeld die kritischen Faktoren in den Geschäftsablaufprozessen und den Organisationsstrukturen aufzuzeigen und entsprechend frühzeitig vorbeugende Maßnahmen ergreifen zu können. Hierbei handelt es sich vornehmlich um interne Risiken, den so genannten Betriebsrisiken, die an späterer Stelle noch näher zu betrachten sind. Aber auch die Darstellung der künftigen Unternehmensausrichtung mit ihren Risiken wird zum Prüfungsgegenstand erklärt.

Kritische Faktoren

Die praktische Umsetzung des Risikomanagements darf sich aber nicht nur auf die Einhaltung gesetzlicher Vorschriften in Form einer bloßen Risikobuchhaltung beschränken. Vielmehr sind mit einem Risikomanagement auch die Chancen zu erkennen, die durch ein systematisches Management der Risiken die Grundlage einer wert- und erfolgsorientierten Unternehmenssteuerung schaffen und darüber hinaus zu Kosten- und Wettbewerbsvorteilen führen und zu einer Verbesserung des Ratings beiträgt. Dieses gilt auch oder gerade für die mittelständischen Unternehmen, für die es aufgrund ihrer meist sehr niedrigen Eigenkapitalausstattung besonders wichtig ist, Unternehmenskrisen zu vermeiden.

1.4   Das Gesetz zur Kontrolle und Transparenz im Unternehmensbereich (KonTraG)

Mit diesem Gesetz werden zusätzliche Anforderungen an die Vorstände, Geschäftsführer und die Aufsichtsgremien eines Unternehmens sowie an die Wirtschaftsprüfer gestellt.

Das KonTraG selbst ist im eigentlichen Sinne kein eigenständiges Gesetz. Vielmehr ist es als ein Konstrukt zu verstehen, das sich aus zahlreichen Änderungen und Ergänzungen in anderen Gesetzen, vornehmlich im Aktiengesetz und im Handelsgesetzbuch, ergibt.

§ 91 Abs. 2 AktG
»Der Vorstand hat geeignete Maßnahmen zu treffen, insbesondere ein Überwachungssystem einzurichten, damit den Fortbestand der Gesellschaft gefährdende Entwicklungen früh erkannt werden.«

Unternehmensgefährdende Entwicklungen

Als »den Fortbestand der Gesellschaft gefährdende Entwicklungen« sind beispielsweise risikobehaftete Geschäfte, Verstöße gegen gesetzliche Vorschriften, die sich vor allem auf die Finanz-, Ertrags- und Vermögenslage des Unternehmens wesentlich auswirken und/oder künftig auswirken könnten, wie auch Unregelmäßigkeiten in der Rechnungslegung zu verstehen.

<table>
<tr><td>

Pflichten des Vorstands

</td><td>

In der Begründung zu § 91 Abs. 2 AktG wird **die Verpflichtung des Vorstandes, für ein angemessenes Risikomanagement und für eine angemessene interne Revision bzw. ein internes Überwachungssystem zu sorgen,** besonders hervorgehoben. Damit werden auch gleichzeitig interne Ablaufprozesse und Organisationsstrukturen wie auch Zuständigkeiten in den internen Verantwortungsbereichen angesprochen, die auf etwaige Risiken hin zu beleuchten sind. Basierend auf § 93 AktG hat der Vorstand im Falle einer Unternehmenskrise nachzuweisen und darzulegen, dass er alle Maßnahmen zur Risikofrüherkennung und -abwehr getroffen hat, d. h. dass er sich sowohl objektiv als auch subjektiv pflichtgemäß verhalten hat.

</td></tr>
</table>

§ 317 Abs. 4 HGB
»Bei einer börsennotierten Aktiengesellschaft ist außerdem im Rahmen der Prüfung zu beurteilen, ob der Vorstand die ihm nach § 91 Abs. 2 AktG obliegenden Maßnahmen in einer geeigneten Form getroffen hat und ob das danach einzurichtende Überwachungssystem seine Aufgaben erfüllen kann.«

Es ist zu beachten, dass nach § 317 Abs. 4 HGB das im Unternehmen zu etablierende Risikomanagementsystem, wie auch dessen Überwachungssystem, zum Prüfungsgegenstand im Rahmen der externen Jahresabschlussprüfung erhoben wird und das Ergebnis dieser Prüfung nach § 321 Abs. 4 HGB im Prüfungsbericht darzulegen und gegebenenfalls auf Schwachstellen und deren Behebung hinzuweisen ist.

§ 321 Abs. 4 HGB
»Ist im Rahmen der Prüfung eine Beurteilung nach § 317 Abs. 4 HGB abgegeben worden, so ist deren Ergebnis in einem besonderen Teil des Prüfungsberichts darzustellen.
Es ist darauf einzugehen, ob Maßnahmen erforderlich sind, um das interne Überwachungssystem zu verbessern.«

<table>
<tr><td>

Risikolagebericht

</td><td>

Zusätzlich wird durch das KonTraG die Prüfungspflicht des Abschlussprüfers auf die Beurteilung und Plausibilität des Lageberichts des Unternehmens ausgedehnt. Nicht nur die derzeitige wirtschaftliche Lage des Unternehmens hat eine Beurteilung zu erfahren, sondern auch die Darstellung der Risiken der künftigen Unternehmensentwicklung.

</td></tr>
</table>

§ 289 Abs. 1 HGB
»Ferner ist im Lagebericht die voraussichtliche Entwicklung mit ihren wesentlichen Chancen und Risiken zu beurteilen und zu erläutern ...«

§ 317 Abs. 2 HGB
*»Der Lagebericht und der Konzernlagebericht sind ... zu prüfen ... Dabei
ist auch zu prüfen, ob die Chancen und Risiken der künftigen Entwicklung
zutreffend dargestellt sind.«*

§ 321 Abs. 1 HGB
Prüfungsbericht
*»... wobei insbesondere auf die Beurteilung des Fortbestandes und der künf-
tigen Entwicklung des Unternehmens ... einzugehen ist.«*

Die Aufsichtsorgane haben nach §§ 171 Abs. 1 Satz 1 AktG den Lagebericht zu prüfen und haben darüber hinaus im Rahmen ihrer
allgemeinen Überwachungsfunktion nach § 111 Abs. 1 AktG die
Verpflichtung, die Einrichtung eines Frühwarn- und Überwachungssystem durch den Vorstand zu überprüfen.

Darüber hinaus müssen nach § 15 Wertpapierhandelsgesetz
(WpHG) börsennotierte Unternehmen alle Tatsachen unverzüglich
veröffentlichen, die den Aktienkurs erheblich beeinflussen können.
Diese »Ad-hoc-Publizitätspflicht« soll auf der einen Seite für mehr
Transparenz sorgen und andererseits verhindern, dass Marktteilnehmer ihr Insider-Wissen missbrauchen, mit der Konsequenz, dass
nach § 39 WpHG bei leichtfertiger Verletzung dieser Publizitäts-
pflicht ein Bußgeld von bis zu 1 Mio. € verhängt werden kann.

Die Verpflichtung, dass Unternehmen neue kursbeeinflussende   **»Ad-hoc-**
Tatsachen unverzüglich zu veröffentlichen haben, wird jedoch von   **Meldungen«**
nicht wenigen für eine gewisse Eigenwerbung genutzt, ohne dabei
wirklich substanzielle, kursrelevante Informationen kundzutun,
oder es werden negative Unternehmensdaten mittels einer bewusst
gewählten Formulierung gekonnt »schön gefärbt«. Inwieweit hierbei
von Missbrauch gesprochen werden kann, möge jeder für sich selbst
beurteilen; für das Unternehmensimage ist dieses sicherlich nicht
förderlich, ganz zu schweigen von dem impliziten Risiko, das von
einer derartigen Handlungsweise ausstrahlt.

Im Konstrukt des KonTraG strahlt auch das Kreditwesengesetz
(KWG) seine Wirkung aus. Hier ist insbesondere der § 18 Satz 1
KWG zu betrachten:

§ 18 Satz 1 KWG
*»Ein Kreditinstitut darf einen Kredit, der insgesamt 750.000 € oder 10 vom Hun-
dert des haftenden Eigenkapitals des Instituts überschreitet, nur gewähren,
wenn es sich von dem Kreditnehmer die wirtschaftlichen Verhältnisse, insbesondere durch Vorlage der Jahresabschlüsse, offen legen lässt.«*

Kreditgeber und Risikomanagement-system

Damit wird die künftige Kreditgewährung in Abhängigkeit eines ausreichend vorhandenen Risikomanagementsystems gebracht, denn die vorzulegenden Jahresabschlüsse beinhalten die Prüfung und Kommentierung durch den Wirtschaftsprüfer, inwieweit das geforderte Risikomanagementsystem den Anforderungen des Unternehmens entspricht. Weiterhin fordern die Anmerkungen zu diesem Paragraphen, bei einer Kreditgewährung auch die künftigen Entwicklungen des Unternehmens zu berücksichtigen, d. h. die derzeitige und künftige Unternehmenslage – ebenfalls Bestandteil der Jahresabschlussprüfung – ist seitens der Kreditinstitute zu beurteilen.

§ 18 KWG erschöpft sich nicht in der Kreditwürdigkeitsprüfung, sondern verpflichtet zur kontinuierlichen Beobachtung und Analyse der wirtschaftlichen Entwicklung des Kreditnehmers.

Damit sind auch die Kreditinstitute aufgefordert, eine zukunftsorientierte Beurteilung der künftigen Risiken des kreditbeantragenden Unternehmens vorzunehmen, und flankieren somit die Anforderungen aus dem Aktiengesetz und dem Handelsgesetzbuch.

Für den Kreditnehmer bedeutet dieses, dass er eine in die Zukunft ausgerichtete Erfolgs-, Vermögens- und Finanzplanung zu erstellen hat, wobei die zukünftig zu erwartende Unternehmensentwicklung entsprechend zu dokumentieren ist. Neben der Verpflichtung zur Einführung eines Risikomanagementsystems und der Erweiterung der Jahresabschlussprüfung durch die Wirtschaftsprüfer hat das KonTraG auch eine allgemeine Haftungserweiterung hinsichtlich Schadensersatzansprüchen zum Inhalt.

Haftungs-erweiterung

Mit der Konkretisierung der allgemeinen Geschäftsführungsaufgaben durch § 91 AktG und § 289 HGB in Verbindung mit § 76 AktG und § 43 Abs. 1 GmbHG führt eine Verletzung der Sorgfaltspflicht zur Schadensersatzpflicht der Geschäftsleitung (§ 93 Abs. 2 AktG; § 43 Abs. 2 GmbHG).

Ebenso ist die Haftungspflicht des Aufsichtsrats durch die Pflicht zur Überwachung der Geschäftsleitung gemäß § 116 AktG und die Erleichterung der Geltendmachung von Ersatzansprüchen gegenüber dem Aufsichtsrat durch die Herabsetzung des **Minderheiten-Quorums zur Geltendmachung von Schadensersatzansprüchen gegen Organmitglieder** ausgedehnt worden.

Gleichzeitig sind die Haftungsansprüche gegenüber dem Abschlussprüfer bei Fahrlässigkeit gemäß § 323 Abs. 2 HGB von 250.000 € auf 1 Mio. € und auf 4 Mio. € bei amtlich notierten Aktiengesellschaften heraufgesetzt worden.

Auch wenn der Gesetzgeber hauptsächlich von Aktiengesellschaften spricht, so kann und muss von einer Ausstrahlungswirkung des Aktiengesetzes auf andere Kapitalgesellschaften ausgegangen werden, sodass auch für diese Unternehmen das KonTraG Anwendung findet. Herzuleiten ist dieses aus der Gesetzesbegründung:

»In das GmbH-Gesetz soll keine entsprechende Regelung aufgenommen werden. Es ist davon auszugehen, dass für Gesellschaften mit beschränkter Haftung je nach ihrer Größe, Komplexität ihrer Struktur usw. nichts anderes gilt und die Neuregelung Ausstrahlungswirkung auf den Pflichtenrahmen der Geschäftsführer auch anderer Gesellschaftsformen hat.«

Zwischenzeitlich hat sich in der Praxis herauskristallisiert, dass die Vorschriften auch für GmbH, GmbH & Co. KG zutreffen. Inwieweit auch andere Gesellschaftsformen tangiert werden, wird die künftige Prüfungspraxis zeigen.

Dem Lagebericht nach den §§ 289 und 315 HGB kommt im Rahmen des Risikomanagements eine besondere Bedeutung zu, ist doch der Lagebericht als ein Instrument der Rechenschaftslegung zu verstehen, das über den reinen Jahresabschluss hinaus die gesamtwirtschaftliche Unternehmenslage darstellt. Der Lagebericht ergänzt und verdeutlicht in einer verbalen Ausführung die aus dem Jahresabschluss abzuleitenden Erkenntnisse der wirtschaftlichen Unternehmenssituation und berücksichtigt die zukunftsorientierten Sachverhalte, insbesondere die Beschaffungs- und Absatzmärkte, die Produktion, den Personalbereich, die Informationstechnologie, die Umfeldfaktoren und -bedingungen sowie die bestehenden und zukünftigen Risiken.

Der Lagebericht muss alle relevanten Angaben enthalten, die eine Gesamtbeurteilung des Geschäftsverlaufes, der wirtschaftlichen Unternehmenslage und der Risiken der künftigen Entwicklung des Unternehmens ermöglichen. Diese Angaben und Aussagen sind klar, verständlich und eindeutig darzustellen, wobei bedeutsame Sachverhalte in einem angemessenen Detaillierungsgrad hervorzuheben sind.

Für die Darstellung des Geschäftsverlaufes gehören zur Berichtspflicht Aussagen über: **Berichtspflicht**

- die Entwicklung der Unternehmensbranche und der Gesamtwirtschaft,
- die Umsatz- und Auftragsentwicklung,
- die Produktion,
- die Beschaffung,
- getätigte und geplante Investitionen und deren Verlauf,
- Finanzierungsvorhaben und -maßnahmen,
- der Personal- und Sozialbereich,
- der unternehmerische Umweltschutz sowie
- sonstige wichtige und unternehmensrelevante Vorgänge im Geschäftsjahr.

Zur Berichtspflicht der wirtschaftlichen Unternehmenslage sind Ausführungen zur Finanz-, Vermögens- und Ertragslage unter Verwendung von aussagekräftigen Kennzahlen sowie deren Ermittlung zu machen.

In Bezug auf die Risiken der künftigen Unternehmensentwicklung ist im Lagebericht zu unterscheiden zwischen:

- den **bestandsgefährdenden Risiken** und
- den **Risiken, die einen wesentlichen Einfluss auf die Vermögens-, Finanz- und Ertragslage haben.**

Risikoeinschätzung Bei der Verpflichtung zum Hinweis auf **bestandsgefährdende Risiken** erlangt die zukünftige Einschätzung der Existenzfähigkeit des Unternehmens eine zentrale Bedeutung. Daher muss zutreffend und zweifelsfrei in den Ausführungen des Lageberichts der Fortbestand des Unternehmens erkennbar sein. Kann davon nicht mehr ausgegangen werden (und wird die Unternehmensfortführung als bedroht angesehen), ist dieses unter Nennung der Gründe deutlich darzustellen, bzw. bei Anzeichen einer Gefährdung auf diese besonders hinzuweisen. Hinsichtlich des hierfür zu Grunde zu legenden Prognosehorizonts ist als Bezugszeitraum von zwölf Monaten auszugehen, es sei denn, es bestehen bereits fundierte Anhaltspunkte über diesen Zeitraum hinaus.

Als **Risiken mit wesentlichem Einfluss auf die Vermögens-, Finanz- und Ertragslage** sind die Risiken zu verstehen, die nicht gleich einen bestandsgefährdenden Charakter haben, sich allerdings im wesentlichen Umfang nachhaltig auf den Geschäftsverlauf auswirken und somit die künftige Entwicklung des Unternehmens beeinträchtigen. Diese Risiken können sowohl interner als auch externer Natur sein. Diese Risiken sind im Lagebericht über einen Zeitraum der nächsten 24 Monate hinsichtlich ihrer voraussichtlichen Auswirkungen darzustellen.

Risikoprognose Die zukünftige Entwicklung des Unternehmens ist als eine Vorausschau oder Prognose zu verstehen. Wegen der damit verbundenen Unsicherheit – wer kann schon die Zukunft derart detailliert vorhersehen? – liegt diese Prognose im Ermessen der Unternehmensleitung. Die prognostizierten Erwartungsdaten müssen jedoch in einem erklärbaren Zusammenhang mit den im Jahresabschluss zu entnehmenden Daten und auf einer realistischen Annahme und Basis stehen und nicht durch Wunschvorstellungen oder gar Träumereien verfälscht werden.

Auf den Konzernlagebericht soll an dieser Stelle nicht weiter eingegangen werden. Er stellt ein eigenständiges Instrument der Rechenschaftslegung des Konzerns dar und ist grundsätzlich losgelöst von den anderen zum Konzern gehörenden Unternehmenslageberichten zu sehen. Der Konzernlagebericht hat sich daher auf den Gesamtkonzern zu beziehen und ist keine Kumulierung der anderen Lageberichte.

Eine Checkliste für den Unternehmenslagebericht ist dem Kapitel 12 zu entnehmen.

Zusammenfassend lassen sich aus der neuen Gesetzesanforderung des KonTraG fünf Kernaussagen treffen:

1. Erweiterung der Haftung von Vorstand, Geschäftsleitung, Auf- **Kernpunkte**
   sichtsorganen und Abschlussprüfer; **des KonTraG**
2. Verpflichtung zur Einführung eines Risikomanagementsystems;
3. Beurteilung des Risikomanagementsystems durch den Wirtschaftsprüfer;
4. der (Unternehmens-)Lagebericht ist um die Würdigung künftiger Risiken zu erweitern;
5. der Wirtschaftsprüfer muss die (Unternehmens-)Lage beurteilen.

1.5   Der Deutsche Corporate Governance Kodex

Neben dem 1998 eingeführten KonTraG sind in der jüngsten Vergangenheit umfassende Anstrengungen unternommen worden, die Corporate Governance zu verbessern. Corporate Governance umfasst die Gesamtheit der Grundsätze für die Leitung und Überwachung eines Unternehmens mit dem Ziel, mehr Transparenz und ein ausgewogenes Verhältnis von Führung und Kontrolle zu erreichen. Derzeit haben etwa 50 Staaten der Welt ihre eigenen Corporate Governance Codes und es zeigt sich, dass die Unternehmen – obwohl nicht gesetzlich verpflichtet – sich in der Unternehmensführung mehr und mehr an diesen Codes orientieren.

Der **Deutsche Corporate Governance Kodex** (DCGK) beinhaltet Verhaltensstandards für Vorstände und Aufsichtsräte, sowie Informationspflichten gegenüber Aktionären und eine Präzisierung der Rolle des Abschlussprüfers. Außerdem enthält er eine Reihe von Regelungen, die sich auf das Risikomanagement beziehen.

Ziffer 3.3 des DCGK sagt:»Für Geschäfte von grundlegender Bedeutung legen die Satzung oder der Aufsichtsrat Zustimmungsvorbehalte zugunsten des Aufsichtsrats fest. Hierzu gehören Entscheidungen oder Maßnahmen, die die Vermögens-, Finanz- oder Ertragslage des Unternehmens grundlegend verändern.«

Ziffer 3.4 des DCGK verweist: »Der Vorstand informiert den Aufsichtsrat regelmäßig, zeitnah und umfassend über alle für das Unternehmen relevanten Fragen der Planung, der Geschäftsentwicklung, der Risikolage und des Risikomanagements. Er geht auf Abweichungen des Geschäftsverlaufs von den aufgestellten Plänen und Zielen unter Angabe von Gründen ein.«

Ziffer 5.2 Abs. 3 enthält die Empfehlung, dass der Aufsichtsratsvorsitzende mit dem Vorstand »... regelmäßig Kontakt halten und mit ihm die Strategie, die Geschäftsentwicklung und das Risikomanagement des Unternehmens beraten« soll.

Ziffer 5.3.2 empfiehlt, dass der Aufsichtsrat »... einen Prüfungsausschuss (Audit Committee) einrichten...« soll »... der sich insbesondere mit Fragen der Rechnungslegung und des Risikomanagements ...« befasst.

Anzumerken ist, dass die Vorstandspflichten zum Risikomanagement nicht als Empfehlung formuliert sind, sondern lediglich den geltenden Rechtszustand widerspiegeln. Hierzu heißt es in Ziffer 4.1.4: »Der Vorstand sorgt für ein angemessenes Risikomanagement und Risikocontrolling im Unternehmen.«

Es steht den deutschen börsennotierten Unternehmen frei, den Empfehlungen und Anregungen des DCGK zu folgen. Allerdings sind der Vorstand und Aufsichtsrat nach § 161 AktG verpflichtet, jährlich zu erklären, dass dem DCGK entsprochen wurde und/oder welchen Empfehlungen nicht gefolgt wurden oder werden.

Für nicht börsennotierte Unternehmen gilt der DCGK nicht, dessen Beachtung wird aber in der Präambel »auch nicht börsennotierten Gesellschaften ... empfohlen.«

Die Unternehmens-Governance (Corporate Governance) sollte für alle Schlüsselbereiche des Unternehmens in Form einer hierarchisch aufgebauten Dokumentation (Framework) verbindlich festgeschrieben werden und in definierten Zeitabständen einer regelmäßigen Überarbeitung unterliegen. Der Aufbau eines solchen Dokumentationsrahmenwerkes ist entsprechend der Unternehmensgröße auszurichten, wobei auch der Detaillierungsgrad (Dokumentations-Tiefe) hierbei berücksichtigt werden sollte. Das nachstehende Schaubild (Abb. 4) soll als Beispiel dienen.

Elemente des Risikomanagement-system

Allerdings lässt sowohl das Gesetz zur Kontrolle und Transparenz im Unternehmensbereich als auch dessen Begründung offen, wie ein Risikomanagement- und Überwachungssystem konkret auszugestalten ist. Auch der Deutsche Corporate Governance Kodex gibt keine praktische Anleitung für ein zu implementierendes Risikomanagement.

Dokument		

Rahmen-Richtlinien	Dokument-Typ	Generelle Prinzipien für Schlüsselbereiche wie Outourcing, Informationssicherheit, Operationelle Risiken, BCM/DR
	Inhalt	Aussagen, die die Basisprinzipien beschreiben – Festlegung der generellen Verantwortlich- und Zuständigkeiten
	anwendbar für:	gesamtes Unternehmen

Standard	Dokument-Typ	Generelle Prinzipien für Schlüsselbereiche, z. B. Netzwerk-Standards
	Inhalt	Generelle Anforderungen für die Erreichung der Prinzipien der entsprechenden Rahmenrichtlinie
	anwendbar für:	gesamtes Unternehmen

Richtlinie	Dokument-Typ	Installierungsdetails
	Inhalt	Spezifizierung der Details zur Einführung der Anforderungen der entsprechenden Standards.
	anwendbar für:	Bereiche/erforderliche Organisatonseinheiten

Operationelle Prozeduren	Dokument-Typ	Prozessbeschreibung, z.B. »BSC Handbuch«.
	Inhalt	Detaillierte Ablaufbeschreibung
	anwendbar für:	Bereiche/erforderliche Organisationseinheiten

Abb. 4: Dokumentationsrahmen zur Corporate Governance

Es ist aber davon auszugehen und herauszuinterpretieren, dass die Gesetzesanforderung, ein integriertes **Risikomanagementsystem** einzuführen, im Wesentlichen aus drei Elementen zu bestehen hat:

- einem »**Frühwarnsystem**« für etwaige derzeitige und künftige Risiken,
- einem internen **Überwachungssystem** und
- einem **Controlling**.

Da, wie so oft, nähere Einzelheiten und Vorgaben seitens des Gesetzgebers nicht gemacht werden, sollten die Anforderungen an ein einzuführendes Risikomanagementsystem vorrangig nach betriebswirtschaftlichen Aspekten ausgerichtet sein.

Im Vordergrund steht dabei, dass Risiken – sowohl bestehende als auch zukünftige – kontrollierbar und kalkulierbar, d.h. abschätz-, berechen- und auch steuerbar sein sollen.

Für die Risikobetrachtung und -beurteilung sind fünf Schritte erforderlich:
1. Risiken identifizieren,
2. Risiken analysieren,
3. Risiken bewerten und »messen«,
4. Risiken begrenzen/«limitieren«,
5. Risiken »steuern«.

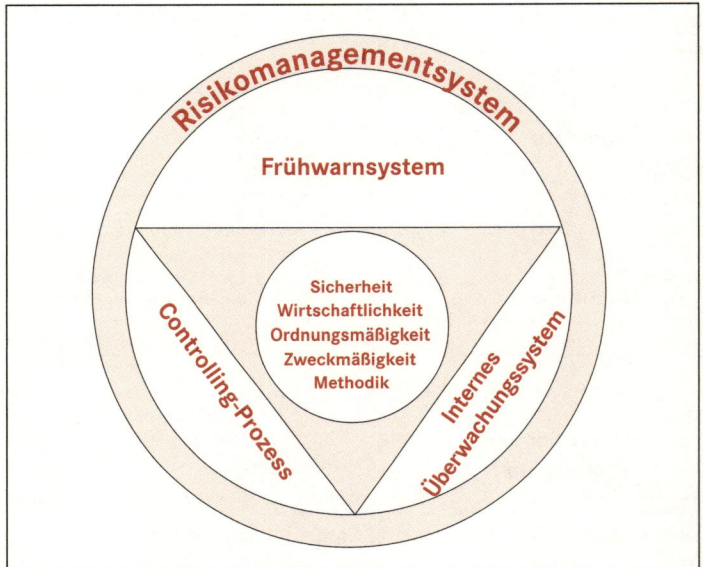

Abb. 5: Die drei Elemente des Risikomanagements

Instrumente der Risikomessung

In einem ersten Schritt sind die Risiken als solche zu **identifizieren**, um sie dann **analysieren** zu können. Hierzu bedarf es Instrumenten der **Risikomessung**, d. h. der **Risikobewertung**.

Daraus ergibt sich eine vorzunehmende Risikolimitierung bzw. Risikobegrenzung, der sich dann, als fünfter Schritt, die Risikosteuerung anschließt, d. h. Maßnahmen zur Risikoeingrenzung.

Diesen fünf Schritten folgt im Rahmen des geforderten Überwachungssystems die regelmäßige **Risikokontrolle** wie auch die Festlegung von entsprechenden Risikomanagementmaßnahmen und -strategien zur Begrenzung und Steuerung der vorhandenen Risiken, sowie die Überwachung des gesamten Risikomanagementprozesses.

1.6   Der Sarbanes-Oxley Act

Neben dem Corporate Governance Kodex hat vor allem der **Sarbanes-Oxley Act** (SO$_x$) für weitreichende Konsequenzen im Bereich der Corporate Governance, Compliance und der Berichterstattungspflichten von Publikumsgesellschaften geführt.

Der Sabanes-Oxley Act ist ein amerikanisches Gesetz zur Verbesserung der Unternehmensberichterstattung. Es gilt für inländische und ausländische Unternehmen, die an US-Börsen oder der NASDAQ gelistet sind, sowie für ausländische Tochterunternehmen amerikanischer Gesellschaften.

An dieser Stelle soll nur recht grob auf dieses Gesetz eingegangen werden.

Der Sarbanes-Oxley Act kann im Grunde genommen mit dem deutschen KonTraG verglichen werden, wobei jedoch einige Vorschriften von SO$_x$ weit über das Maß des deutschen Rechts hinausgehen.

SO$_x$ nimmt die Unternehmensleitung stärker für die Vollständigkeit und Richtigkeit der Angaben bei der Berichterstattung in die Pflicht. Zusätzlich ergeben sich neue Anforderungen an die Unternehmensleitung, indem fortlaufend über die Funktionsfähigkeit des internen Kontrollsystems (IKS) zu berichten ist.

Das Gesetz gliedert sich in verschiedene Sections, von denen die Sections 302 und 404 die wohl populärsten sind.

Nach Section 302 muss die Unternehmensleitung (Chief-Executive-Officer – CEO – und Chief-Financial-Officer – CFO) in Verbindung mit dem Reporting in einer Erklärung bestätigen, dass die erstellten Berichte keine unwahren Tatsachen beinhalten und somit die Vermögens-, Finanz- und Ertragslage zutreffend darstellen. Die dadurch verlangte Berichterstattung reicht weit über die in Deutschland geltenden Vorschriften hinaus. Nach deutschem Recht muss ein Vorstand nach den §§ 242 bis 245 HGB i.V.m. § 264 HGB einen Jahresabschluss aufstellen und unterzeichnen. Eine zusätzliche Erklärung wird bislang nicht verlangt.

Darüber hinaus sind sowohl der Abschlussprüfer als auch das Audit Committee über wesentliche Schwachstellen oder Unregelmäßigkeiten in der Finanzberichterstattung zu informieren und ihnen gegenüber offen zu legen.

Im Rahmen der Section 404 müssen Unternehmensprozesse beschrieben, definiert und Kontrollverfahren festgelegt werden, die das Risiko eines falschen Bilanzausweises minimieren sollen. Dieses interne Kontrollsystem (IKS) hat weitreichende Konsequenzen für die unternehmensintern eingesetzte Informations-Technologie, da größtenteils alle Unternehmenstransaktionen »EDV-mäßig« verarbeitet werden. Sämtliche Prozesse sind zu dokumentieren und die Effizienz und Funktionsfähigkeit des IKS ist zu bestätigen. Auch hier geht SO_x weit über das deutsche Recht hinaus. In § 91 Abs. 2 AktG wird zwar auch ein Kontrollsystem verlangt, das sich allerdings nur auf Maßnahmen bezieht, die den Fortbestand des Unternehmens gefährden könnte.

Bei unzutreffenden Angaben zur Vermögens-, Finanz- und Ertragslage kann es nach Section 906 SO_x zu strafrechtlichen Maßnahmen führen. Auch hier liegt das Maß weit über dem der deutschen Rechtsprechung.

Insgesamt ist wohl davon auszugehen, dass sich längerfristig für alle Unternehmen steigende Anforderungen an die Ausgestaltung interner Kontrollsysteme ergeben werden.

1.7 Verweis auf weitere Gesetze

An dieser Stelle ist noch auf weitere Gesetze zu verweisen, die mit dem KonTraG und vor allem mit dem DCGK in engem Zusammenhang stehen.

Das Gesetz zur Unternehmensintegrität und Modernisierung des Anfechtungsrechts (UMAG)

Wesentlicher Inhalt dieses Gesetzes ist:
- die Erleichterung von Schadensersatzklagen von Aktionären,
- die Reform von Organisation und Durchführung der Hauptversammlung einer Aktiengesellschaft,
- die Limitierung des Rede- und Fragerechts des Aktionärs auf der Hauptversammlung,
- die Ausdehnung des Freigabeverfahrens auf Beschlüsse zu Maßnahmen der Kapitalbeschaffung oder Kapitalherabsetzung sowie zum Abschluss von Unternehmensverträgen.

Das Gesetz zur Einführung von Kapitalanleger-Musterverfahren (KapMuG)

Das Gesetz sieht die Einführung eines »Musterverfahrens« zur Klärung von Sach- und Rechtsfragen vor, die sich vor allem auf falsche Darstellungen gegenüber dem Kapitalmarkt, wie unrichtige »Ad-hoc-Meldungen« über Gewinnerwartungen oder unrichtige Börsenprospekte beziehen. Kernpunkt ist die Durchsetzung von Schadensersatzansprüchen wegen fehlerhafter Kapitalmarktinformation. Hervorzuheben ist, dass sich der Gesetzgeber bewusst gegen die Einführung von Sammelklagen entschieden hat.

Das Bilanzkontrollgesetz (BilKoG)

Wesentlicher Inhalt dieses Gesetzes ist:

- die Verhinderung von Bilanzmanipulationen zu Lasten der Anleger auf dem Kapitalmarkt,
- die Verpflichtung der Unternehmen zur Veröffentlichung festgestellter Rechnungslegungsfehler,
- die Prüfung der Rechnungslegung kapitalmarktorientierter Unternehmen durch ein von staatlicher Seite beauftragtes Gremium.

Zusammenfassung

1. Eine in den letzten Jahren zu verzeichnende Zunahme der Insolvenzzahlen, der zunehmende Einsatz von Finanzderivaten wie auch die fortschreitende Globalisierung mit ihrem einhergehenden Wettbewerbsdruck und den immer unübersichtlicher werdenden Rahmenbedingungen, haben das Risikobewusstsein im Unternehmensmanagement generell steigen lassen.

2. Die Risiken eines Unternehmens sind solche der höheren Gewalt, politische oder ökonomische Risiken sowie Unternehmensrisiken wie Betriebs-, Geschäfts- oder Finanzrisiken.

3. Dazu fordert der Gesetzgeber mit der Einführung des Gesetzes zur Kontrolle und Transparenz im Unternehmensbereich (KonTraG) die Einführung eines Risikomanagementsystems, um die zunehmenden Unternehmensrisiken »frühzeitig« zu erkennen und entsprechende Maßnahmen einleiten zu können.

4. Der Deutsche Corporate Governance Kodex umfasst die Gesamtheit der Grundsätze für die Leitung und Überwachung eines Unternehmens mit dem Ziel, mehr Transparenz und ein ausgewogenes Verhältnis von Führung und Kontrolle zu erreichen

5. Der Einsatz neuer Informationstechnologien führt zu effizienteren Prozessabläufen, aber auch zu neuen Risiken.

2   Geschäftsrisiken

Meistens wird Risikomanagement in Zusammenhang mit dem Finanzbereich und dort mit der Absicherung von Finanzpositionen sowie den Risiken beim Einsatz von Finanzderivaten in Verbindung gebracht. Demzufolge sind bereits vorhandene Risikomanagementsysteme – wenn überhaupt – auch meist nur auf diesen Bereich beschränkt. Es sind aber gerade die **Risiken aus den unternehmensstrategischen Zielen und Entscheidungen,** denen hinsichtlich bestandsgefährdender Entwicklungen besondere Beachtung geschenkt werden sollte.

Unternehmensziele und Risiko

Diese strategischen Entscheidungen sind abhängig von ökonomisch-politischen, konjunkturellen und technischen Entwicklungen, die in der heutigen Zeit derart rasant an »Fahrt« gewonnen haben, dass die Unternehmen fast täglich befürchten, Gefahr zu laufen, den Anschluss zu verpassen. Deutlich zeigt sich dieses in den immer wieder in der Presse veröffentlichten Umstrukturierungs- und Anpassungsmaßnahmen, Neuausrichtungen und Konzentration auf die Kerngeschäftsfelder. Auch die Unternehmenszusammenschlüsse sind Ausdruck für die strategische Anpassung an die globale Herausforderung.

Für ein Unternehmen ist es erforderlich, im Rahmen einer zu definierenden Unternehmensstrategie die Ziele zur Absicherung der Existenz und des Erfolgs des Unternehmens zu dokumentieren. Hierbei ist gleichsam die Frage zu stellen, wie risikobereit sich ein Unternehmen aufstellen will.

Im Rahmen der Unternehmensstrategie sollten zunächst die Basisrisiken betrachtet werden, die die Unternehmensziele gefährden können, d.h. die Positionierung des Unternehmens selbst, und zwar extern wie auch intern.

Als strategische Ziele sind vornehmlich

- höheres Unternehmenswachstum, als Steigerung der Erträge und des Cash-Flows mittels höherer Umsätze,
- höhere Unternehmensrentabilität, als Ertragssteigerung durch Kostensenkung bei gleichbleibendem Umsatz und Verbesserung des Kapitaleinsatzes und
- Reduzierung des Risikos bei gleichem Ertragserhalt

zu verstehen.

Die daraus resultierenden strategischen Risiken folgen der Frage nach der »richtigen Aufstellung« des Unternehmens anhand der gegebenen Rahmenbedingungen. Die wichtigsten Kernpunkte sind dabei die Analyse der eigenen

- Stärken und Schwächen,
- Kernkompetenz,
- Marktsituation und Geschäftsfelder mit der entsprechenden Wettbewerbssituation,
- langfristige Wertschöpfung sowie die abzuleitenden Chancen und Risiken.

Folgende Fragen sind zu beantworten:

✔ Ist die eigene Wettbewerbsposition ungünstiger als die der Mitbewerber?

✔ Wie ist die Attraktivität der eigene Branche einzuschätzen?

✔ Ist die Kernkompetenz ausreichend ausgeprägt und kann eine entsprechend langfristige Wertschöpfung für das Unternehmen erreicht werden?

Um Strategierisiken zu minimieren, sollten regelmäßig die Risiken und Chancen analysiert werden, die aus den Veränderungen des wirtschaftlichen, politischen, technologischen und rechtlichen sowie des sozial-kulturellen künftigen Umfeldes zu erwarten sind, um die eigene Position zu definieren und festzulegen.

In Form eines »Top-Down«-Ansatzes führen in einem ersten Schritt nachstehende Fragen zur Identifizierung von Risiken, die auf die Unternehmensziele Einfluss haben:

Risiken, die auf die Unternehmensziele Einfluss haben

	Ja	Nein		Ja	Nein
Liegen Produktionsstätten in gefährdeten geografischen Zonen?	☐	☐	Unterliegt die Produktion Qualitätsschwankungen?	☐	☐
Ist das Unternehmen abhängig vom technologischen Wandel?	☐	☐	Sind die Produkte von einem schlechten Image umgeben?	☐	☐
Ist die Unternehmenskompetenz durch Substitutsprodukte gefährdet?	☐	☐	Ist das Unternehmen von langfristiger Forschung und Entwicklung abhängig?	☐	☐
Ist das Unternehmen von rechtlichen Verordnungen abhängig?			Treten in den Ablaufprozessen häufig Störungen auf?	☐	☐
Unterliegt das Untenehmen politischen Einflüssen/ Entscheidungen?	☐	☐	Sind die Prozessdurchlaufzeiten optimal ausgestaltet?	☐	☐
Ist das Unternehmen von Großaufträgen abhängig?	☐		Sind die Aufträge mit häufigen Terminverschiebungen verbunden?	☐	☐
Ist das Unternehmen von einem schlechten Image umgeben?	☐	☐	Ist das Unternehmen von einer überdurchschnittlichen Personalfluktuation betroffen?	☐	☐
Bestehen Abhängigkeiten auf den Beschaffungs-/Absatzmärkten?	☐		Sind hohe Personalfehlzeiten zu vermerken?	☐	☐
Sind die internen Unternehmensbereiche hinsichtlich der Ablaufprozesse aufeinander abgestimmt?	☐	☐	Besteht im Unternehmen ein Teamgeist?	☐	☐
Ist die Produktion von häufigen Leerstandszeiten betroffen?	☐	☐	Besteht eine durchgängige Kommunikation im Unternehmen?	☐	☐
Ist die Produktion von einer hohen Ausschussquote betroffen?	☐	☐	Sind Motivationslücken bei den Mitarbeitern bekannt?	☐	☐
Unterliegt das Unternehmen größeren Preisschwankungen auf den Finanz-, Beschaffungs-, Absatzmärkten?	☐	☐	Ist die unternehmerische Finanzfähigkeit gesichert?	☐	☐
Wird das Unternehmensergebnis durch Zusatzerträge aus Finanzgeschäften beeinflusst?	☐	☐	Besteht ein mittelfristiger Finanzplan?	☐	☐
Werden derivate Finanzinstrumente eingesetzt?	☐	☐	Gibt es eine Aufstellung der bestandsgefährdenden Risiken?	☐	☐
Gibt es häufig Zahlungsverschiebungen seitens der Kontrahenten?	☐	☐	Gibt es eine Aufstellung der Risiken, die Einfluss auf die Ertrags-, Finanz- und Vermögenslage haben?	☐	☐

Basierend auf diesen strategischen Fragen sind für die jeweiligen Unternehmensbereiche/-einheiten entsprechende Vorgaben zu formulieren. Diese können beispielsweise sein:

Beschaffung

Strategische Ziele	Risiken
Absicherung der eigenen Beschaffungsmärkte	Mangelndes Angebot, Lieferengpässe, wenige Anbieter (Konzentration)
Lieferanten-unabhängigkeit	Vertragsrisiken, Bonität des Lieferanten
Reduzierung der internen und externen Kosten	Marktpreisentwicklung, Währungsrisiko
Verkürzung der Beschaffungszeiten	Schwächen in den internen Ablaufprozessen Transportabhängigkeit
Qualitätsverbesserung der zu beschaffenden Komponenten	Materialqualität der Lieferanten

Produktion

Strategische Ziele	Risiken
Steigerung der Produktionsleistung	Kapazitätsengpass, Investitionen – Kapitalbedarf
Senkung der Produktionskosten	Beschaffungsrisiko, (Preisanstieg kann nicht weitergereicht werden)
	Schwächen in den Ablaufprozessen, veraltete Produktionsanlagen
Verbesserung der Produktionsqualität	Umstieg auf andere Materialien, Umweltschutz
Verkürzung der Produktionszeit	Schwächen in den Ablaufprozessen, veraltete Produktionsanlagen
Umstellung auf neue Verfahren, Materialien	Änderung in der Beschaffung, Produktionsausfall, Änderung von Prozessen

Absatz

Strategische Ziele	Risiken
Stabil wachsende Umsatzsteigerung	Veränderung der Kundenbedürfnisse, Marktsättigung, Kundenabhängigkeit (Großkunde)
Erhöhung des Marktanteils	Neue Mitbewerber Produktsubstitute
Erschließung neuer Kunden Verbesserung des Image	Modetrends, wechselndes Kundenbedürfnis, veraltete Technologie
Erhöhung des Bekanntheitsgrades	Kommunikations-probleme, verfehlte Zielgruppe
Umweltfreundlichere Produkte	Marktaufnahmebereit-schaft, Preisrisiko

Finanzen

Strategische Ziele	Risiken
Ausrichtung zur Treasury-Abteilung	Fehlende Strukturen und Prozesse
Reduzierung der Währungsrisiken	Einsatz von Sicherungs-instrumenten
Zusatzerträge aus Finanzgeschäften	Finanzmarktrisiken, Derivatrisiken
Nutzung des Kapitalmarktes	Schlechtes Unternehmensstanding (-rating)
Nutzung der eigenen Aktien als Akquisitions-währung	Börsenschwäche, Aktienkurs

Informationstechnologie

Strategische Ziele	Risiken
Durchgängige IT-Organisation	Fehlende Sicherheits-standards Schwächen in der Struktur
Einheitliche IT-Infrastruktur	Unterschiedliche Hardware, hohe Investitionen
Internetauftritt, Portale	Veraltete IT-Struktur, fehlende Sicherheitsstandards, Einschleusen von Viren, fehlende »Firewalls«
B2B Business	Einbindung bestehender Ablaufprozesse ggf. Umstrukturierung

Personal

Strategische Ziele	Risiken
Hohe Mitarbeiter-motivation	Schlechter Führungsstil, kein Weiterbildungs-konzept, schlechte Sozialleistungen, fehlende Anreize, fehlende Selb-ständigkeit
Steigerung der Unternehmensidentität	Schlechtes Unternehmensimage, schlechtes Produktimage
Höheres Risikobewusstsein	Schwächen in der internen Kommunikation

Aus den formulierten Unternehmenszielen lassen sich die weiter-
führenden operativen Ziele für die einzelnen Bereiche entsprechend
ableiten:

Beschaffung	
Ziele im operativen Bereich	**Risiken**
Beschaffungssicherheit (»all in time & at spot«)	Lagerkapazität, Kontrahentenrisiken, Änderungen in den Komponenten, illiquider Beschaffungsmarkt
Wirschaftlichkeit	Transportkosten, Lagerkosten
Preisstabilität	Kurzfristige Preisschwankungen

Produktion	
Ziele im operativen Bereich	**Risiken**
Wirtschaftlichkeit, Produktivität	Schwächen in den Ablaufprozessen
Reduzierung der Ausschussquote	Fehlende Kontrollen, fehlendes Qualitätsmanagement, hoher Krankenstand
Kürzere Maschinenstillstandzeiten	Beschaffungsrisiken, hoher Krankenstand
	Schwächen in den Ablaufprozessen
	Veraltete Produktionsanlagen
Hohe Kapazitätsauslastung	Kapazitätsausbaufähigkeit
Umweltfreundlichere Produktion	Beschaffungsmarktrisiken, Wechsel der Materialien, Umrüsten der Produktionsanlagen

Absatz	
Ziele im operativen Bereich	**Risiken**
Erreichen des Umsatzzieles	Kundenverlust, Preisschwankungen, Produktionsrisiken, Zahlungsmoral der Kunden, Währungsrisiken
Reduzierung der Reklamationen, Kundenzufriedenheit	Mangelnde Qualitätskontrollen, Produktionsrisiken, mangelnder Service (Reklamationsbearbeitungszeit)

Finanzen	
Ziele im operativen Bereich	**Risiken**
Einsatz von Derivaten	Fehlende Mitarbeiterqualifikation, fehlende Software
Bessere Bankenkonditionen	Bonitätsverlust, Bankabhängigkeit

Informationstechnologie	
Ziele im operativen Bereich	**Risiken**
Konstante Datenverfügbarkeit	Netzwerkausfall, Stromausfall, fehlende Infrastruktur
»Absolute« Datensicherheit	Fehlende Back-ups, Manipulation, fehlende Zugriffsrechte

Personal	
Ziele im operativen Bereich	**Risiken**
Qualität der Belegschaft	Ungünstiger Unternehmensstandort
Geringerer Krankenstand	Schlechte Arbeitsbedingungen, ungünstiger Arbeitsmarkt
Geringere Fluktuation	

✔ Sind die Unternehmensziele in die einzelnen Unternehmensbereiche kommuniziert?

✔ Sind aus diesen Zielen die operativen Ziele abgeleitet und
formuliert?

✔ Besteht eine klare unternehmensweite Risikopolitik?

✔ Sind aus der Risikopolitik eindeutige Risikostrategien entwickelt?

Zusammenfassung

1. Ausgangsbasis des Risikomanagements sind die Risiken, die die
   Unternehmensziele gefährden können.
2. In Form eines »Top-Down«-Ansatzes sind die Unternehmensziele
   in die jeweiligen Unternehmensbereiche zu tragen und dort einer
   Risikoidentifizierung zu unterziehen.
3. Die operativen Einheiten haben das Risikomanagement in deren
   Geschäftsablaufprozessen zu integrieren und zu verantworten.
4. Die Aufsichtsorgane sind über die zukünftige Geschäftspolitik
   zu informieren.

Allgemeine Fragen zum Unternehmen

	Ja	Nein		Ja	Nein
Gibt es eine eindeutige Geschäftsstrategie?	☐	☐	Existieren Rahmenbedingungen bezüglich Messung, Analyse, Überwachung und Steuerung von Risiken?	☐	☐
Ist diese nachweislich allen Mitarbeitern kommuniziert?	☐	☐			
Sind die allgemeinen Geschäftsrisiken in den Unternehmenszielen integriert?	☐	☐	Sind Bedingungen definiert, wie bei extremen Entwicklungen (worst case) zu reagieren ist?	☐	☐
Verfügt die Geschäftsleitung über ein wirksames Risikokontrollinstrument?	☐	☐	Bestehen Kompetenzregelungen für den Fall des Risikoeintritts?	☐	☐
Werden Risiken in verständlicher Form dargestellt?	☐	☐	Existieren Rahmenbedingungen bezüglich des Kontroll- und Überwachungssystems?	☐	☐
Kann die Höhe des Risikos jederzeit ermittelt werden?	☐	☐			
Bestehen Steuerungskennzahlen für			Existieren Rahmenbedingungen bezüglich des internen Berichtwesens und der externen Rechnungslegung?	☐	☐
– die allgemeinen Geschäftsrisiken?	☐	☐			
– die Finanzrisiken?	☐	☐	Existieren Richtlinien, die die organisatorischen Funktionstrennungen gewährleisten?	☐	☐
– die operativen Risiken (Betriebsrisiken)?	☐	☐	Existieren Organisationsrichtlinien hinsichtlich		
Haben die Unternehmensbereiche Zielvorgaben hinsichtlich der Steuerungskennzahlen?	☐	☐	– Kompetenzzuordnungen?	☐	☐
			– Arbeits-/Geschäftsabläufen?	☐	☐
			– Stellenbeschreibungen?	☐	☐
			– IT/EDV-Dokumentation?	☐	☐
			Haben die Mitarbeiter Kenntnis von diesen Richtlinien?	☐	☐

3   Risiken im Finanzbereich

3.1   Von der Buchhaltung zum Treasury

Geschichtlich betrachtet waren und sind sämtliche Finanztransaktionen und Finanzströme eines jeden Betriebes in der Buchhaltung angesiedelt, und bis heute wird in den Finanzabteilungen/
Buchhaltungen der Unternehmen der Liquidität die größte Aufmerksamkeit zugedacht. Schließlich ist sie letztendlich entscheidend für
die Zahlungsfähigkeit und damit für die Überlebensfähigkeit eines
Betriebes. Viele Unternehmen geraten nicht wegen Überschuldung
in Schwierigkeiten, sondern wegen einer eingetretenen Zahlungsunfähigkeit, und das bereits in einem oft verkannten viel früheren
Stadium als der eigentlichen Überschuldung.

Buchhalterische Sichtweise

Es besteht überhaupt kein Einwand aus oben genannten Gründen,
dem Liquiditätsgesichtspunkt höchstes Gewicht einzuräumen, doch
die alleinige Liquiditätsbetrachtung aus rein buchhalterischer Sicht
führt dazu, die im Laufe der Zeit hinzugekommenen Finanzrisiken
wenig oder gar nicht zu berücksichtigen.

Meines Erachtens lässt sich dies auf drei Ursachen zurückführen:
1. Nach wie vor ist in den meisten Finanzabteilungen vorrangig der
   »buchhalterisch-bilanzielle Gedanke« vertreten, der einer stärkeren Risikobetrachtung entgegensteht. Betrachtet wird nur, was
   auch buchhalterisch erfasst ist.
2. Oft fehlen Kenntnisse über neue Finanzinstrumente und deren
   Strukturen und Risikoprofile.
3. Blind übernommene moderne Begriffe wie »Cash-Management«
   und »Treasury« führen häufig zu einem falschen inhaltlichen
   Verständnis von Liquiditätsmanagement.

In vielen Finanzabteilungen der Unternehmen werden die verschiedensten Aufgaben mit den Begriffen Cash-Management, Liquiditätsmanagement und Treasury verbunden. Sie reichen vom reinen
Zahlungsverkehr über den täglichen Kontoausgleich bis hin zur
Fremdwährungsdisposition und werden sogar hin und wieder auch
als Risikomanagement verstanden. Daher ist auch das reine »buchhalterische Liquiditätsmanagement« trügerisch und kritisch zu bewerten, wie noch aufzuzeigen sein wird.

3.1.1   Cash- und Liquiditätsmanagement

»Cash«, aus dem englischen Sprachgebrauch stammend, kann mit »bares Geld« oder »Kasse« übersetzt werden. Somit wäre eine grundsätzlich eindeutige Bestimmung des Begriffes »Cash-Management« gegeben, nämlich die Disposition der täglichen »Gelder« und Konten bzw. die Verwaltung des »Kassenbestandes«.

Um dem vielseitig und oft nicht korrekt verwandten Ausdruck **»Cash-Management«** eine klare Standortbestimmung zukommen zu lassen, soll dieser als die (kurzfristige) **Disposition aller Kontobestände** (einschl. der Fremdwährungskonten) **zwecks Zinsoptimierung** definiert werden.

Das Ziel der Zinsoptimierung ist dahingehend zu verstehen, dass Zinsaufwendungen bei Kontoüberziehungen durch entsprechende Disposition minimiert und Zinserträge bei Kontoguthaben entsprechend maximiert werden.

Falsches Liquiditätsverständnis

Hinter dieser Definition verbirgt sich indirekt auch der Zahlungsverkehr, da er einen unmittelbaren Einfluss auf die jeweiligen Konten und die daraus resultierenden Dispositionen hat bzw. die Dispositionen selbst auslösender Faktor des Zahlungsverkehrs sind.

Es wird deutlich, dass dieser Begriff nur zum Teil, innerhalb eines sehr kurzfristigen Zeithorizonts, einer Liquiditätsbetrachtung gerecht wird.

Dagegen ist das **Liquiditätsmanagement** viel weiter zu fassen und soll als das Management aller künftigen Zahlungsströme, einschließlich der in Fremdwährungen, unter Berücksichtigung des zeitlichen Auseinanderfallens der Zahlungsein- und -ausgänge (Fristen(in)kongruenz) **zur Sicherung der Zahlungsfähigkeit des Unternehmens** (Bonitätssicherung) verstanden werden.

Zugleich ist der **zeitliche Horizont** des notwendigen Finanzierungs- bzw. Anlagebedarfs einzubeziehen, wobei die tägliche Zahlungsfähigkeit im Vordergrund zu stehen hat.

Auch sollte der **Renditegesichtspunkt**, obwohl nicht unmittelbar im Aufgabenbereich des reinen Liquiditätsmanagements angesiedelt, entsprechende Berücksichtigung finden. D. h. der jeweilige Zinsaufwand und -ertrag sollte mit einem Chance-/Risikoverhältnis abgewogen werden, denn je höher die Rendite, desto höher ist auch das Anlagerisiko mit allen sich daraus für das Unternehmen ergebenden Konsequenzen.

Da Dispositionen in der Aufgabe eines Cash-Managements unmittelbare Auswirkungen auf die Liquidität haben, kann folgende Aussage getroffen werden:

Cash-Management ist integraler Bestandteil des unternehmerischen Liquiditätsmanagements.

Beide Aufgabenfelder unterscheiden sich dennoch stark voneinander. Jede aus dem Cash-Management resultierende Disposition und fast jede im Unternehmen vorgenommene, mit einem Zahlungsstrom verbundene Transaktion zieht Konsequenzen für die Unternehmensliquidität nach sich.

Somit fällt dem Liquiditätsmanagement eine erhebliche Bedeutung zu, was dazu führen sollte, dem Liquiditätsmanagement einen entsprechenden Schwerpunkt in der Finanzabteilung zu geben.

Cash-Management   Wird das Hauptaugenmerk beim Cash-Management im Rahmen der Kontendisposition auf den **kurzfristigen Zeitraum von etwa einer Woche** gelegt, so ist das Liquiditätsmanagement unter einer **längerfristig angelegten »Steuerung« und »Planung« der gesamten Liquiditätsströme** eines Unternehmens zu sehen.

Meistens wird dabei ein rollierender Zeitraum von zwölf Monaten gewählt, der die Grundlage einer Liquiditätssteuerung im Rahmen des Liquiditätsmanagements anhand der zukünftigen Zahlungsein- und -ausgänge (Cash-Flows) bildet.

3.1.2   Finanzplanung als Basis des Liquiditätsmanagements

In Form eines Finanzplanes sind die zukünftigen Cash-Flows (Liquiditätsströme) zusammenzufassen und fortlaufend anzupassen bzw. zu ergänzen, der dann als so genannte »Benchmark« der im Zeitverlauf tatsächlichen Entwicklung als Vergleich (Performance) gegenüberzustellen ist.

Ein Finanzplan lässt sich grob in drei große Teilbereiche aufgliedern:
1. Planung der Zahlungsein- und -ausgänge,
2. Planung der Kostenentwicklung und der zu erwarteten Erträge, die sich später in der Gewinn- und Verlustrechnung wiederfinden,
3. Planung der Investitionen, der Vermögensanlagen und des Kapitalbedarfs, die sich in den Forderungen und Verbindlichkeiten sowie auch im Abschreibungsbedarf auswirken.

Finanzplan   Der Finanzplan ist als Bestandteil einer gesamten Unternehmensplanung zu verstehen. Grundlagen dieser Planung bilden dabei die Kostenkalkulationen der einzelnen Unternehmensbereiche, wie beispielsweise

● die Produktion, ihre künftige Kapazitätsauslastung, Kosten für erforderliche Ersatzinvestitionen,

- der Einkauf in Bezug auf die künftigen Beschaffungskosten einschließlich der Lagerhaltungskosten,
- der Vertrieb hinsichtlich seiner Umsatzerwartungen und Preisentwicklungen auf den Absatzmärkten,
- der Personalbereich und dessen erforderliche Ausrichtung,
- die Informationstechnologie und deren laufende Kosten,
- der Verwaltungsaufwand.

Aus ihnen lassen sich dann, basierend auf der formulierten Unternehmensstrategie, die erforderlichen Neu-/Zukunftsinvestitionen in Form einer Investitionsplanung ableiten, aus der sich der Kapitalbedarf, die Finanzierungskosten, die sich aus der Investition ergebenden Zusatzaufwendungen für die dadurch tangierten Unternehmensbereiche ermitteln.

Die Daten des Finanzplanes bilden die Ausgangsbasis für ein Liquiditätsmanagement und die daraus zu erfolgende Liquiditätssteuerung, wobei der Detaillierungsgrad eines Finanzplanes in Abhängigkeit von der Unternehmensstruktur und Unternehmensgröße individuell auszugestalten und festzulegen ist.

3.1.3   Liquiditätssteuerung

Zu unterscheiden sind die **interne** und die **externe Liquiditätssteuerung**. Sicherlich wird jedes Unternehmen versuchen, sich zunächst auf die Möglichkeiten der internen Steuerung zu konzentrieren.

Interne und externe Liquiditätssteuerung

3.1.3.1   Interne Liquiditätssteuerung

Es gilt dabei, möglichst weitreichend alle internen Zahlungsströme eines Unternehmens zu erfassen, um diese dann in einem weiteren Schritt, so weit wie möglich und zweckmäßig, gegeneinander aufzurechnen und zu minimieren.

Besonders international tätige Unternehmen sind bemüht, die interne Liquidität optimal zu »bündeln«. Ein erster Ansatz hierfür ist das **Netting**. Netting ist als konzerninternes Aufrechnen von gegenseitigen Forderungen und Verbindlichkeiten zu verstehen – mit dem Ziel der Reduzierung von direkten Zahlungen und deren Transferkosten.

Verschiedene Methoden haben sich dabei herauskristallisiert:

- **Bilaterales Netting**
Hier werden die Zahlungsströme von zwei Teilnehmern oder Unternehmenseinheiten erfasst, gegenseitig aufgerechnet und letztlich nur der sich daraus ergebende Saldo transferiert.

Methoden des Netting

● **Multilaterales Netting**

Das multilaterale Netting umfasst alle Zahlungsströme innerhalb der gesamten Unternehmensgruppe, wobei es sinnvoll ist, das Netting über eine Zentralstelle zu steuern. Das bietet den Vorteil, bei unterschiedlichen Zahlungszeitpunkten die zeitlichen Abweichungen durch entsprechende Verzinsung der internen Guthaben bzw. Verbindlichkeiten auszugleichen.

● **Währungsübergreifendes Netting**

Hierbei wird neben der Reduzierung der Transferzahlungen gleichzeitig das Währungsrisiko zu einem Teil reduziert, indem für jeden Nettingteilnehmer die Ausgleichszahlung in seiner »Heimatwährung« oder aber in einer festgelegten »Konzernwährung« erfolgt. Das bedeutet, dass ausländische Unternehmenseinheiten stets ihre Finanzpositionen in der eigenen »Heimatwährung« unterhalten und das Währungsrisikomanagement aus dem operativen Geschäft durch die so genannte »Netting-Zentrale« durchgeführt wird.

Zentrale Liquiditätssteuerung

Als weitere Möglichkeit der internen Liquiditätssteuerung ist das **Pooling** zu sehen. Pooling kann als Konzentration oder Bündelung aller »Geldbestände« auf einem »gemeinsamen« Konto definiert werden: zum Zweck einer zentralen Liquiditätssteuerung für das Gesamtunternehmen mit dem weiteren Ziel, Zinsaufwendungen und Zinserträge zu optimieren.

Die Einrichtung eines Pooling, häufig auch »Cash Concentration« genannt, ermöglicht die zentrale Disposition der Liquidität und vermeidet, dass einzelne Unternehmenseinheiten Überschüsse halten, während andere sich durch Kontoüberziehungen oder eine Nettokreditaufnahme quasi »verschulden« müssen.

Zu bedenken ist allerdings, dass ein grenzüberschreitendes Pooling durch rechtliche Restriktionen einzelner Länder in seinem Umfang eingeschränkt oder gänzlich unmöglich gemacht werden könnte.

Liquiditätsentwicklung

Neben den oben erwähnten Prozessen der Zahlungsstromkonzentrierung steht jedoch die Steuerung der gesamten Zahlungsein- und -ausgänge im Vordergrund (Liquiditätsentwicklung), um entstehende Fristeninkongruenzen, so genannte Lücken oder auch »gaps«, zu erkennen, die es dann im Rahmen der Gesamtliquiditätsbetrachtung entsprechend zu disponieren und auszugleichen gilt. Dabei sind zeitliche und saisonale Zahlungszyklen, wie Gehaltszahlungen, Steuertermine usw. ebenso wie eingeräumte Kreditlinien oder Überziehungsrahmen mit zu berücksichtigen.

Darüber hinaus gehören in diese Betrachtung auch die zukünftigen Plandaten, wie Investitionsplanungen und deren Finanzierungsmöglichkeiten, resultierend aus der unternehmerischen Finanzplanung, die den künftigen Liquiditätsverlauf beeinflussen.

3.1.3.2   Externe Liquiditätssteuerung

Trotz aller internen Steuerungsmechanismen verbleibt im Rahmen des Liquiditätsmanagements für das Unternehmen weiterhin Finanzierungs- und/oder Anlagebedarf, der sich besonders aus den Fristeninkongruenzen der Zahlungsein- und -ausgänge heraus ergibt. Dieser Liquiditätsbedarf muss dann allerdings **extern** gesteuert werden und bringt externe Kontrahenten mit ins »Spiel« (Kontrahenten-, Kredit-, Ausfall-, Länderrisiko etc.).

Als externe Liquiditätssteuerungs-Instrumente werden hauptsächlich genutzt:

- **Tagesgeld**
Hierbei handelt es sich um täglich fällige Geldaufnahmen bzw. -ausleihungen mit täglicher Konditionsanpassung. Tagesgelder, auch Overnight Money genannt, sind einerseits zwar sehr flexibel, weil sie täglich verfügbar sind, unterliegen aber andererseits auch einer größeren Zinsschwankung, die sehr stark von der Liquiditätssituation der internationalen Geldmärkte geprägt ist.

- **Termingeld**
Unter Termingeld werden angelegte oder aufgenommene Gelder mit fest vereinbarten Laufzeiten von einer Woche bis zu einem Jahr verstanden. Gelegentlich werden längere Laufzeiten gewählt, sie sind aber eher die Ausnahme. Im Vergleich zu den Tagesgeldern sind Termingelder aufgrund ihrer längeren Zinsbindungsdauer zwar zinsunanfälliger, schränken aber die Flexibilität und kurzfristige Liquiditätssteuerung einer Finanzdisposition unter Umständen wesentlich ein.

- **Geldmarktpapiere**
Die Märkte für diese Papiere bieten eine Vielfalt an Möglichkeiten für die Liquiditätssteuerung, vor allem in Bezug auf die verschiedensten Laufzeiten und die unterschiedlichsten Währungen. Ihrer Vielfalt wegen soll hier nicht näher darauf eingegangen werden, zumal sie auch sehr individuell eingesetzt werden können.

Die Steuerung der Liquiditätsflüsse ist Grundlage der Erhaltung der Zahlungsfähigkeit eines jeden Unternehmens. Dem Liquiditätsmanagement ist daher große Priorität einzuräumen, denn Liquiditätsrisiko ist gleichzusetzen mit dem Risiko der Zahlungsunfähigkeit.

(Randnotiz: Externe Liquiditätssteuerungsinstrumente)

Ein regelmäßiger Vergleich der Liquiditätsplandaten, abgeleitet aus dem Finanzplan (Sollwert), mit den tatsächlichen Liquiditätsströmen (Ist-Zustand) ist beim Liquiditätsmanagment unverzichtbar und Voraussetzung einer »gesunden« Unternehmensliquidität und deren Steuerung.

Tipp

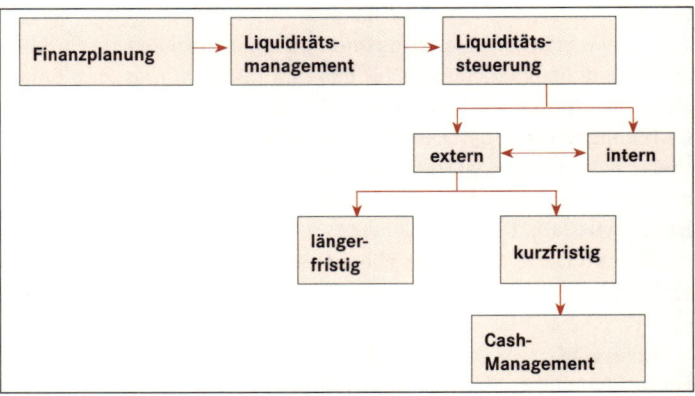

Abb. 6: Der Finanzplan als Basis des Liquiditätsmanagements

Ausrichtung des Finanzbereichs

Dadurch, dass in der Finanzabteilung/Buchhaltung der »reine« Liquiditätsgedanke vorherrscht, werden allerdings vielfach die Finanzrisiken, die durch die globale und internationale Ausrichtung der Unternehmen zusätzlich entstehen, in ihrer Gesamtheit nur dürftig einbezogen und berücksichtigt. Dies wird bei der Betrachtung des Aufbaues oder besser, der herkömmlich verstandenen, täglichen Aufgabenstellung der Finanzabteilung eines Unternehmens deutlich.

Grundsätzlich lässt sich die Finanzabteilung eines Unternehmens in vier Bereiche einteilen:
1. die **Finanzbuchhaltung**,
2. die **Finanzplanung**,
3. die **Kontodisposition** und
4. der tägliche **Zahlungsverkehr**.

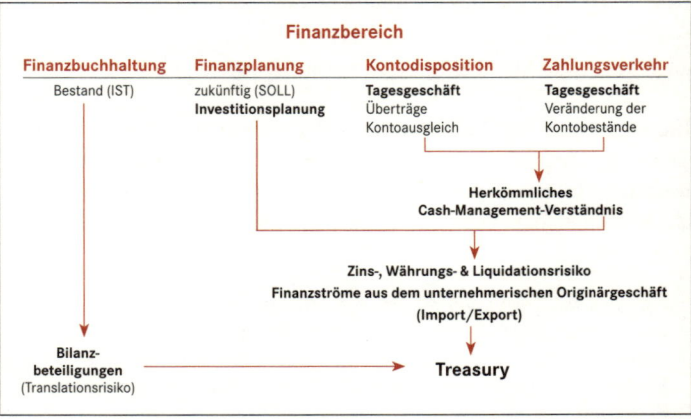

Abb. 7: Herkömmlicher »buchhalterischer« Ansatz der Finanzabteilung

Der aus dem Englischen stammende Begriff »Treasury«, übersetzt als »Schatz« oder »Reichtümer«, beinhaltet ein sehr viel weiter gestecktes Spektrum als das Cash- und Liquiditätsmanagement. Schließlich sollen diese »Schätze« und »Reichtümer« oder besser das Unternehmenskapital, die Cash-Flows und die Vermögenswerte optimal angelegt und »vermehrt« werden.

Dies schließt zwangsläufig die Berücksichtigung der damit verbundenen Risiken ein.

Während sich bei den multinational ausgerichteten Unternehmen der Finanzbereich den veränderten globalen Rahmenbedingungen angepasst hat und sich dabei eigene »Treasuryabteilungen« entwickelten, wird bis in die heutige Zeit, bei vielen mittelständischen Unternehmen, alles, was den Finanzsektor betrifft und tangiert, nach wie vor in der Buchhaltung angesiedelt oder lehnt sich direkt dort an und »unterwirft« nach wie vor die Finanzabteilung dem »buchhalterischen Gedanken«: Nur was gebucht ist, kann auch disponiert werden.

Abgrenzung Buchhaltung/Treasury

Damit ist aber gerade das Bewusstsein hinsichtlich der Risiken, die sich aus der weltweiten Globalisierung für den Finanzbereich ergeben, nur mäßig, wenn überhaupt, mitgewachsen und stellt heute viele, gerade mittelständische Unternehmen, vor die Frage einer Neuausrichtung des Finanzbereiches.

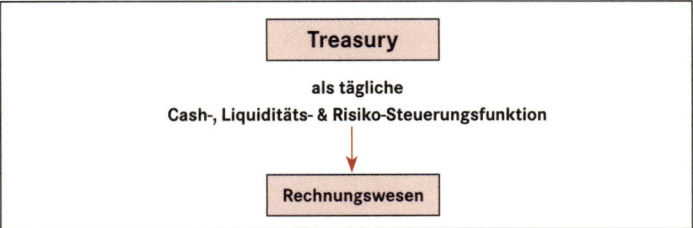

Abb. 8: Neuausrichtung des Finanzbereiches

Es verleitet an dieser Stelle, den oftmals anzutreffenden alleinigen »buchhalterischen Ansatz« in den Unternehmen dergestalt zu formulieren:

Aus dem alleinigen Buchen von »Soll an Haben« wird ohne vorherige Berücksichtigung der Risiken häufig ein »Sollte-Gehabt-Haben«.

Um Risiken zu vermeiden, sollten Sie Ihrer Buchhaltung stets eine »Treasuryfunktion« vorschalten.

Tipp

Checkliste

✔ Werden die Unternehmensentscheidungen durch eine rollierende Finanzplanung begleitet und unterstützt?

✔ Wird aus der Finanzplanung eine Liquiditätsplanung abgeleitet?

✔ Werden unternehmensinterne Zahlungsströme für eine »interne« Liquiditätssteuerung zusammengeführt?

✔ Ist der Buchhaltung/dem Rechnungswesen eine »Treasuryfunktion« vorgeschaltet?

Finanzrisiken erkennen

Ist das Verständnis des Liquiditätsgedankens auf die Fristeninkongruenz und die Zahlungsfähigkeit im Rahmen der täglich neu vorzunehmenden Liquiditätssteuerung, d.h. des Anlage- und Finanzierungsbedarfs gerichtet, so müssen in einer weiteren Betrachtung auch die mit der Steuerung und Planung der Zahlungsein- und -ausgänge verbundenen Risiken einbezogen werden. Durch die Internationalisierung der Wirtschaft und Märkte haben sich die Zahlungsströme der Unternehmen in erheblichem Maße auf die verschiedensten Fremdwährungen ausgeweitet.

Bestände, sowie aus Forderungen und Verbindlichkeiten resultierende künftige Zahlungsströme und Lieferverpflichtungen in Fremdwährungen, sind dabei den unterschiedlichsten Risikoeinflüssen ausgesetzt.

Auf der einen Seite sind es die Kontrahenten, die Geschäftspartner eines Unternehmens und deren Kreditwürdigkeit (Bonität), der die notwendige Aufmerksamkeit zu schenken ist, andererseits kann es durch Veränderungen in den Kursrelationen von Währungen sowie Vermögens- und Anlagewerten zum ursprünglichen Einstands- oder Beschaffungskurs zu negativen Abweichungen kommen, was sich unmittelbar liquiditäts- und ergebniswirksam niederschlägt (Marktrisiko).

Vor allem das Marktrisiko wird dabei meist nur oberflächlich betrachtet, was in der Praxis allzu häufig lediglich zum »(Um)Tausch« bei Fälligkeit der jeweiligen Fremdwährungszahlungen zu dem dann gerade gültigen Kurs/Preis führt.

Untermauert wird dieses Verhalten auch noch durch die oft vertretene Meinung: *»Wenn Kurse steigen, müssen sie auch wieder fallen ... (oder umgekehrt)«.*

Dabei werden oft die Folgen verkannt, die die Preis- und Kursschwankungen für die Cash-Flows und Geldanlagen im Zeitverlauf für ein Unternehmen mit sich bringen. Als Hinweis mag hier die aktuelle Dollarschwäche mit ihren Auswirkungen dienen.

Es sollen in diesem Buch aber nicht nur die reinen Finanzmarktrisiken betrachtet werden, vielmehr ist es die Zielsetzung, alle sich aus den täglichen Finanzströmen eines Unternehmens ergebenden kritischen Faktoren anzusprechen und auf sie als gesamte Risikogröße aufmerksam zu machen.

Aus Sicht des Finanzbereiches sind zunächst die verschiedenen Risikoarten zu klassifizieren. Dabei ist zu unterscheiden nach:

Arten von Finanzrisiken

- den **direkten Finanzrisiken**, die unmittelbar aus den Finanztransaktionen und deren Positionen entstehen,
- den **indirekten Finanzrisiken**, die mittelbar mit den Transaktionen einhergehen, und
- den **internen Risiken**, die in der Tätigkeit und Organisation der Finanzabteilung sowie in deren Ablaufprozessen begründet sind.

Zusammenfassung

1. Der noch häufig vorherrschende »buchhalterische Ansatz« im Finanzbereich der Unternehmen erfährt eine Neuausrichtung. Die Aufgaben der Finanzabteilung eines Unternehmens reichen vom Zahlungsverkehr über den täglichen Kontoausgleich, der Fremdwährungsdisposition, der unternehmerischen Liquiditätsplanung und -steuerung bis zum Finanz-Risikomanagement.
2. In einer der Buchhaltung/dem Rechnungswesen »vorgeschalteten« Treasuryfunktion werden alle Unternehmensfinanzströme zusammengeführt, um eine für das Unternehmen effiziente Steuerung zu ermöglichen.
3. Neben den in der Zukunft liegenden Cash-Flows sind auch alle Plandaten der unternehmerischen Finanzplanung, wie die Planung der Zahlungsein- und -ausgänge, der Kostenentwicklung und der zu erwartenden Erträge sowie der Investitionen, der Vermögensanlagen und des Kapitalbedarfs zu berücksichtigen.

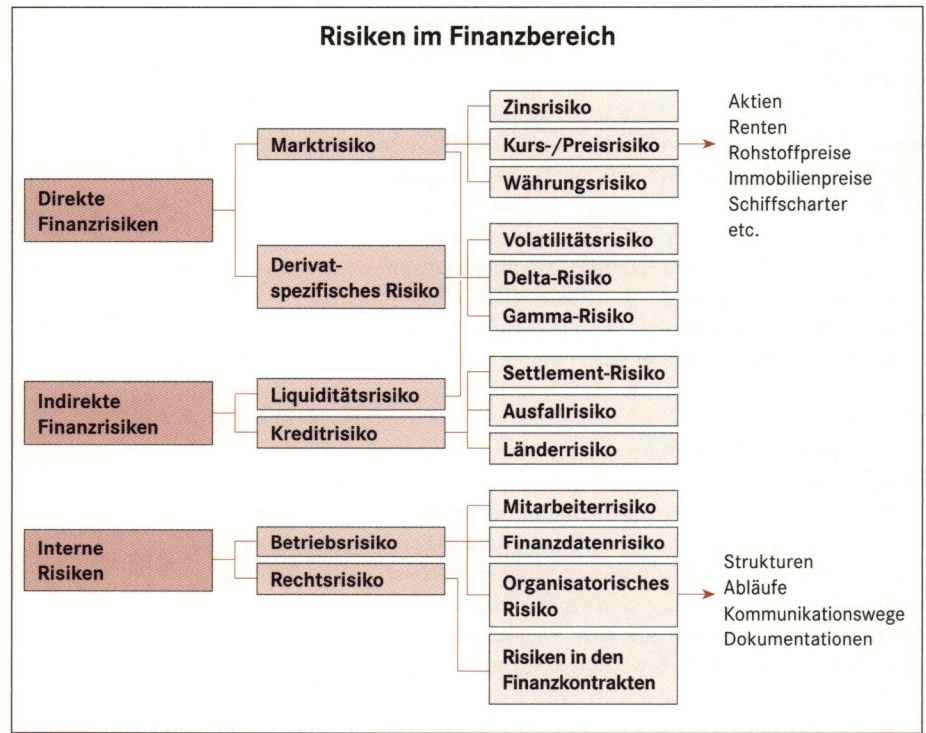

Abb. 9: Darstellung der vornehmlich den Finanzbereich eines Unternehmens betreffenden Risiken

3.1.4   Direkte Finanzrisiken

3.1.4.1   Marktrisiko

Direkte Finanzrisiken

Hierunter ist das **absolute Marktrisiko** zu verstehen, das in der Veränderung der verschiedenen Marktparameter, wie Zinssätze, Wechsel- und Börsenkurse, Volatilitäten, Commoditypreise etc. begründet ist.

Diese Marktpreisveränderungen sind von besonderer Bedeutung, sind sie doch als **Ursache der Finanzrisiken** zu sehen, die ihre (Risiko-)**Wirkungen** sofort in einer positiven oder negativen Veränderung der Finanzpositionen des Unternehmens hinsichtlich **Ertrag**, **Wert** und **Rendite** zeigen und gegebenenfalls auch Rückschlüsse auf die Performance ziehen lassen.

Tipp

> Das absolute Marktrisiko zeigt sich in den potentiellen Verlusten oder Gewinnen einer Position, eines Portfolios oder eines gehandelten Finanzproduktes.

Dabei ist zu berücksichtigen, dass jedes Finanzinstrument oder -produkt seinen »eigenen« Markt hat und mit diesem eine Einheit bildet. Dies herauszustellen ist notwendig. Zwar wird immer von dem internationalen Finanzmarkt gesprochen, doch setzt dieser sich aus einer Vielzahl von »Einzelmärkten« zusammen, auf denen jeweils die unterschiedlichsten Finanzinstrumente gehandelt werden. Jeder dieser Märkte hat wiederum seine eigenen »Gesetze« und Usancen, wie Zinsrechnungsmethoden, Settlement-/Abwicklungsprozeduren usw. – dennoch sind alle Märkte interaktiv miteinander verzahnt.

Globaler Finanzmarkt und seine »Sub«-Märkte

So spiegeln sich beispielsweise Zinsänderungen des Geldmarktes unmittelbar auf dem Devisenterminmarkt in den dortigen Swapsätzen und Outrightkursen wider und zeigen gleichzeitig ihre Wirkung auf den Wertpapiermärkten in Form von Kurs- und Renditeveränderungen.

Grob zu unterscheiden sind zins- und währungsindizierte Märkte, wobei häufig die Risiken aus beiden zugleich greifen, wenn der Finanzierungs- oder Anlagebedarf in Fremdwährungen erfolgt. Hier sind sowohl das Zinsänderungsrisiko als auch gleichzeitig das Wechselkurs-/Währungsrisiko nebeneinander zu berücksichtigen.

Darüber hinaus sind die Aktien- und Commoditymärkte mit ihren täglichen Kursschwankungen zu sehen. Angebot und Nachfrage, zukünftige Erwartungen sowie politische Ereignisse treiben die Kurse und Preise in die eine oder andere Richtung. Diese Kursveränderungen schlagen sich sofort in der Gewinn- und Verlustrechnung der unternehmerischen Finanzposition auf zweierlei Weise nieder:

- zum einen sind es die Kurs- und Preisveränderungen der Produkte selbst,
- zum anderen kommen die Wechselkursschwankungen hinzu, wenn die Notierungen der Produkte in Fremdwährungen erfolgen.

So können positive Kurs- und Preisentwicklungen der Produkte durch entgegengesetzt verlaufende Wechselkursveränderungen zum Teil – aufgezehrt – werden, wenn nicht gar zu Verlusten führen oder umgekehrt.

> Nehmen Sie unbedingt eine regelmäßige Bewertung der Finanzpositionen zur Minimierung der Finanzrisiken vor.

Tipp

3.1.4.2 Translationsrisiko

Mit dem Marktrisiko muss auch, als spezielles Währungsrisiko, das **Translationsrisiko**, vielfach auch als Buch- oder Bilanzierungsrisiko bezeichnet, betrachtet werden. Die zunehmende internationale Ausrichtung der Unternehmen zeigt hier ihre unmittelbare Auswirkung auf die Unternehmensbilanzen.

Finanzrisiken aus Beteiligungen

Das Translationsrisiko entsteht, wenn Beteiligungen an ausländischen Unternehmen eingegangen, Niederlassungen, Produktionsstätten oder Repräsentanzen mit eigenen betriebswirtschaftlichen Kostenblöcken (Miete, Gehälter, Steuern etc.) »vor Ort« errichtet werden und dadurch Bilanzpositionen in Fremdwährungen entstehen, die regelmäßig in der »eigenen« Bilanzierungs-Währung zu bewerten sind.

Berichtigung von Bilanzposten

Zwar ist hiermit keine unmittelbare Transaktion verbunden, dennoch machen Veränderungen der Marktparameter entsprechende Berichtigungen dieser Bilanzposten erforderlich, die dann entweder in der Bilanz selbst erscheinen oder in der Gewinn- und Verlustrechnung ihren Niederschlag finden.

Derartige »Anpassungen« dieser Bilanzpositionen stellen zwar keine zahlungswirksamen Größen dar, aber unrealisierte Verluste oder Gewinne mit gewöhnlich mittel- bis langfristiger Wirkung. Insbesondere Verluste dieser Art können die Ursache zur Überschuldung eines Unternehmens sein.

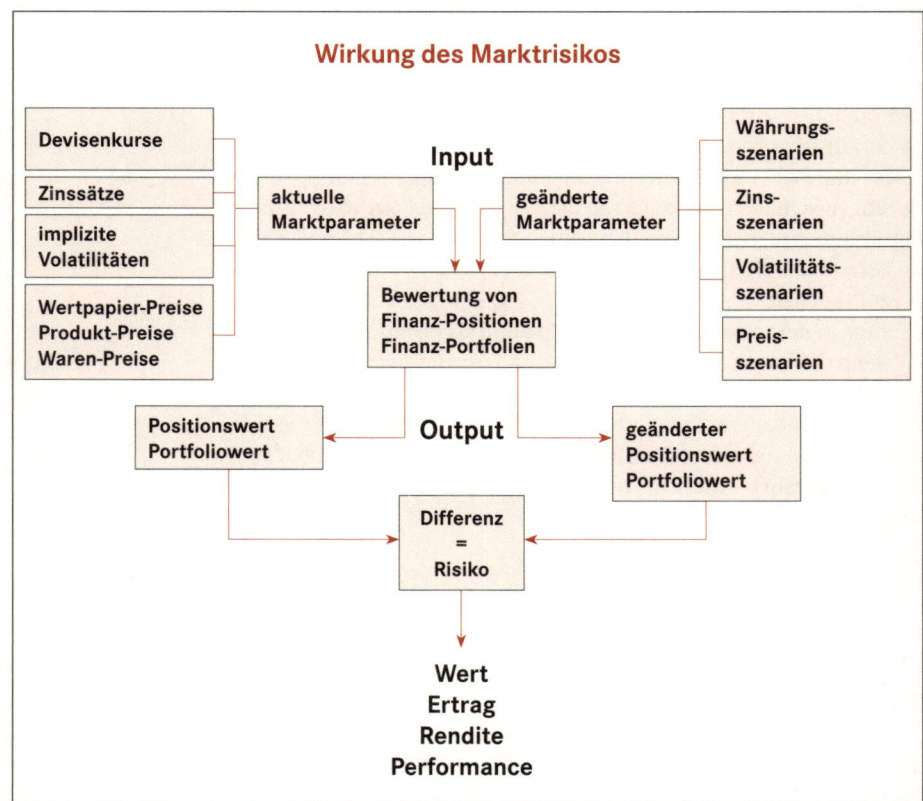

Abb. 10: Auswirkungen veränderter Marktszenarien auf verschiedene Unternehmensgrößen

Als **Ertrag** ist die Wertdifferenz eines Finanzproduktes oder einer Finanzposition zwischen deren Periodenanfang (Abschluss) und Periodenende (Fälligkeit) einschließlich der in diesem Zeitraum fälligen Leistungen oder Zahlungen zu verstehen. Der Ertrag, als Zeitraumgröße, ist bereits realisiert, da die Position bereits »geschlossen« /fällig gewesen ist.

Demgegenüber ist der **Wert** eine Zeitpunktgröße, die durch Marktvergleich oder Marktbewertung den momentanen, noch nicht realisierten Wert einer bestehenden, »offenen« Finanzposition widerspiegelt.

Finanzpositionen und ihre Bewertung

Der Wert einer Position zum Preis bei Abschluss wird dem Wert der Position zum aktuellen Marktpreis gegenübergestellt und verglichen (Bewertung = Bilanzierungsansatz).

Die **Rendite** dagegen ist als Zeitraumgröße zu verstehen, die den prozentualen Ertrag einer Finanzposition ausdrückt, wobei dieser bereits realisiert (ex post) sein kann oder als »interne« Rendite (ex ante) bestimmt ist.

Neben dem absoluten Marktrisiko hat sich der Begriff des **relativen Marktrisikos** herausgebildet, der eine so genannte »Performance« oder Erfolgsmessung, d. h. das Erreichen oder Nichterreichen von geplanten unternehmerischen Zielvorgaben, den so genannten Benchmarks, zum Ausdruck bringt.

Erfolgsmessung

Die **Performance** stellt sowohl eine Zeitraum- als auch eine Zeitpunktgröße dar, die die Wertentwicklung von Finanzpositionen oder Portfolien ausdrückt. Hier ist ein enger Bezug zum Ertrag, Wert und der Rendite gegeben.

Dieser Bezug ergibt sich aus der jeweiligen Betrachtungsweise:

- **Vergangenheit** – als **Rückblick** (Was hat es mir gebracht?)
  → Ertrag
- **Gegenwart** – als **Momentaufnahme** (Was ist es zur Zeit wert?)
  → Wert
- **Zukunft** – als geplante **Benchmark**
  (Was soll »unternehmerisch« erreicht werden?)
  → Rendite

3.2 Indirekte Finanzrisiken

3.2.1 Settlement-Risiko

Die mittelbar mit einer Finanztransaktion verbundenen Risiken sind in der Transaktion selbst begründet. Als erstes ist das **Settlement-Risiko**, auch Abwicklungsrisiko, zu nennen, das seine Ursache größtenteils in der internen »Fehlbearbeitung« hat.

Abwicklung von Finanztransaktionen

Dieses Risiko ist im Rahmen der Transaktionsabwicklung (nicht valutagerechte Zahlung, falsche Empfängerbank etc.) bei deren Fälligkeit zu sehen. Die Folgen daraus sind neben zusätzlichem Arbeitsaufwand vor allem vermeidbare Verzugszinszahlungen für die »zahlende« Vertragsseite.

Darüber hinaus ist das Settlement-Risiko auch unter dem Zeitfaktor zu sehen, der das zeitliche Risiko erfasst, welches im Rahmen des Abwicklungsprozesses von Transaktionen oder Lieferverpflichtungen **zwischen der Erteilung des Zahlungs- oder Lieferauftrages** und dessen Ausführung bis zum **verbuchten Eingang** liegt.

Andererseits ist der eigene Liquiditätsfluss (Cash-Flow) eines Unternehmens durch eine inkorrekte Abwicklung/Anschaffung nachhaltig beeinflusst, beispielsweise wenn ein Kontrahent die vereinbarte Zahlungsvaluta nicht einhält oder kontenmäßig falsch disponiert, was wiederum eine nicht eingeplante, zusätzliche und kostenwirksame Geldmittelaufnahme nach sich zieht.

Tipp

> Stellen Sie für Ihr Unternehmen sicher, dass eine tägliche Kontrolle und Überwachung der Zahlungsein- und -ausgänge stattfindet.

3.2.2   Kreditrisiko

Geschäftskontrahenten und Sicherheiten

Neben dem Abwicklungsrisiko ist das **Kreditrisiko** zu betrachten, welches sich auf die Kreditwürdigkeit (Bonität) der Kontrahenten bezieht und damit zu einem Ausfall, einem Zahlungsverzug oder gar einer Zahlungsunfähigkeit des Geschäftspartners führen kann. Eine genaue Prüfung der Kontrahentenbonität ist daher unverzichtbar. Dieses sollte einhergehen mit der Etablierung von Kreditlinien für die jeweiligen Kontrahenten (siehe Limite). Bei der Festlegung dieser zu gewährenden Kreditrahmen ist es unerlässlich, eine Kreditsicherung seitens des Vertragspartners mit einzubeziehen, die wiederum die eigene Unternehmensliquidität im Falle einer Inanspruchnahme berücksichtigen sollte.

Hierbei ist darauf zu achten, dass die gegebenen Sicherheiten relativ leicht zu kapitalisieren sind und eine eigene Bewertung hinsichtlich einer Wertveränderung der Sicherheit möglich ist.

Tipp

> Überprüfen Sie regelmäßig die eingeräumten Kreditlinien mit dem Wert der bestehenden Sicherheiten.

Liquiditätsengpass

In der gängigen Geschäftsbeziehung werden hauptsächlich Akkreditive, Bankgarantien, aber auch Bürgschaften, Garantieerklärungen oder Patronatserklärungen von Muttergesellschaften genutzt. Eine andere Betrachtung des Kreditrisikos ergibt sich bei den dem Unternehmen selbst durch Dritte gewährten Krediten in Verbindung mit dem eigenen Liquiditätsrisiko, wenn eingeräumte Kreditrahmen völlig ausgeschöpft sind.

In diesem Fall kann es bei einem unvorhersehbar auftretenden Liquiditätsengpass, verursacht z.B. durch erwartete, aber nicht eingegangene Zahlungen anderer, für das Unternehmen selbst zu kurzfristigen »Zahlungsschwierigkeiten« oder Engpässen kommen und eventuell neue Kreditverhandlungen mit den Banken erforderlich machen, was unter Berücksichtigung der zeitlichen Komponente oft weitere Probleme hervorruft.

3.2.3 Liquiditätsrisiko

Auf das ebenfalls den indirekten Finanzrisiken zugewiesene (eigene) **Liquiditätsrisiko** wurde eingangs bereits im Rahmen der unternehmerischen Liquiditätssteuerung hingewiesen. Zu beachten ist jedoch, dass dem Liquiditätsrisiko – nach allgemein bekanntem Verständnis – noch ein weiterer Aspekt hinzuzufügen ist, der die Finanzmarktsituation als solches ausdrückt, nämlich ob sich ein Finanzmarkt als liquide, d.h. mit einer entsprechenden Markttiefe, darstellt oder nicht (siehe Direkte Finanzrisiken).

Dieses Risiko der Marktliquidität spielt eine wichtige Rolle, wenn Finanzprodukte oder -positionen im Markt »glattgestellt« werden sollen oder müssen. Ein illiquider Markt birgt die Gefahr, dass nur wenige Marktteilnehmer bereit sind, entsprechende Preise für die dort zu handelnden Produkte oder Positionen zu stellen und damit der Preis selbst sich als »künstlich« und sehr willkürlich darstellt. Häufig wird das Auflösen von Finanzpositionen in diesen Märkten nur mit großen Preisabschlägen oder gar nur über einen längeren Zeitraum möglich, was das Verlustpotential erheblich erhöhen kann.

Risiko der Marktliquidität

Das hier beschriebene Liquiditätsrisiko ist in einem unmittelbaren Zusammenhang mit dem Marktrisiko in Form von erratischen Kurs-/Preisausschlägen (Volatilitäten) zu bringen, die sich zwangsläufig aufgrund der fehlenden Markttiefe ergeben.

3.2.4 Ausfallrisiko

Untrennbar mit dem Kreditrisiko und ist das **Ausfallrisiko** zu betrachten. Es ist der finanzielle Verlust aus einer Transaktion oder Position, der infolge von Liquiditässchwierigkeiten oder Konkurs des Kontrahenten entsteht. Es wird häufig auch als (vertragliches) Erfüllungsrisiko bezeichnet.

Das Ausfallrisiko ist nicht notwendigerweise als Totalausfall zu verstehen. Zu unterscheiden ist, ob es sich um Transaktionen mit einem einseitigen (bei Geldausleihungen oder Kredigewährung) oder

Ausfall von Kontrahenten

einem wechselseitigen Zahlungsstrom (bei Devisengeschäften: Kauf einer Währung – Verkauf einer anderen Währung) handelt, sodass der »Ausfall« bei dem Erstgenannten zu einem »Totalausfall« führt, bei dem Letzteren sich jedoch auf die »Wiederbeschaffungskosten« beschränkt.

Der Ausfall eines Kontrahenten schlägt sich somit im Verlust eines positiven Marktwertes einer Position nieder, der sich als Differenz aus dem Ersatzgeschäft oder Glattstellungsgeschäft mit einem anderen Kontrahenten zum Ursprungsgeschäft ergibt.

Andererseits stellt sich die Frage, ob gegenseitige Forderungen und Verbindlichkeiten beider Vertragsparteien miteinander aufgerechnet werden können und dieses unter Berücksichtigung des Konkursrechtes auch rechtlich durchsetzbar ist (siehe Rechtsrisiko).

Diese als **Netting by Novation** bezeichnete Aufrechnung ist nicht zu verwechseln mit dem konzerninternen Netting, dessen Zielsetzung der internen Kostenersparnis und Zahlungsstromreduzierung durch »Aufrechnung« von gegenseitigen Zahlungsansprüchen innerhalb unterschiedlicher Unternehmensbereiche gilt. Netting by Novation bezieht sich auf die Geschäftsbeziehungen mit Dritten, nicht im Konzern integrierten Vertragspartnern.

Überprüfung der Kreditwürdigkeit

Das Kreditrisiko, d. h. die Kreditwürdigkeit, sollte jedoch vor der Aufnahme neuer Geschäftsbeziehungen beleuchtet und danach laufend überprüft werden, um ein späteres Ausfallrisiko durch Verschlechterung der Bonität der Vertragsparteien möglichst auf dem Vorwege gering zu halten oder unwahrscheinlich werden zu lassen. Zu analysieren ist dabei die Wahrscheinlichkeit eines eventuellen Zahlungsausfalls.

Tipp

> Nehmen Sie zur Vermeidung von Ausfallrisiken regelmäßige Bonitätsprüfungen der Kontrahenten (Vertrags-/Geschäftspartner) vor.

Hier stellt sich vor allem für die mittelständischen Unternehmen die Frage nach einem Unternehmensrating. Ausgangspunkt hierfür sind die bei den Kreditinstituten zu verzeichnenden hohen Kreditausfallraten vor allem bei Krediten an kleine und mittlere Unternehmen und die zunehmende Tendenz der Banken, Kreditforderungen durch Verbriefung »handelbar« zu machen (Securitization), um so das Kreditausfallrisiko besser steuern zu können. Hinzu kommen **Unternehmens-Rating** die erweiterten Anforderungen des § 18 KWG in Bezug auf die Offenlegungspflicht von Kreditunterlagen sowie die Forderung der in Basel ansässigen Bank für Internationalen Zahlungsausgleich (BIZ), eine Art Zentralbank der Zentralbanken, dass Banken ihre auszuleihenden Kredite nach dem jeweiligen individuellen Kredit-Risiko mit Eigenkapital zu unterlegen haben (Basel II).

Das heißt, dass nach den Vorstellungen der BIZ voraussichtlich ab 2007 jeder einzelne von einer Bank gewährte Kredit mit einem an der Bonität des Kreditnehmers gemessenen Eigenkapitalanteil »unterlegt« werden muss.

Das bedeutet, dass sich die Banken bei jedem Kredit über die Bonität des Kreditnehmers ein genaues »Bild« machen müssen und somit das Rating zu einem zentralen Bestandteil jeglicher Unternehmensfinanzierung wird. Es führt zu einem quasi »Urteil« über die wirtschaftliche Fähigkeit des kreditnehmenden Unternehmens, künftig seinen Zahlungsverpflichtungen nachkommen zu können. Im rechtlichen Sinne ist dieses Rating jedoch keine Tatsachenbehauptung, sondern stellt lediglich die Meinung der Ratingagentur/ Bank dar, wie diese die Zahlungsverpflichtungen eines Schuldners und damit die Wahrscheinlichkeit eines Zahlungsausfalles einstuft.

Kredite und Rating

Anfänglich sollte nach amerikanischen Vorstellungen dieses Rating nur externen Ratingagenturen vorbehalten bleiben. Inzwischen ist allerdings unstrittig, dass in Deutschland neben dem externen Rating auch die internen Ratings der kreditgebenden Finanzinstitute anerkannt werden.

Dem Rating ist an späterer Stelle noch ein separates Kapitel gewidmet.

Zur Überprüfung des Kontrahentenrisikos steht Ihnen der folgende Fragenkatalog zur Verfügung:

Fragen zum Kontrahentenrisiko

Zum Unternehmen

Rechtsform ....

(AG, GmbH, KG, OHG etc.)

Gesellschafterstruktur ....

....

Bestehen des Unternehmens seit ....

Zum Management	Ja	Nein
Kontinuität	☐	☐
Wechselndes Management	☐	☐

Bemerkungen...

....

Unternehmensstanding

Unternehmensrating	☐	☐

– Rating durch...

– Einstufung...

Marktanteil .... %

Bonitätsauskunft

Schufa	☐	Creditreform	☐
Banken	☐	IHK	☐

Sonstige..

....

Einstufung/Bemerkungen

....

....

Sitz des Unternehmens

Land...

Länderrisiko...

Hauptsitz	☐	Niederlassung	☐

Bilanzanalyse	Ja	Nein
	☐	☐

....

....

....

Anteil einer Geschäftsverbindung auf
(Kontrahentenabhängigkeit)

Vertrieb.. %

Beschaffung.. %

Sonstiges... %

Risikoeinschätzung bei Ausfall auf

Produktion .... %

Vertrieb.. %

Beschaffung.. %

Ersatz bei Ausfall durch

....

....

....

Sicherheiten durch

Garantien	☐	Bürgschaften	☐
Patronatserklärung	☐	Abtretung	☐
keine	☐		

Sonstige..

....

Kapitalisierung der Sicherheiten

....

....

....

Einzuräumendes Limit

....

Auswirkung des Kontrahentenlimits auf das Länderlimit

.... %

Sonstige Bemerkungen

....

....

....

3.2.5　Länderrisiko

Mit der Prüfung des Kontrahentenrisikos ist gleichzeitig die Einschätzung des jeweiligen Landes (**Länderrisiko**) vorzunehmen, in denen die Vertragspartner und Kontrahenten ihren Standort haben.

Politische und wirtschaftliche Instabilitäten oder bestimmte Regularien, wie Devisenkontrollen, die Rechtslage der einzelnen Länder etc., können die Zahlungsströme beeinträchtigen und weitreichende Folgen nach sich ziehen.

Hier helfen unabhängige Ratingagenturen, die regelmäßig die einzelnen Länder- in so genannte Risikogruppen einstufen, aus denen das jeweilige »Standing« des Landes hervorgeht.

Neben den internationalen Ratingagenturen finden sich auch in einschlägigen Finanzmagazinen wie »Euromoney« regelmäßig Ländereinstufungen. Daneben können die Handelskammern und Vereinigungen wie beispielsweise der in Hamburg ansässige »Ostasiatische Verein e.V.« für Auskünfte herangezogen werden.

Länderrating

Auch werden in regelmäßigen Abständen von Banken und führenden Verlagen Länderanalysen erstellt, die Prognosen zur gesamtwirtschaftlichen Entwicklung, Außenhandels- und Investitionsbedingungen wie auch Sonderbeiträge enthalten.

Wie bereits dargelegt, sind politische Risiken zum Teil mit einer Ungewissheit behaftet. Die besten Beispiele hierfür sind die Entwicklungen in Asien und Südamerika.

Tipp

> Unterziehen Sie die nachfolgenden Aspekte zum Länderrisiko einer regelmäßigen Beobachtung:
>
> - die **politische Stabilität,**
> - das **bestehende Wirtschaftsklima,**
> - die **Rechtslage im Land** selber,
> - die **politischen Einflüsse auf die Rechts- und Wirtschaftslage,**
> - die **wirtschaftlichen Außenbeziehungen** des Landes.

Zur Überprüfung des Länderrisikos steht Ihnen der folgende Fragenkatalog zur Verfügung:

Fragen zum Länderrisiko

Welche besonderen Länderrisiken sind zu beachten?

Politische Risiken:	Ja	Nein
Wahlen/»Umsturz« etc.	☐	☐
Rechtsris»ko	☐	☐
Ein-/Ausfuhrbeschränkungen	☐	☐
Sonstige		

Wie wird das politische Risiko eingeschätzt?

....

....

Informationsquellen

....

....

Wirtschaftliche Risiken

Zahlungsrisiko	☐	☐
Währungsrisiko	☐	☐
Konvertibilität	☐	☐
Wechselkursschwankungen	☐	☐
Zinsrisiko	☐	☐

....

Wie wird das wirtschaftliche Umfeld eingeschätzt?

....

....

Informationsquellen

....

....

Auswirkungen auf die dortigen Kontrahenten

Bonität	☐	☐
Sicherheiten	☐	☐

Auswirkungen auf geplante Investitionen

....

....

Andere Risiken (welche)?

....

....

....

....

Länderrating durch Rating-Agentur?	Ja	Nein
	☐	☐

Agentur ....

Rating ....

Anteil der Geschäftsverbindungen in % auf (Länderlastigkeit)

Beschaffung..	%
Vertrieb...	%
Sonstiges	%

Risikoeinschätzung bei Ausfall auf

Produktion	%
Vertrieb...	%
Beschaffung	%

Ersatz bei Ausfall durch

....

....

....

....

....

Sonstiges

....

....

....

....

....

....

3.2.6   Rechtsrisiko bei Finanzgeschäften

Das **Rechtsrisiko** findet sich in den abgeschlossenen Finanzkontrakten selbst – Finanzverträge, die nicht einholbar/einklagbar oder nicht korrekt dokumentiert sind oder durch unklare Geschäftsbeziehungen zu finanziellen Verlusten führen. Daher sollten Verfahren und Richtlinien eingeführt werden, welche die »Durchsetzbarkeit« von Finanzverträgen und -vereinbarungen mit den Kontrahenten gewährleisten. Besonders zu beachten ist dies beim Einsatz von derivativen Finanzinstrumenten und den ihnen zugrunde zu legenden Vertragswerken.

Gewährleistung der Durchsetzbarkeit von Finanzkontrakten

Einige der wichtigsten Rechtsrisiken sind zu sehen in
- den Dokumentationen und Rahmenvereinbarungen von Finanztransaktionen,
- der Einklagbarkeit von Verträgen,
- dem Mangel an Kompetenzen der Vertragspartei, d. h. dass der Kontrahent nicht die erforderliche Vertragsfähigkeit besitzt, und
- internen Kompetenzen, d. h., dass die eigenen Mitarbeiter des Unternehmens auch mit den für ihre Aufgaben notwendigen Vollmachten zum Abschluss von Finanzgeschäften ausgestattet sind, die nach außen keinen Zweifel aufkommen lassen (Börsentermingeschäftsfähigkeit).

Tipp

Zur realistischen Abschätzung des Rechtsrisikos im Rahmen von Finanzgeschäften sollten Ihnen das Vertragswerk und die Gerichtsbarkeit der Gegenpartei unbedingt bekannt sein.

Checkliste

- ✔ Ist zu jeder Zeit eine übersichtliche Darstellung der hinsichtlich des Gewinn- und Verlust-Potentials gewährleistet?
- ✔ Wird das Translationsrisiko gebührend in den Finanzpositionen berücksichtigt?
- ✔ Besteht eine innerbetriebliche Ertrags- und Performance-Rechnung?
- ✔ Erfolgt eine angemessene Überprüfung der Kontrahenten hinsichtlich deren »Ausfallwahrscheinlichkeit«?
- ✔ Wird die Liquiditätsentwicklung des Unternehmens kontinuierlich überwacht?
- ✔ Wird dem Rechts-/Vertragsrisiko gebührend Aufmerksamkeit geschenkt?
- ✔ Werden die Unternehmensbeteiligungen in den Finanzpositionen entsprechend berücksichtigt?

3.3   Interne Risiken im Finanzbereich

Unter den **internen Risiken** sind all die Risiken einzuordnen, die sich aus der Tätigkeit, deren Abläufen und der Organisation des Finanzbereiches eines Unternehmens ergeben.

Derivate Finanzprodukte, als Absicherungsinstrumente und von den Unternehmen mit zunehmender Tendenz immer häufiger eingesetzt, unterliegen nicht nur dem Marktrisiko, sondern sie lassen die Frage aufkommen, wie sie letztendlich zu bewerten und zu verbuchen sind.

Erfassung und Verbuchung von Finanzderivaten

Herkömmliche in der Buchhaltung genutzte Systeme sind sehr oft nicht dazu ausgelegt, diese vielfach komplizierten Finanzprodukte mit ihren Strukturen hinsichtlich des Risikopotentials abzubilden und zu analysieren bzw. zu bewerten.

Hierin wird seitens der Wirtschaftsprüfer ein großes Risikofeld gesehen, welches sich auch noch ausweitet, wenn eine entsprechende unternehmensinterne **Risikokontrolle** nicht vorhanden oder nicht möglich ist.

Erst in jüngster Zeit werden verstärkt im Softwarebereich so genannte »Analyse-Tools« angeboten. Sie unterliegen allerdings dem Nachteil, dass sie meist nur in Form einer »Insellösung«, d. h. als eigenständige, nicht integrierte EDV-Applikation, eingesetzt werden können und somit eine integrierte Risikobetrachtung für den gesamten Finanzbereich nicht zulassen (siehe auch Systemumwelt und Systemunterstützung).

3.3.1   Mitarbeiter im Finanzbereich

Ein nicht zu unterschätzender kritischer Faktor muss auch in den **handelnden Personen**, den Mitarbeitern, gesehen werden. Vielfach ist in der Praxis eine **ungenaue** oder gar **fehlende Definition der Handelsbefugnisse** der einzelnen Personen als ein weiterer Risikofaktor anzutreffen, was sich, bedingt durch den bereits erwähnten »buchhalterischen Ansatz«, bis in den Organisationsablauf von vielen Finanzabteilungen ausdehnt und in einer nicht vorhandenen **Trennung von Front- und Back-Office** münden kann.

Mitarbeiterkompetenz

So ist es in der Praxis oft üblich, dass ein Mitarbeiter, der als »Händler« tätig ist (Front-Office), zum Teil auch gleichzeitig die gesamte Abwicklung (Settlement) einschließlich der Zahlungsanweisung (Back-Office) für die getätigten Transaktionen, übernimmt – ein Zustand, der Manipulationen »Tür und Tor« öffnen kann.

Funktionstrennung

Bereits im Frühjahr 1996 hat die Deutsche Bundesbank gefordert, dass auch im Finanzsektor der Unternehmen eine strikte Trennung von Front- und Back-Office und der hierfür notwendigen Kompetenzabgrenzung anzustreben sei, so, wie es bei den Banken seit Jahren gehandhabt wird. Diese Forderung wird nunmehr durch das KonTraG aufgegriffen und zur Pflicht erklärt.

Dass die agierenden Mitarbeiterinnen und Mitarbeiter einer Finanzabteilung die hierfür notwendigen, erforderlichen Qualifikationen aufweisen müssen, besonders beim Einsatz von Finanzderivaten, sollte sich von selbst verstehen.

Aber auch hier hat die Praxis gezeigt, dass die vorauszusetzende Qualifikation oftmals nicht gegeben ist, denn die rasante Geschwindigkeit, mit der neue Finanzinnovationen auf den Markt gebracht werden, erfordert von den Mitarbeitern einen ständig angepassten Qualifizierungsgrad, der oft nicht erreicht wird. **Qualifikation der Mitarbeiter**

Dieses soll keine negative Wertung sein, liegt doch die Ursache dieses Tatbestands häufig an der fehlenden Zeit für eine entsprechende Weiterbildungsmöglichkeit oder für manches Unternehmen an den zu hohen Kosten oder einer zu »dünnen« Personaldecke, die eine Abwesenheit zu Weiterbildungszwecken und Seminarbesuchen kaum ermöglicht.

3.3.2   Struktur des Finanzbereiches

Ein weiteres internes Risiko im Finanzbereich ist aus der **Organisationsstruktur** eines Unternehmens abzuleiten.

Dezentral strukturierte Unternehmen lassen die für den Finanzbereich wichtige Transparenz der Zahlungsströme und die damit einhergehenden impliziten Risiken vermissen.

Für den Gesamtüberblick der Cash- und Liquiditätssituation sowie der Finanzrisiken müssen erst die erforderlichen Daten von den einzelnen Unternehmensbereichen und Organisationseinheiten gesammelt und zusammengeführt werden, soweit dieses nicht mit Hilfe einer komplett vernetzten EDV möglich ist.

Diese zusammengetragenen Daten unterliegen einem nicht zu unterschätzenden zeitlichen Verzug (»Time-Lag«), d.h. sie entsprechen nicht mehr einer zeitnahen Darstellung. Ein rechtzeitiges »Einschreiten« zur Risikobegrenzung, vor allem bei volatilen Märkten, ist somit nicht gewährleistet. Auch eine für das Gesamtunternehmen definierte Risikostrategie kann in einem dezentralen Firmenverbund nur verzögert umgesetzt und überwacht werden. **Transparenz im Finanzbereich**

Dagegen bietet die zentrale Ausrichtung des Finanzbereiches durch die Konzentrierung der Risiken – neben der Möglichkeit, sofort am Markt agieren und das Risiko beschränken zu können – auch noch die Vorteile eines zentralen Cash- und Liquiditätsmanagements zur optimalen Steuerung der gesamten Zahlungsein- und -ausgänge (Liquiditätsentwicklung).

Fristeninkongruenzen, so genannte Lücken (Gaps), werden deutlich, die im Rahmen der Gesamtliquiditätsbetrachtung unter Berücksichtigung zeitlicher und saisonaler Zahlungszyklen, wie auch eingeräumter Kreditlinien und Überziehungsrahmen, entsprechend disponiert und ausgeglichen werden können.

Zugleich wird vermieden, dass ein Unternehmensbereich über Guthaben verfügt, ein anderer dagegen wegen einer Überziehung Zinsen zu zahlen hat.

Ferner ist der Marktauftritt als Gesamtunternehmen vorteilhafter, weil dadurch die Zinskonditionen aufgrund größerer Volumina beim Anlage- und Aufnahmebedarf verbessert werden können.

Tipp

- Stellen Sie Ihr Unternehmen in seiner gesamten Struktur nach Unternehmensbereichen/Abteilungen/Niederlassungen in Form eines Organigramms dar und beurteilen Sie die »Transparenz« der Zahlungsströme.
- Cash-, Liquiditäts-, Zins- und Währungsmanagement und die damit verbundenen Risiken, als Gesamtheit verstanden, führen zu einem integrierten »Treasury-Management« und sollten möglichst zentral ausgerichtet der Buchhaltung vorgeschaltet sein.

Checkliste

✔ Verfügen die im Finanzbereich tätigen Mitarbeiter über die erforderliche Qualifikation?

✔ Sind für die Mitarbeiter im Finanzbereich die Handelsbefugnisse klar und eindeutig definiert?

✔ Sind die Finanzdaten vor unberechtigten Zugriffen entsprechend geschützt?

✔ Werden die Finanzdaten regelmäßig gesichert?

✔ Ist eine klare Trennung von Front- und Back-Office im Finanzbereich gegeben, um Kompetenzüberschneidungen zu vermeiden?

✔ Ist zu jeder Zeit ein vollständiger Überblick über die eigenen Risikopositionen sowie über Risiken eventueller Tochtergesellschaften, Beteiligungen oder anderer Unternehmenseinheiten gegeben?

✔ Ist eine klare Risikostrategie für eventuelle Tochterunternehmen, Beteiligungen oder anderer Unternehmenseinheiten vorgegeben?

✔ Erfolgt eine regelmäßige Konsolidierung der Finanzpositionen, um jederzeit einen ausreicheden Überblick über Risiko- und Liquiditätspositionen zu haben?

Zusammenfassung

1. Die einzelnen Risiken müssen, geordnet nach Risikofeldern, erfasst und in einem Risikokatalog/Risikohandbuch aufgenommen werden. Dieser Katalog bietet das Grundgerüst für eine unterschiedliche Risikobetrachtung und die einzuführenden Risikobewertungskriterien und -bewertungsmaßnahmen. Als Risikogruppen kommen hierbei die direkten und indirekten Finanzrisiken sowie die internen Risiken in Betracht.

2. Für die im Finanzbereich tätigen Mitarbeiter ist eine klare Kompetenzregelung einzuführen. Insbesondere muss eine Trennung von Aufgaben als »Händler« im Front-Office des Unternehmens sowie von Aufgaben der Zahlungsanweisungen für die getätigten Transaktionen im Back-Office des Unternehmens vorgenommen werden.

3. Die unmittelbare Verfügbarkeit relevanter Finanzdaten aus allen Unternehmensbereichen ist zu gewährleisten.

4   Risk-Flow versus Cash-Flow

Aus Sicht der Finanz-Analysten der DVFA (Deutsche Vereinigung für Finanzanalyse und Anlagenberatung) ist der Cash-Flow als eine Kennzahl zu verstehen, die die »Innenfinanzierungskraft« eines Unternehmens zum Ausdruck bringt.

Danach gibt der Cash-Flow den aus den laufenden, erfolgswirksamen, geschäftlichen Aktivitäten herrührenden finanziellen Überschuss an und steht dem Unternehmen für Investitionen, Tilgungen, Dividendenzahlungen und der »Speisung« des Finanzmittelbestandes zur Verfügung. (Auch hier gilt wieder der »buchhalterisch-bilanzielle Ansatz« als Ausgangspunkt der Definition.)

Aus der täglichen praktischen Anwendung im Treasury-Bereich ergibt sich allerdings ein anderes Verständnis für den Cash-Flow: Hier werden unter **Cash-Flow** alle künftigen Zahlungsströme eines Unternehmens verstanden.

Dabei ist zu unterscheiden nach sicheren und unsicheren Cash-Flows.

Cash-Flow aus
Treasury-Sicht

Während die klassischen Devisen- und Geldmarktgeschäfte sichere Cash-Flows führen, deren in der Zukunft liegenden Zahlungsströme bereits bei Abschluss des Geschäftes von ihrer genauen Betragshöhe her bekannt sind, so ist bei den Finanzderivaten mit unsicheren Cash-Flows zu rechnen, da sie bei Geschäftsabschluss in ihrer genauen Höhe noch nicht »fixiert« werden können.

Auch bei Roll-Over-Krediten sind zwar die Zahlungszeitpunkte genau definiert, nicht jedoch – aufgrund der stets neu zu treffenden Zinsvereinbarung – die genaue künftige Zahlungshöhe.

Dies mag auf den ersten Blick unbedeutend sein, doch bei einer entsprechenden Größenordnung der eingesetzten Finanzprodukte können die »unsicheren« Cash-Flows aufgrund ihrer Kumulierung eine nicht zu unterschätzende Auswirkung auf die Gesamtliquidität haben.

Ebenso verhält es sich mit Optionsgeschäften, da auch hier nicht von vornherein feststeht, ob die Optionen in Anspruch genommen werden oder nicht und damit Einfluss auf die Liquidität nehmen.

Bei der Gesamtbetrachtung der Finanzströme dürfen die aus dem Finanzplan herzuleitenden unternehmerischen Planzahlen nicht vernachlässigt werden, können sie doch den künftigen Cash-Flow stark beeinträchtigen und damit auf die Liquidität und ihrer Steuerung erheblichen Einfluss nehmen. Auch sie sind den unsicheren Cash-Flows zuzuordnen, da sie in ihrer genauen Höhe und Eventualität noch nicht feststehen.

Der **Risk-Flow** drückt die impliziten, vorgeschalteten und begleitenden Risiken, wie Zins-, Währungs-/Wechselkurs-, Ausfallrisiko etc. eines jeden Cash-Flows aus, d. h. es wird nicht mehr nur der reine Cash-Flow betrachtet, also der reine Liquiditätsfluss oder Zahlungsstrom, sondern auch die mit dem Cash-Flow unmittelbar einhergehenden Risikofaktoren. Das bedarf einer genaueren Betrachtung. **Risk-Flow**

Während der Cash-Flow aus Treasurysicht als künftiger Zahlungsstrom definiert ist, geht das Verständnis des Risk-Flows wesentlich weiter.

Der Risk-Flow umfasst **alle Geschäfte** eines Unternehmens, die grundsätzlich einen Zahlungsstrom generieren oder als Plandaten einen solchen auslösen könnten, sei es sofort oder zu einem späteren Zeitpunkt. Damit werden auch alle Transaktionen einbezogen, die nicht unmittelbar den Finanzbereich tangieren, sondern als Grund- oder Basisgeschäft (Originärgeschäft) des Unternehmens gelten. Unter Grundgeschäft oder Basisgeschäft sind alle Geschäfte zu verstehen, die aus der originären Unternehmenszielsetzung herrühren.

> Der Risk-Flow selbst beginnt bereits vor dem effektiven Eintritt des Cash-Flows.

Tipp

Diese Betrachtung ist aus Unternehmenssicht von besonderer Bedeutung, zeigt sich doch in der Praxis immer wieder, dass den dem Cash-Flow »vorgeschalteten« Risiken häufig gar nicht oder nur selten Aufmerksamkeit geschenkt werden.

> Es nicht mehr nur der Cash-Flow, sondern der Risk-Flow, der im Finanzbereich der Unternehmen an erster Stelle stehen sollte.

Tipp

Oft genug wird, bedingt durch den »buchhalterischen Ansatz«, das Risiko der Finanztransaktionen erst bei Rechnungsstellung oder Buchung erfasst und in die Finanzposition genommen und nicht bereits bei der Auftragserteilung oder gar schon in der Planungsphase einer künftigen Investition oder Abgabe eines festen Angebotes, z. B. aufgrund günstiger Marktkonstellationen.

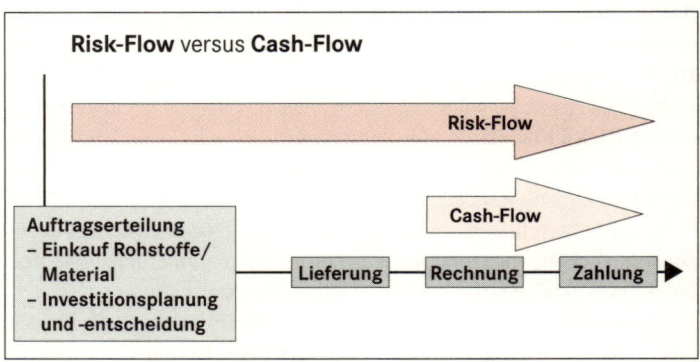

Abb. 11: Vergleich von Risk-Flow zu Cash-Flow

4.1   Das Originärgeschäft im Unternehmen als Spekulation?

An dieser Stelle drängt sich die Frage auf, ob die im Rahmen des eigentlichen Unternehmenszweckes aus den Grundgeschäften resultierenden Finanztransaktionen als eine gewisse Spekulation anzusehen sind.

Als Antwort auf diese Frage sind in der Praxis immer wieder folgende Aussagen anzutreffen: »Nichtstun ist auch eine Art von Spekulation« oder »Ein Absicherungsgeschäft ist eine Spekulation auf das Grundgeschäft.«

Risikoabsicherung oder Spekulation

Grundsätzlich trägt jede Unternehmung von Natur aus ein spekulatives Element in sich. Es sei nur daran erinnert, dass Unternehmen aufgrund falscher Einschätzungen und Geschäftsentscheidungen diese später wieder, mit zum Teil erheblichen Kosten verbunden, zurücknehmen.

Spekulation ist aus dem Lateinischen »speculare« abzuleiten und kann etwa mit »ausspähen« verstanden werden.

Die Bedeutung des Wortes in der Philosophie ist als über die Erfahrung hinaus greifendes Denken zu übersetzen oder kann im weiter gefassten Sinne auch als »in die Zukunft sehen« gedeutet werden.

Aus wirtschaftlicher Betrachtung bedeutet Spekulation **das bewusste Eingehen eines Risikos** in der Erwartung, dass der Einsatz dieses Risikos einen überdurchschnittlichen Erfolg bringen wird.

Die Aussage »Nichtstun« spiegelt die häufig anzutreffende Einstellung »Wenn ein Kurs steigt, muss er auch wieder fallen« wider, und letztendlich wird in vielen Unternehmen bis zum Fälligkeitstag des Cash-Flows mit einer Kursabsicherung gewartet und damit das Risiko bewusst oder unbewusst negiert.

Dabei wird in den meisten Fällen übersehen, dass für die Zeit des gesamten Risk-Flows das Währungs-/Wechselkurs- und Zinsrisiko, wie auch das Kurs- und Preisrisiko der Warentermin- und Wertpapiermärkte mit all seinen Auswirkungen existent ist und die interne Kostenkalkulation verwässert.

Die zweite Aussage, »ein Absicherungsgeschäft sei eine Spekulation auf das Grundgeschäft«, wird seitens der Unternehmen häufig mit dem Argument untermauert, dass die Mitbewerber, die auf eine Absicherung des Grundgeschäftes verzichtet haben – ein entsprechender Kursverlauf verständlicherweise vorausgesetzt –, auf ihren Absatzmärkten preisliche Wettbewerbsvorteile mit ihren Produkten hätten. Doch was, wenn die Entwicklung anders herum verläuft?

Beide Argumente können aber aufgrund ihres impliziten Risikopotentials im Rahmen einer verfolgten Risikopolitik nicht aufrecht erhalten werden und es sollte die Frage beantwortet werden, womit ein Unternehmen die Gewinnerzielungsabsicht als Unternehmensziel begründet – im Originärgeschäft oder in der Finanzspekulation?

Das Originärgeschäft eines Unternehmens und die daraus resultierenden Zahlungsströme (Cash-Flows) sollten nicht als Spekulation im herkömmlichen Sinne nach dem Motto »entweder oder«/»alles oder nichts« angesehen werden, sondern das Originärgeschäft spiegelt das eigentliche **Unternehmensrisiko** wider, und hierin ist der **Ursprung des Finanzrisikos** der Unternehmen zu sehen.

Grundgeschäft als Risikoursprung

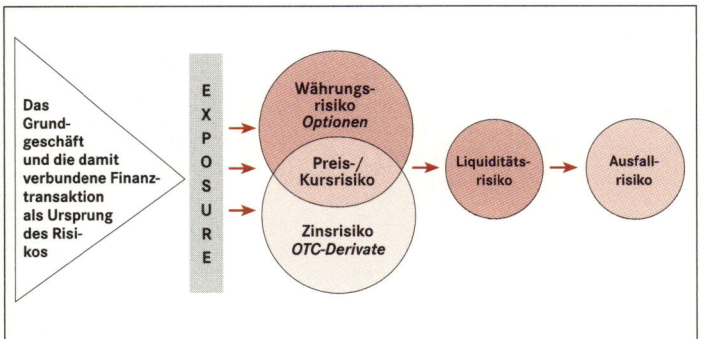

Abb. 12: Originärgeschäft eines Unternehmens als »Ursprung« des Finanzrisikos

Aus diesem Grunde sollte ein Unternehmen anstreben, durch **flexible Absicherungsstrategien** das Risiko im Finanzbereich weitestgehend abzusichern, um für die Kernbereiche, die ursprünglichen Geschäftsfeldern des Unternehmens, eine sichere Kalkulationsbasis zu gewährleisten, zumal die originäre Geschäftstätigkeit von eigenen Risiken begleitet wird.

Absicherung von Risiken im Finanzbereich

Tipp
> Bei der Festlegung von Absicherungsstrategien für das Risiko im Finanzbereich ist festzulegen, welche Finanzinstrumente zur Risikoabsicherung eingesetzt werden dürfen.

4.2 Kommunikation mit der Finanzabteilung

Ein weiteres in der Praxis oft nicht erkanntes Risikofeld ist in den nicht genau definierten Ablaufprozessen zwischen den einzelnen Unternehmensbereichen, vor allem der Einkaufs- und Verkaufsabteilung auf der einen und der Finanzabteilung auf der anderen Seite, anzutreffen.

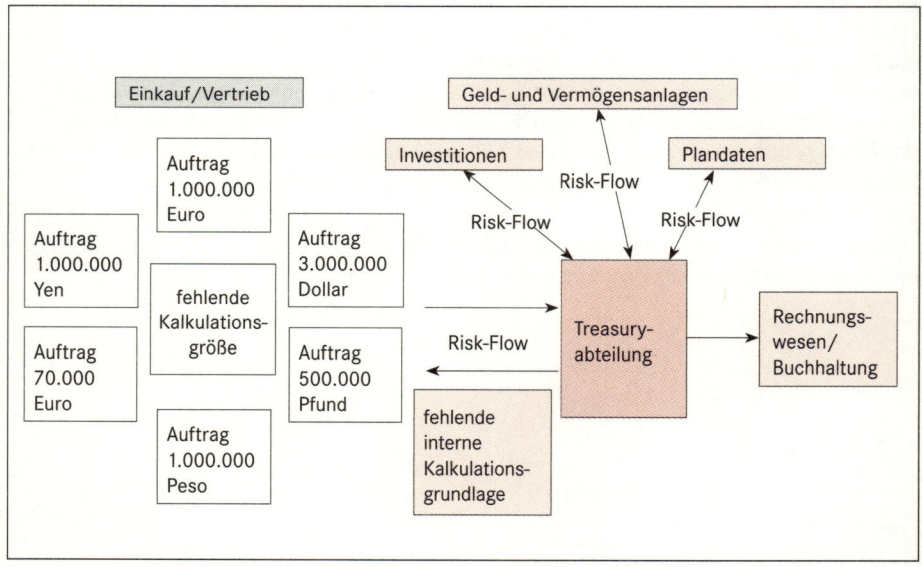

Abb. 13: Nicht definierter Kommunikationsprozess mit der Finanzabteilung

Häufig werden, zum Teil unbewusst oder aufgrund nicht vorhandener Anweisungen, Aufträge und Geschäftsabschlüsse durch die Ein- und Verkaufsabteilungen nicht unmittelbar, wenn überhaupt, an die Finanzabteilung gemeldet, mit der Konsequenz, dass im Unternehmen »offene« und damit quasi versteckte, im wahrsten Sinne des Wortes »umhergeisternde« Finanzrisikopositionen »schlummern«.

In jedem Unternehmen sind der Einkauf, die Produktion und der Vertrieb durch entsprechende Kalkulationen geplant und begleitet.

Werden Teile des Ein- oder Verkaufs – bedingt durch die Internationalisierung der Märkte – in Fremdwährungen fakturiert, so hat der

Wechselkurs nicht nur unmittelbaren Einfluss auf die interne Kalkulationsbasis, sondern ebenso auf die Liquidität und damit direkte Auswirkung auf das Unternehmensergebnis.

Nachstehende Darstellung soll dies verdeutlichen.

Einkauf von Komponenten, Rohstoffen in Fremdwährung 200.000 $ Kalkulationsgröße 1 € = 1,1500 $	Produktionskosten	Gesamtkosten	kalkulierte Marge	Verkaufspreis
173.913,04 €	+ 300.000 €	= 473.913,04 €	+ 80.000 €	= 553.913,04 €
Wechselkurs-Abweichungen im Zeitverlauf: auf 1,05 $ →				
190.476,19 €	+ 300.000 €	= 490.476,19 €	+ 80.000 €	= 570.476,19 €
190.476,19 €	+ 300.000 €	= 490.476,19 €	Preissteigerung von 2,99 % + 63.436,85 € Margeneinbruch von 20,70 %	= 553.913,04 €

Abb. 14: Beispiel für die Auswirkung der Finanzrisiken auf die interne Kalkulation und den Ertrag

Beispiel:

Die Produktion von Konsumgütern verlangt den Einkauf von Zusatzkomponenten im Ausland auf $-Basis. Zur Zeit der Bestellung ist der Kurs: 1 € = 1,1500 $.
Die Zahlung erfolgt bei Lieferung der Komponenten in sechs Monaten.
Eine Benachrichtigung der Finanzabteilung über den Einkauf, die Bestellung, erfolgt nicht. (Die Zahlung und Lieferung ist erst in sechs Monaten.) Die Produktionskosten (– alles der Einfachheit halber eingerechnet –) betragen 300.000 €. Als Gewinnmarge werden 80.000 € fest eingeplant. In den nächsten sechs Monaten fällt der Euro auf 1,05 $.
Die Rechnungsstellung für die Komponenten wird fällig und zum Kurs von 1,05 $ »umgetauscht« und beglichen.

Fazit:

Der Verkaufspreis, bei Beibehaltung der Gewinnmarge, erhöht sich um 2,99 %.
Für das Unternehmen ergibt sich folgende Situation:
- *Ist der geplante Absatz der Produkte mit einer Preissteigerung von 2,99 % innerhalb von sechs Monaten noch gewährleistet oder soll ein*

Margeneinbruch von 20,7% hingenommen werden, um keine Markt-anteile zu verlieren?

● *Gleichzeitig wird die Unternehmensliquidität i. H. v. 16.563,15 € entsprechend negativ beeinflusst und führt zu zusätzlichen Re-finanzierungskosten.*

Im Unternehmen selbst ist nun die Frage zu stellen und zu entscheiden, wem die erhöhten Kosten letztendlich zuzuordnen sind – der Produktion als »höhere« Produktionskosten oder der Finanzabteilung als Verlust aufgrund der Wechselkursänderung?

Die sofortige Auftragsmeldung für die zu kaufenden Komponenten, als Ursprung des Risk-Flows, an die Finanz- oder besser Treasuryabteilung, hätte die Kalkulationsbasis als interne Kalkulationsgröße auf der Produktionsseite festgeschrieben. Es ist daher von besonderer Bedeutung und Wichtigkeit, sich des Risk-Flows, d. h. der »Erfassung des Risikos«, bewusst zu werden.

Rechnungstellung und Risiko

Die **Risikoerfassung bei Rechnungsstellung** bedeutet: »Verlagerung« des Gewinn-/Verlustpotentials auf das Originärgeschäft und keine Risikotransparenz und -kontrolle. Wird dieses Risiko erst bei Rechnungsstellung – wie so oft in der Praxis anzutreffen – in die Finanzposition übernommen, so ist es letztendlich nichts anderes als eine »Verlagerung« des Risikos auf das Originär-Geschäft, mit dem Resultat, dass eine interne Kalkulation der Produktions- und/oder Vertriebskosten hinfällig wird und das Finanzrisiko als eigentliches Risiko nicht identifiziert wird und darüber hinaus keine Berücksichtigung bis zum endgültigen Cash-Flow erfährt.

Die internen Kalkulationsgrößen sind dann **nicht** mehr haltbar, sondern werden unbrauchbar, um sie im Rahmen eines Risikomanagementsystems nutzen zu können, mit dem Resultat, dass am Jahresende dann die entstandenen Ertragseinbußen oder gar Verluste als so genannte »Währungsverschiebungen« argumentativ vorgebracht werden, die das Unternehmensergebnis belastet hätten – eine Aussage, die immer wieder anzutreffen ist.

Auftragserteilung und Risiko

Die **Risikoerfassung bei Auftragserteilung** bedeutet: »Verlagerung« des Gewinn-/ Verlustpotentials in den Finanzbereich und Risikosteuerung und -kontrolle. Bei der Risikoerfassung zum Zeitpunkt der Auftragserteilung, des eigentlichen Ursprungs des Risikos, wird das Finanzrisiko als Risk-Flow auf die dafür auch zuständige Finanzabteilung – besser Treasury – »übertragen«, die durch entsprechende Risikoabsicherungen die Kalkulationsgrundlage für das Originärgeschäft des Unternehmens überhaupt erst gewährleistet.

Alle Finanzströme eines Unternehmens, gebündelt in einer Treasury-/Finanzabteilung, bilden die Grundlage nicht nur für ein optimales Finanzmanagement, sondern tragen auch dazu bei, den Grundstein und das Fundament einer internen Kostenkalkulation zu legen.

Das obige Beispiel ließe sich exemplarisch fortsetzen, zu denken ist an regelmäßige Zahlungen für eine im Ausland bestehende oder zu errichtende Niederlassung, Lizenzzahlungen, zu erwartende Zinseingänge, die angeblich günstigere Refinanzierung mittels eines in Fremdwährung aufzunehmenden Kredites oder Exporterlöse.

> **Tipp**
>
> Ein optimales Finanzmanagement und eine interne Kostenkalkulation sind wichtige Voraussetzungen für ein Unternehmen, Risiken im Finanzbereich frühzeitig zu erkennen, zu vermeiden und zu eliminieren.

Die oben genannten Punkte sind bereits mit »ihrem Risiko« bei dessen »Entstehung« durch eine Finanzplanung in die Liquiditäts- und Risikosteuerung einzubeziehen. Das Gleiche gilt für die unternehmerischen Plandaten, beeinflussen sie doch neben der Liquiditätsentwicklung auch die entsprechenden Refinanzierungskosten, was sich wiederum in den Ertragszahlen niederschlägt.

> **Tipp**
>
> Die Einrichtung einer Treasuryfunktion im Rahmen der Finanzabteilung eines Unternehmens trägt dazu bei, das Fundament zu schaffen, die internen Kalkulationsgrößen zu gewährleisten und diese darüber hinaus durch gezielten Einsatz von Finanzinstrumenten zu verbessern.

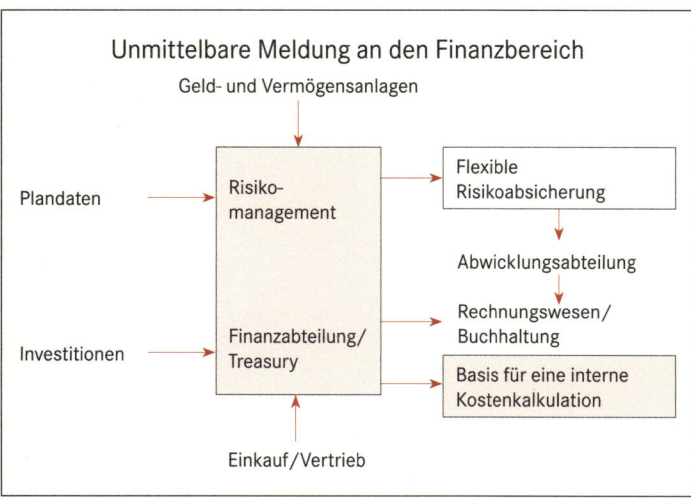

Abb. 15: Risikomanagement im Finanzbereich

Die Überprüfung der nachfolgenden Checkliste ermöglicht Ihnen das Auffinden von Risiken im Finanzkreislauf.

Checkliste

- ✔ Sind die betrieblichen Ablaufprozesse klar und eindeutig definiert und dokumentiert?
- ✔ Wird im Finanzbereich der Risk-Flow entsprechend »erfasst«?
- ✔ Besteht eine ausreichende innerbetriebliche Kostenkalkulation, die eine eindeutige Zuordnung der Finanzierungs- und Absicherungskosten gewährleistet?
- ✔ Besteht ein ausreichendes innerbetriebliches Belegwesen (manuell/elektronisch)?

Zusammenfassung

1. Der Risk-Flow umfasst alle Geschäfte eines Unternehmens, die grundsätzlich einen Zahlungsstrom auslösen können (einschließlich Plandaten).
2. Die reine Cash-Flow-Betrachtung sollte im Treasurybereich durch eine Risk-Flow-Betrachtung ersetzt werden, um das Risiko der Zahlungsströme bereits bei ihrem »Ursprung« in der unternehmerischen Finanzposition erfassen zu können.
3. Notwendige Anpassungen in den betrieblichen Ablaufprozessen (Kommunikationswegen), wie z.B. eine Risikoerfassung schon bei der Auftragserteilung, sind entsprechend vorzunehmen und zu dokumentieren.

5 Anforderungen an ein Risikomanagement im Finanzbereich

Von der Geschäftsführung werden die unternehmenspolitischen Ziele und Leitlinien für das Unternehmen und deren einzelne Bereiche festgelegt und verantwortet. An dieser Stelle soll zunächst der Finanzbereich im Vordergrund stehen, wobei das Gesetz (KonTraG) selbst alle risikobehafteten Unternehmensbereiche einschließt, die es an späterer Stelle genauer zu betrachten gilt.

Neben der täglichen »Treasury«-Aktivität der Finanzabteilung ist das betriebliche **Risikomanagement**, losgelöst von der Finanzabteilung, **als Prozess** zu integrieren.

Risikomanagement als integrierter Prozess

Die Zielsetzung eines solchen Prozesses ist in der Risikoüberwachung und -kontrolle zu sehen, d. h. in einer unabhängigen Überprüfung der Finanzpositionsführung, deren Bewertung und einer gesamten Risikobeurteilung des Finanzbereiches, so, wie es gesetzlich gefordert wird.

Zur Einführung eines Risikomanagements hat die Geschäftsleitung die notwendigen Voraussetzungen für die erforderlichen Organisationsstrukturen und deren Abläufe sowie die finanzbezogenen Risikogrundsätze mit deren Mess- und Bewertungsverfahren zu schaffen.

Es soll noch einmal deutlich hervorgehoben werden, dass das durch das KonTraG geforderte Risikomanagementsystem nicht als ein »physisches« System, sondern als ein im Unternehmen zu integrierender »Prozess« zu verstehen ist.

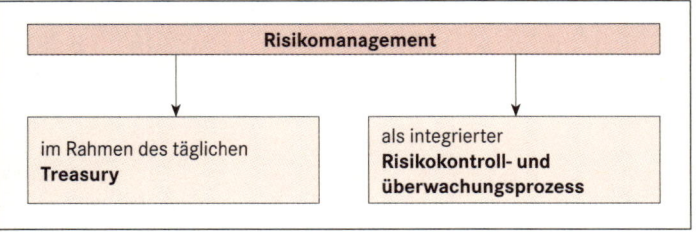

Abb. 16: Risikomanagement als integrierter Kontroll- und Überwachungsprozess

Anhand einer detaillierten Beschreibung ist das gesamte Tätigkeitsfeld, die genaue Aufgabenstellung sowie die zu verwendenden Messverfahren der Risikokontrolle und -überwachung festzulegen, um das Ziel einer unabhängigen Ermittlung der Finanzpositionen und deren Performance, dem daraus abzuleitenden Risikopotential sowie der Einhaltung von Risikobegrenzungslimiten zu erreichen.

Risikostrategien festlegen

Die hierin verankerte **Risikostrategie** eines Unternehmens muss festlegen, welche Risiken unter Berücksichtigung der Chance-Risiko-Verhältnisse eingegangen werden sollen. Eine genaue, rechtzeitige **Identifizierung** und **Erfassung** der Risiken, d.h. der Gefahrenquellen und deren Schadenwirkung, ist dabei unerlässlich.

Besondere Bedeutung kommt einer einheitlich **konsistenten Systematik** der Risikomessung zu. Das bedeutet, dass der Prozess der Identifikation, Erfassung und Auswertung der Risiken nicht nur einer ständigen Regelmäßigkeit zu unterwerfen ist, sondern einer gleichen Systematik hinsichtlich der Risikobewertung folgt. Es ist hervorzuheben, dass viele Einzelrisiken sich gegenseitig überlagern, so dass die Maßnahmen im Rahmen einer Risikosteuerung nicht notwendigerweise alle Risiken zugleich erfassen können. Dies trifft besonders zu, wenn kompliziert strukturierte Finanzinstrumente eingesetzt werden.

Nachvollziehbarkeit der Risikobewertung

Weiterhin ist darzulegen, auf welcher Basis eine Bewertung und Risikomessung der Finanzpositionen stattfinden soll. Sinnvollerweise sollte hierbei, soweit wie möglich, auf aktuelle Börsenkurse zurückgegriffen werden oder festgelegt sein, welche nachvollziehbaren Marktkurse grundsätzlich heranzuziehen sind. Die Überprüfbarkeit dieser Parameter durch die interne Revision und der unabhängigen Wirtschaftsprüfung muss dabei gewährleistet sein.

Aus der ständigen Risikomessung und dem Vergleich der tatsächlichen Risikosituation (Ist) mit den vorgegebenen Zielen (Soll) leitet sich ein Anpassungsprozess der unternehmerischen Risikostrategie ab, die bei entsprechender Abweichung im Soll-Ist-Vergleich neu zu formulieren ist.

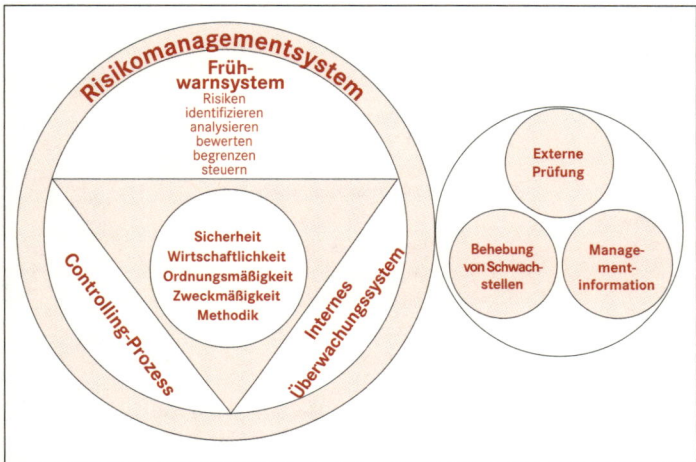

Abb. 17: Vom KonTraG gefordertes Risikomanagement als interner Unternehmensprozess

Ebenfalls muss eindeutig beschrieben sein, welche Maßnahmen getroffen werden sollen, wenn kritische Risikosituationen erreicht werden, denn nur so kann ein Risikomanagement seiner Aufgabe gerecht werden.

Das aus der Risikokontrolle hervorgehende Berichts- und Kontrollwesen gegenüber der Geschäftsleitung hat regelmäßig zu erfolgen. Dabei ist zu berücksichtigen, dass es zeitgerecht, d.h. zeitnah und nicht zeitverzögert sein muss, um eventuelle Risiken rechtzeitig eingrenzen zu können, was wiederum voraussetzt, dass das Berichts- und Kontrollwesen eine präzise, verständliche und übersichtliche Form hat.

Zur Überprüfung der Risikostrategie im Finanzbereich steht Ihnen der folgende Fragenkatalog zur Verfügung:

Berichts- und Kontrollwesen gegenüber der Geschäftsleitung

Fragen zur Risikostrategie

	Ja	Nein
Werden die jeweiligen Aufträge einzeln gesichert?	☐	☐
Werden zur Absicherung Aufträge zusammengefasst?	☐	☐
Werden im Rahmen von Markttrends im Voraus Finanzpositionen eingegangen?	☐	☐
Werden Aufträge zu 100 % abgesichert?	☐	☐
Werden im gewissen Rahmen Spekulationsgeschäfte getätigt?	☐	☐
Werden für Finanzpositionen Stop-Loss-Limite gesetzt?	☐	☐
Werden regelmäßig Besprechungen hinsichtlich künftiger Marktentwicklungen durchgeführt?	☐	☐

Mit wem? ....

....

	Ja	Nein
Werden abgesprochene Absicherungsentscheidungen eingehalten?	☐	☐
Werden Absicherungsentscheidungen revidiert?	☐	☐
Werden für die jeweiligen Auftragsperioden Budget/Kalkulationskurse festgelegt?	☐	☐
Werden diese Kurse der Marktgegebenheit angepasst?	☐	☐
Werden dem Einkauf/Vertrieb/anderen Bereichen verbindliche Kursvorgaben als Kalkulationsgrundlage gegeben?	☐	☐
Werden diese entsprechend angepasst?	☐	☐

Wie weit im Voraus wird eine Absicherung vorgenommen?

....

....

....

	Ja	Nein
Werden die Unternehmensplandaten berücksichtigt?	☐	☐
Wird grundsätzlich eine definierte Risikostrategie verfolgt?		
Absicherung 100 %	☐	☐
offene Positionen von .... %	☐	☐
flexibel, je nach Marktentwicklung	☐	☐
Stop-Loss-Limite	☐	☐
Mikro Hedge	☐	☐
Makro Hedge	☐	☐
gar nicht	☐	

Welche Instrumente/Produkte werden/dürfen/sollen zur Absicherung von Devisenrisiken eingesetzt/abgeschlossen werden?

	Ja	Nein
Kassageschäfte	☐	☐
Termingeschäfte	☐	☐
Optionsgeschäfte	☐	☐
– Standardoptionen	☐	☐
– Kauf Put/Call	☐	☐
– Barrier	☐	☐
– Bandbreiten	☐	☐
– Partizipationskontrakte	☐	☐
– strukturierte Produkte	☐	☐

Welche Instrumente/Produkte werden/dürfen/sollen zur Absicherung von Zinsrisiken eingesetzt/abgeschlossen werden?

	Ja	Nein
FRA's	☐	☐
OTC-Derivate	☐	☐

Welcher Art? ....

	Ja	Nein
Caps	☐	☐
Floors	☐	☐
Dürfen Stillhalteroptionen eingegangen werden?	☐	☐

Fragen zur Risikostrategie

	Ja	Nein
Bestehen für die Geldmittelanlage/ -aufnahme im Rahmen der Liquiditätssteuerung definierte Vorgaben?	☐	☐
Anlage-/Aufnahmezeitraum	☐	☐
einzusetzende Finanzinstrumente	☐	☐
Renditevorgaben (Chance/Risiko)	☐	☐

Welche Instrumente/Produkte werden/dürfen/sollen zur Absicherung von Geld- und Vermögenswerten eingesetzt/abgeschlossen werden?

....

....

....

....

	Ja	Nein
Werden grundsätzlich Derivate zur Risikoabsicherung gehandelt?	☐	☐

	Ja	Nein
Werden derivate Finanzinstrumente zur Absicherung von Risiken der »Endfälligkeitsbetrachtung« unterworfen (100 %-Absicherung)?	☐	☐
Wie werden Derivate in der Finanzposition erfasst?		
gar nicht	☐	☐
in Kombination mit dem abzusichernden Originärgeschäft	☐	☐
separat	☐	☐
Wie und wo?		
Wie werden Derivate bewertet?		
gar nicht	☐	☐
auf Preisbasis einer Bankquotierung	☐	☐
Ist ein Marktpreisvergleich möglich?	☐	☐
Sind die Bewertungskurse nachvollziehbar?	☐	☐
Werden die Derivate zur Bewertung in ihre »Underlyings« zerlegt und die einzelnen Risikoprofile entsprechend bewertet?	☐	☐

5.1 Organisation und Struktur

Zunächst sind die Bereiche der Finanz-/Handelsabteilung, in der sich das tägliche »Treasury« vollzieht, der Abwicklungsbereich der Finanzabteilung – das so genannte Back-Office – und das Rechnungswesen/Finanzbuchhaltung strikt voneinander zu trennen.

Dabei ist weniger an eine räumliche Trennung gedacht, als vielmehr an eine klare Abgrenzung der Zuständigkeiten und der überschneidungsfreien Verantwortlichkeiten der Bereiche, bis hin zur Geschäftsleitung.

Sollte aus Gründen der Unternehmensgröße oder wegen eines zu geringen Umfangs der Finanzgeschäfte eine Funktionstrennung nicht umsetzbar sein, so ist die ordnungsgemäße Abwicklung der Transaktionen durch die Geschäftsleitung zu gewährleisten. Auch ist innerhalb der Funktionsbereiche zu garantieren, dass miteinander unverträgliche Tätigkeiten durch verschiedene Personen vermieden werden. Dies erfordert hinsichtlich der Arbeitsabläufe ein ausreichend detailliertes Organigramm, das eine Überschneidung der einzelnen Bereiche ausschließt. Der verwandte Begriff »Handel« sollte nicht darüber hinweg täuschen, dass hiermit nur am Finanzmarkt aktive, durch Vorgabe einer profitorientierten Treasuryabteilung agierende Unternehmen angesprochen sind.

Funktionstrennung im Finanzbereich

»Handel« soll als »Abschluss von Finanztransaktionen« verstanden werden und trifft grundsätzlich auf alle Unternehmen zu, wobei die Größenordnung und das Volumen der Finanzgeschäfte nicht von Bedeutung sind. »Handel« ist in der Funktionalität der Treasury-/Finanzabteilung und deren täglicher Aktivität zu sehen.

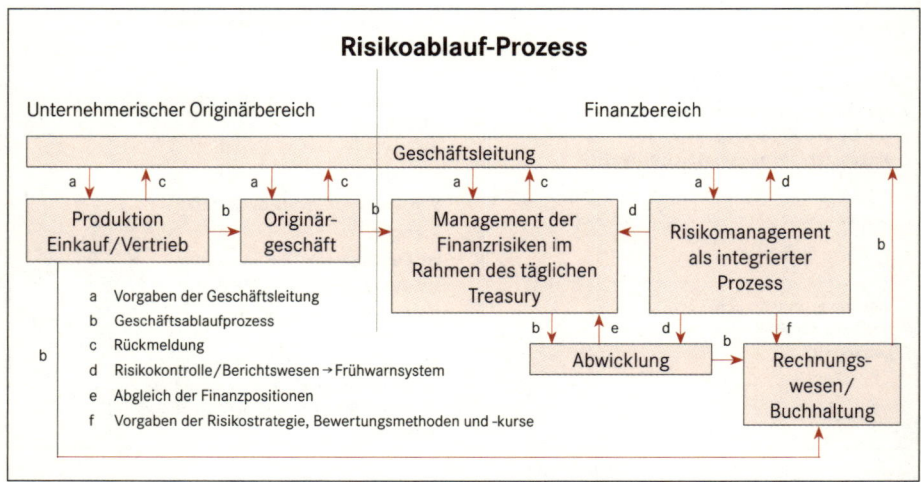

Abb. 18: Risikofluss vom Originärgeschäft des Unternehmens in dessen Finanzabteilung und in den Risikomanagement-Prozess nach dem KonTraG

5.2   Finanz- bzw. »Handels-/Treasuryabteilung«

Die handelsbezogenen Risikogrundsätze sind genau zu beschreiben. Dies setzt zunächst eine grundsätzliche Entscheidung voraus, ob der
Service-Center kontra Profit-Center Finanzbereich für das Unternehmen als so genanntes Cost-Center, also als reiner Servicebereich für andere Abteilungen wie Ein- und Verkauf dient oder darüber hinaus als Profit-Center fungiert, mit dem Ziel, auf der Finanzmarktseite mit einem entsprechend zu begrenzenden Finanzrisiko zusätzlich Erträge – so genannte Erträge aus Finanzgeschäften – zu erzielen. Hier gilt es, seitens der Geschäftsleitung klare Entscheidungen und Anweisungen zu treffen, um somit ein Missverständnis von der eigentlichen Aufgabe einer Treasuryabteilung gar nicht erst aufkommen zu lassen.

Tipp   Treffen Sie eine klare Entscheidung darüber, ob die Finanz-/Treasuryabteilung als Service-Center oder Profit-Center einzurichten ist.

Damit einhergehend sind von der Geschäftsleitung eindeutige Vorgaben zu formulieren, welche Finanzprodukte mit welchem Basispro-
dukt (»Underlying«) und in welcher Komplexität zu Absicherungs-
geschäften oder zum »aktiven Handel« (Ertragserzielung) verwandt
werden dürfen und sollen.

Eindeutige
Vorgaben

Zu berücksichtigen ist dabei, dass die zu nutzenden Finanzprodukte hinsichtlich ihres impliziten Risikos auch mit den vorhandenen internen Systemen ausreichend erfasst, gemessen und bewertet
werden können, da sonst die Gefahr besteht, dass der Einsatz von
nicht zu erfassenden Finanzprodukten zu den so genannten »Schub-
ladengeschäften« führt.

Bezüglich der Mitarbeiter ist sicherzustellen, dass diese über eine
ausreichende Produktkenntnis und ein entsprechendes Produktver-
ständnis für die von der Geschäftsleitung autorisierten Finanzprodukte und deren Risikostrukturen verfügen.

Gleichzeitig sind für den Handelsbereich und den damit beauftrag-
ten Personen genaue Handelsbefugnisse und **Limite** zu erteilen und
zu definieren. Hier sei besonders auf die Börsentermingeschäftsfähigkeit verwiesen.

Der organisatorische Ablauf des Handels ist genau zu beschreiben.
Dazu gehört, dass für die abgeschlossenen Finanztransaktionen je ein
Geschäftsabschlussformular (Händlerzettel) mit allen relevanten Geschäftsdaten zu erstellen und die Transaktionen selbst unmittelbar
nach Abschluss in der Finanzposition zu erfassen sind. Die Händlerzettel, die zwecks Nachvollziehbarkeit durchgehend nummeriert sein
sollten, sind zur Erfassung an die Abwicklung (Back-Office) und an
das Rechnungswesen weiterzuleiten, wo eine unabhängige Bestands-
führung stattzufinden hat.

Ablauf des
Wertpapierhandels

In regelmäßigen Abständen ist eine neutrale Abstimmung der Positionen des »Handels« und der Abwicklungsabteilung durchzuführen.

Des Weiteren ist eine Methodik festzulegen, wie die einzelnen Geschäfte und Finanzprodukte mit ihren unterschiedlichen Risikopro-
filen bezüglich ihrer Anrechnung im Rahmen der Limitkontrolle zu
erfassen sind.

Die Überprüfung der nachfolgenden Checkliste ermöglicht Ihnen
das Auffinden von Risiken im Finanzkreislauf.

5.3   Risikotransparenz

Um die einzelnen Finanzrisiken transparent zu machen, ist in Form
von **Fälligkeitslisten** das Profil der Finanzpositionen nicht nur in
ihrem Zeitablauf, sondern darüber hinaus auch mit ihren Einstands-
kursen aufzuzeigen.

Auch die Darstellungsweise der Finanzpositionen sollte unterschiedlich zu wählen sein:

- **zeitraumbezogen**, d.h. die Darstellung der offenen Positionen **innerhalb eines bestimmten Zeitraumes**, vor allem um die an anderer Stelle beschriebenen Gaps/Inkongruenzen der Finanzpositionen aufzuzeigen,
- **kumuliert**, d.h. die Darstellung der offenen Positionen **zu einem bestimmten Zeitpunkt**, um eine valutarische Liquiditätsentwicklung abzubilden.

Tipp

> Stellen Sie sicher, dass ein regelmäßiger Vergleich der Finanzposition mit den aktuellen Marktkursen als Grundlage der Bewertung vorgenommen wird.

Idealerweise sollte die Auswertung dieser **Fälligkeitslisten** nach verschiedenen Kriterien möglich sein:

- nach Währungen,
- nach Risikokategorien,
- nach Kontrahenten/Ländern,
- nach Geschäftsarten (Kasse, Termin, Swap, Aufnahmen, Ausleihungen, Optionen etc.),
- nach verschiedenen Fälligkeiten (täglich, wöchentlich, monatlich etc.),
- nach Einzelgeschäften.

Beispiel:

bestehende Positionen			zeitraumbezogene Positionsdarstellung	im Zeitverlauf kumulierte Positionsdarstellung
Mai	+ 1.000.000 €			
Juni	+ 1.000.000 €	II. Quartal	+ 2.000.000 €	+ 2.000.000 €
Juli	./. 5.000.000 €			
August	+ 1.500.000 €			
September	+ 2.000.000 €	III. Quartal	./. 1.500.000 €	+ 500.000 €
Oktober	./. 2.000.000 €			
November	./. 1.500.000 €			
Dezember	+ 1.000.000 €	IV. Quartal	./. 2.500.000 €	./. 2.000.000 €
gesamt	./. 2.000.000 €	gesamt	./. 2.000.000 €	./. 2.000.000 €

Abb. 19: Unterschiedliche Darstellung und Betrachtungsweise der Finanzpositionen

Die Abbildung und Darstellung der Risikotransparenz sowie die betriebliche Möglichkeit und »Fähigkeit« der Risikomessung sollten ausschlaggebend dafür sein, welche Finanzprodukte zur Risikoabsicherung im Unternehmen eingesetzt und welche Risikopositionen eingegangen werden.

5.3.1 Risikomessung

Die Risikoidentifizierung, -transparenz und -messung darf sich nicht nur auf bestehende Finanzpositionen beschränken, sondern um der Forderung des KonTraG gerecht zu werden und »den Fortbestand der Gesellschaft gefährdende Entwicklungen früh« erkennen zu können, sind auch sämtliche Planungszahlen in den Risikomessprozess und in die Analyse zu integrieren. Inwieweit dies als Aggregation der einzelnen Planungsgrößen vorgenommen wird, sollte von dem »Reifegrad« (Planungssicherheit) bei Investitionsplanungen, den Zeitintervallen und des Zeithorizontes dieser Größen abhängig gemacht werden.

Methoden der Risikomessung

Investitionen, die am Anfang von Überlegungen und Entscheidungen stehen, können dabei als grobe Kalkulationgröße erfasst, konkrete Planungszahlen, die weiter in der Zukunft liegen, können als zeitlich gemittelte Aggregate von Quartals- oder Halbjahressummen zusammengelegt werden. Zu beachten ist dabei, dass Risiken aus bestehenden Verpflichtungen und Planzahlen sowohl jeweils separat für sich als auch als Ganzes der Risikoanalyse zu unterwerfen sind.

Die Messung des Risikos kann durch verschiedene Methoden vorgenommen werden.

5.3.1.1 Bewertung

Die gängigste Methode ist die Bewertung einer Position, eines Portfolios oder einer Transaktion. Dabei sollte die **Mark-to-Market-Methode** als Grundlage dienen.

Bewertungsmethoden

Hierbei werden die bestehenden Finanzpositionen, -portfolien und -transaktionen dem aktuellen Marktpreis gegenübergestellt. Ein regelmäßiger Vergleich mit den sich täglich verändernden Marktwerten zeigt in Form von Gewinn oder Verlust das implizite Risiko der Position auf.

Weitere Messmethoden können die Kennzahlen wie Sensitivitäten oder Value-at-Risk (VaR) sein.

5.3.1.2 Sensitivitäten

Die Sensitivität zeigt die »Anfälligkeit« eines Portfolios, einer Position oder eines Finanzproduktes hinsichtlich der Performance an, die sich durch Marktwertveränderungen ergibt.

Sensitivitätskennzahlen werden vornehmlich für die Risikomessung herangezogen, wenn der Einfluss einzelner Faktoren auf eine Finanzposition oder ein Finanzprodukt analysiert werden soll.

Bei Optionen wird beispielsweise die Sensitivität oder »Anfälligkeit« des Optionswertes gegenüber dem Kassakurs bei dessen Veränderung mit Hilfe des Delta-Faktors ausgedrückt.

Gleichzeitig wird durch das Delta die derzeitige Ausübungswahrscheinlichkeit einer Option angezeigt. Die Abhängigkeit des Deltas von der Veränderung des Kassakurses des jeweiligen »Underlyings« drückt sich in der Gammakennzahl aus.

Bei festverzinslichen Wertpapieren werden zur Messung der Zinssensitivität die Basispunktwerte (Basis Point Value) herangezogen. Sie geben die Marktwertveränderung eines Finanzproduktes, Portfolios oder einer Position bei einer durchgehend für alle Laufzeiten unterstellten Zinsveränderung um einen Basispunkt an.

Eine andere Methode der Sensitivitätsmessung bei festverzinslichen Geld- oder Kapitalmarktpapieren ist die Durationsanalyse. Sie drückt die mittlere Kapital-Bindungsdauer eines Zinspapieres aus. Im Gegensatz zur herkömmlichen Restlaufzeit-Methode werden bei der Duration auch alle bis zur Fälligkeit anfallenden Zinsen und Zahlungen aus einem Finanzprodukt mit berücksichtigt.

Mit Hilfe der Durationsanalyse wird es möglich, Zinspapiere als quasi »synthetische Zerobonds« darzustellen und somit untereinander vergleichbar zu machen.

Bei variablen Zinspositionen ist darüber hinaus auch noch die Zinselastizität zu einem Referenzzinssatz zu berücksichtigen.

5.3.1.3   Value at Risk

Unterschiedliche Value-at-Risk-Ansätze

Die Value-at-Risk-Kennzahl, auch als Money-at-Risk oder Capital-at-Risk bezeichnet, drückt (auf der Statistik basierend) das Verlustpotential einer Position aus, das mit einer bestimmten Wahrscheinlichkeit (Konfidenz, z.B. 90%, 95%, 97%) bei normalen Marktbedingungen nicht überschritten wird.

Bei dieser mathematisch-statistischen Messmethode haben sich zwei grundsätzliche Modelle herauskristallisiert, die historische Simulation und das Varianz-/Kovarianz-Modell.

Bei der historischen Simulation wird auf historische Marktdaten zurückgegriffen und unterstellt, dass die Kursentwicklung und Schwankungsintensität der Kurse der Vergangenheit auch künftig anzunehmen sind. Mit dieser Unterstellung, d.h. mit diesen Kursen, wird die Position bewertet und der Gewinn oder Verlust ermittelt. Dieses Modell wird vielfach für die Bewertung von Devisentransaktionen und -positionen angewandt.

Varianz-/Kovarianz-Modell

Bei dem Varianz-/Kovarianz-Modell wird auf die Gaußsche Normalverteilungskurve zurückgegriffen.

Vorausgesetzt, dass die Marktpreisentwicklung der Normalverteilung (sie gibt an, wie weit die einzelnen Kurse von ihrem durchschnittlichen Mittelwert abweichen) folgt, wird die mathematische Aussage hinsichtlich der Wahrscheinlichkeit der zukünftigen Preisentwicklung getroffen und diese zur Risikomessung herangezogen.

Bei beiden Modellen sind das Wahrscheinlichkeitsniveau (Konfidenz), der Zeitraum, der für die historischen Daten genutzt werden soll, und die Zeitspanne, für die diese Annahmen in der Zukunft Gültigkeit haben sollen, festzulegen, um eine relative Zuverlässigkeit der VaR-Kennzahl-Aussage zu erreichen. Das wiederum bedeutet, dass die Daten einer ständigen Aktualisierung bedürfen. Zu beachten ist, dass sich der Beobachtungszeitraum und die relative Stabilität der Kennzahlaussage entgegengesetzt verhalten.

Ein weiteres, drittes Model bei der Ermittlung der VaR-Kennzahl ist die »Monte Carlo«-Methode. Sie ist allerdings eine relativ umfangreiche und zeitauf-wendige Computersimulation.

Monte Carlo-Simulation

Für die erforderlichen Parameter werden unterschiedliche »Zustände« (ca. 10.000–20.000 Szenarien) angenommen und (subjektive) Wahrscheinlichkeitsverteilungen formuliert. Aus diesen »Zuständen« und Verteilungen wird dann zufällig ein Wert ausgewählt und in die Funktion zur Bestimmung der VaR-Kennzahl eingesetzt.

Bei der Risikomessung von Finanzpositionen ist zu bedenken, dass einzelne Sensitivitätskennzahlen nicht addierbar sind, um eine Aussage über das vorhandene Gesamtrisiko zu erhalten.

Daher werden diese Kennzahlen vornehmlich genutzt, um die Auswirkungen marginaler Schwankungen einzelner Risikoparameter zu messen.

Dagegen lässt sich mit dem Value-at-Risk-Ansatz übergreifend über die gesamte Finanzposition mit ihren unterschiedlichen Finanzinstrumenten das Risiko in einer einzigen Kennzahl darstellen.

Hierbei werden Sensitivitäten, die Interaktionen der einzelnen Risikofaktoren untereinander (Korrelationen) und die Wahrscheinlichkeiten bestimmter möglicher Marktpreisveränderungen mathematisch über einen bestimmten Zeitraum kombiniert und in Form eines »geldadäquaten Wertes« als Verlust- oder Risikopotential ausgedrückt.

Durch regelmäßigen Vergleich der VaR-Zahlen und deren Veränderungen im Zeitablauf wird somit das Risikoprofil der gesamten Finanzposition **eines** Unternehmens abgebildet.

Risikoprofil der Finanzpositionen

5.3.1.4 Cash-Flow-Analyse

Mit Hilfe der Cash-Flow-Analyse werden die zukünftigen Zahlungsströme der Finanzposition aufgezeigt, wobei nicht nur die Nominalbeträge aus den einzelnen Transaktionen berücksichtigt werden, sondern darüber hinaus auch die aus ihnen hervorgehenden Zins- und Tilgungsbeträge.

Cash-Flow-Analyse Bei der Cash-Flow-Analyse wird meist die Barwertmethode bevorzugt. Mit dieser Methode wird der unter einem gegebenen Zinsszenario abgezinste, heutige Wert eines in der Zukunft fälligen Betrages ermittelt.

Anders ausgedrückt: Es wird der Wert ermittelt, der heute zu investieren wäre, um einen bestimmten, zukünftigen Betrag unter einem gegebenen Zinsszenario zu erhalten.

Für das Devisenexposure sollte die Barwertmethode nicht unbedingt herangezogen werden. Es ist sinnvoller, in Form einer GAP-Analyse die offenen Währungspositionen mit ihren Cash-Flows nominal aufzuzeigen und so den erforderlichen Absicherungsbedarf deutlich zu machen (siehe auch Risiko-Transparenz).

5.3.1.5   Simulationsanalyse

Die Veränderung des Risikopotentials und seine Wirkung auf eine bestehende Position kann darüber hinaus mit Hilfe von Simulationen gemessen werden. Dieses kann auf zweierlei Weise geschehen:

Simulation mit »what-if«-Transaktionen: Durch die Integration von »What-if«-(Simulations)-Geschäften wird die bestehende Finanzposition in ihren »kritischen Bereichen« verändert und deren Auswirkungen auf das Risiko und die Performance analysiert.

Finanzpositionen im »Crash-Szenario«   **Simulation mit Markt-Szenarien**: Eine andere Möglichkeit der Simulation ist die Annahme von bestimmten Marktbewegungen bzw. -veränderungen.

Dabei wird ein künftiges Szenario mit extrem schwankenden Märkten und unvorhersehbaren, dramatischen Bewegungen in eine Richtung unterstellt und auf die Position übertragen. Diese wird dann bewertet, nach dem Motto: »Was wäre, wenn«, als so genanntes »Crash-Szenario«.

Sicherlich ist es ratsam und sinnvoll, in regelmäßigen Abständen die gesamte unternehmerische Finanzposition mit dieser Art der Risikomessung einem »Stresstest« oder »Stress-Szenario« zu unterwerfen, um den »worst case«, d.h. den schlimmsten anzunehmenden Verlust einer Position bei Eintritt eines »Finanzmarkt-Crashs« aufzuzeigen.

Häufig wird bei dieser Szenarioanalyse auf in der Vergangenheit liegende Marktereignisse zurückgegriffen, wie der Placa Accord, der Crash 1987 oder in jüngster Zeit auf die volatilen Marktbewegungen durch die Asienkrise.

Fraglich bleibt, ob derartige Szenarien ohne weiteres auch auf die Zukunft zu übertragen sind, zumal sich nicht nur das allgemeine Umfeld, sondern auch die Rahmenbedingungen im Laufe der Zeit ständig verändern.

Dennoch lassen sich mit diesen so genannten »Stresstests« - in Form einer selbst definierten maximalen Marktbewegung - Rückschlüsse auf das größtmögliche Risiko bestehender Finanzpositionen ziehen.

5.3.1.6 »Charts« als zukünftige Szenariogrundlage

Für die Szenarioanalyse im Rahmen der Risikomessung soll die »technische Analyse« nicht unerwähnt bleiben. Der Grundgedanke dieser »Technik« liegt in der Beobachtung der Aktionen der verschiedenen Finanzmärkte. Aus historischen Kursentwicklungen heraus wird versucht, gewisse Gesetzmäßigkeiten abzuleiten und diese auf die Zukunft zu übertragen, um aus ihnen Kursentwicklungen zu erkennen, die dann zur Entscheidungsfindung des eigenen Risikoverhaltens herangezogen werden.

Dabei werden so genannter »Charts« herangezogen, d. h. die regelmäßige Aufzeichnung von Kursbewegungen in Form der grafischen Darstellung.

Verschiedene Darstellungstechniken sind im Laufe der Jahrzehnte entwickelt worden, die wiederum zu den unterschiedlichsten »Chart-Theorien« führten und mittlerweile eine quasi eigene Wissenschaft bilden.

Zukunftsszenarien durch historische Daten

Charts sind sehr gut geeignet, um für ein Zukunftsszenario unter normalen Marktbedingungen herangezogen zu werden, um künftige »erwartete« Trends auf die eigene Position zu übertragen und Aussagen treffen zu können.

Es ist jedoch zu empfehlen, bei Zuhilfenahme von Charts auf die professionellen »technischen Analysten« und deren Analysen bzw. Interpretationen zurückzugreifen.

Wie eingangs herausgestellt ist bewusst auf eine vertiefende finanzmathematische Darstellung verzichtet worden. Interessierten Lesern wird empfohlen, die einschlägige, umfassende Literatur hierfür heranzuziehen.

Es sei jedoch darauf hingewiesen, dass bei all diesen Risiko-Messmethoden zu beachten ist, dass sie in regelmäßigen Abständen hinsichtlich ihrer Gültigkeit und Verwendbarkeit zu überprüfen sind.

Neue Anforderungen oder Entwicklungen können zu Anpassungen oder zum Einsatz neuer Methoden führen.

Zur Überprüfung der zukünftigen Entwicklung der Finanzmärkte steht Ihnen die folgende einfache Übersicht zur Verfügung.

Zukünftige Entwicklung der Finanzmärkte

Einschätzung über einen Zeitraum von .... Monaten

	Tendenz	erwarteter Kurs/Preis/Zins	Tendenz	erwarteter Kurs/Preis/Zins
Währung	☐	....	☐	....
Zinsen	☐	....	☐	....
Wertpapier	☐	....	☐	....
Commodity	☐	....	☐	....
Währung	☐	....	☐	....
Zinsen	☐	....	☐	....
Wertpapier	☐	....	☐	....
Commodity	☐	....	☐	....
Währung	☐	....	☐	....
Zinsen	☐	....	☐	....
Wertpapier	☐	....	☐	....
Commodity	☐	....	☐	....
Währung	☐	....	☐	....
Zinsen	☐	....	☐	....
Wertpapier	☐	....	☐	....
Commodity	☐	....	☐	....

5.3.2   Limite zur Risikobegrenzung

Die Einführung eines Limitsystems soll vorbeugend das Risiko im Finanzbereich eines Unternehmens eingrenzen. Limite sind aufgrund ihres Risikowirkungsgrades in zwei Kategorien zu unterteilen.

5.3.2.1   Limite mit externer Wirkung

Limite zur Risikobegrenzung

Hierunter sind die Limite zu verstehen, die ein Unternehmen im Rahmen seiner Finanzaktivitäten für sich selbst nach außen auferlegt. Sie werden allgemein als Kontrahentenlimite verstanden.

In diesen Limiten spiegeln sich auch die vorher schon erwähnten Risiken, wie das Kreditrisiko und das damit verbundene Ausfallrisiko wider.

Einhergehend damit ist das Länderrisiko zu sehen, das in Abhängigkeit der Lokation der Kontrahenten steht und zugleich auch indirekt ein gewisses Währungs- und Zinsrisiko aufzeigt, wenn in der Landeswährung des Kontrahenten fakturiert wird.

Ein entsprechendes Absicherungsgeschäft wiederum tangiert die seitens der Bank eingeräumte Kreditlinie und darüber hinaus, je nach Finanzinstrument und seinem »Underlying«, auch das Risiko der Marktliquidität sowie das Preisänderungsrisiko für dieses Instrument.

5.3.2.2 Limite mit interner Wirkung

Limite mit einer internen Wirkung beziehen sich auf die Finanzpositionen des Unternehmens und auf die in der Finanzabteilung tätigen Personen. Diese Limite haben keine unmittelbare Wirkung nach außen, sie wirken intern.

Limite für die Finanzpositionen sind nach deren Zusammensetzung zu analysieren und einzurichten: Welche Währungen und welche Finanzprodukte sind involviert, mit welchem Volumen und auf welchen Zeitraum verteilt?

Mit diesen Limiten werden das Marktrisiko, das Risiko der Marktliquidität sowie das Liquiditätsrisiko des Unternehmens im Allgemeinen in der Höhe und zeitlichen Fristigkeit erfasst und beschränkt.

Da die in der Finanzabteilung tätigen Personen durch ihre Tätigkeit unmittelbaren Einfluss auf die Finanzpositionen des Unternehmens haben, sollten der Handlungsspielraum und die Handlungsbefugnis dieser Personen durch entsprechende Händlerlimite ebenfalls genau festgelegt sein.

Ein nicht zu unterschätzender Aspekt, der mit den Limiten nur mittelbar zu tun hat, ist im zu handelnden Volumen zu sehen. Dieses muss der Verhältnismäßigkeit unterworfen werden. Dabei ist das Verhältnis des Umsatzes zu der Anzahl der Geschäfte, aber auch das Verhältnis des Umsatzes zu dem erwirtschafteten Gewinn zu betrachten. Ein hohes Volumen und eine große Anzahl von Transaktionen bergen bekanntlich auch ein höheres Risiko in sich. *(Hohes Transaktionsvolumen = hohes Risiko)*

Diese Verhältnismäßigkeit ist besonders bei Finanzabteilungen zu verfolgen, die als Profit-Center geführt werden.

5.3.2.3 Verschiedene Limit-Kategorien

Bei der Vergabe und Fixierung der Limite durch die Geschäftsleitung sind unterschiedliche Aspekte bei den jeweiligen Limit-Kategorien zu berücksichtigen.

5.3.2.3.1 Kontrahentenlimit

Bei der Festlegung der Kontrahentenlimite sind neben den wirtschaftlichen Verhältnissen der Kontrahenten und deren allgemeinem »Standing« auch die dem Engagement zugrunde zu legenden Fristigkeiten der Liefer- und Zahlungsverpflichtungen wie auch des Zahlungsziels (Kreditgewährung) zu bedenken. Je länger sich der Zeitraum eines Zahlungszieles/einer Kreditgewährung erstreckt, desto *(Zeitfaktor als Risiko)*

schwieriger wird es, die Qualität eines Kontrahenten langfristig einzuschätzen und zu beurteilen.

Auch sind bestehende Nettingvereinbarungen und Sicherheiten
mit den Kontrahenten, wie bereits an anderer Stelle angesprochen, in
die Überlegungen der Limitvergabe einzubeziehen.

5.3.2.3.2   Länderlimit

Die Vergabe von Länderlimiten wird von einer gewissen Problematik
tangiert, schließlich sind die politischen und wirtschaftlichen Gegebenheiten und Entwicklungen zum Teil »ungewiss«, zumal wenn
es sich um Länder der Dritten Welt handelt.

Länderlastigkeit vermeiden

Ein international in verschiedenen Ländern operierendes Unternehmen wird sicherlich eher in der Lage sein, eine so genannte »Länderlastigkeit« zu vermeiden, als ein Unternehmen, welches sich beispielsweise auf das Im- und Exportgeschäft mit einem bestimmten
Land spezialisiert hat oder zu spezialisieren gedenkt.

Hier ist bereits von vornherein die »Lastigkeit« vorgegeben und das
Unternehmen wird daher bereits ein aus der Erfahrung heraus besonderes »Gespür« und eine entsprechende Kenntnis des entsprechenden
Landes entwickelt haben oder wird es entwickeln müssen, so dass
hier wiederum vornehmlich das Kontrahentenlimit im Vordergrund
stehen wird.

Jedoch ist zu beachten, dass die Summierung mehrerer Limite verschiedener Kontrahenten in einem Land sehr schnell das jeweils eingeräumte Ländergesamtlimit überschreiten kann.

Während die Einführung oben genannter Limite eine entsprechende Beurteilung von Geschäfts- und Wirtschaftsdaten sowie künftiger Entwicklungen erforderlich macht, wird die Einrichtung von Limiten für die Finanzpositionen mehr durch eine Systematik geprägt.

5.3.2.3.3   Positionslimit

Ein zu implementierendes Limitsystem für Finanzpositionen wird
sich in Art und Umfang von Unternehmen zu Unternehmen unterscheiden. Zum einen ist es davon abhängig, ob sich der Finanzbereich
als Service-Center oder als Profit-Center mit Eigenpositionen darstellt,
zum anderen sind die Finanzpositionen selber zu betrachten.

Risikopotentiale Währung oder Zinsen

Ist das Risikopotential mehr auf der Währungs- oder mehr auf der
zinssensitiven Seite anzusiedeln, wobei die Zinsseite auch währungs-
bezogen sein kann und damit beide Risiken zu berücksichtigen.

Gleichzeitig ist festzulegen, inwieweit auch Commoditypositionen
(Öl, Metalle etc.) – in Form von Finanzgrößen – berücksichtigt werden
müssen.

Innerhalb eines Limitsystems sind die festzulegenden Limite in
ihrer Höhe so zu gestalten, dass sie die Risiken insgesamt in eine

tragbare Verhältnismäßigkeit zum Haftungskapital des Unternehmens setzen.

Außerdem ist seitens der Geschäftsleitung ein maximales Verlustlimit festzulegen, um einer Kumulierung von Verlusten im Zeitablauf von vornherein vorzubeugen.

Verlustkumulierung

Limite müssen weiterhin alle Marktrisiken abdecken. Das gilt sowohl für Währungs-/Wechselkurs- als auch für Zinsrisiken, für Risiken für derivate Finanzprodukte, und für Risiken der unternehmerischen Warenterminpositionen oder Lieferverpflichtungen.

Zu bedenken ist auch, dass ein Limitsystem basierend auf einem Nominalbetragslimit nicht notwendigerweise ausreichend sein muss.

So reagiert ein einjähriges Zinspapier weniger anfällig auf eine parallele Zinsverschiebung als ein kupongleiches Papier mit einer fünfjährigen Laufzeit, d.h. im Zinsbereich sind Nominalbeträge **nicht** ohne weiteres addierbar.

Auch im Optionsbereich können die Nominalbeträge aufgrund der nichtlinearen Risiken **nicht** addiert werden (Delta- und Gamma-Risiko).

Hier ist daher grundsätzlich neben den Nominallimiten ein zusätzliches produktspezifisches Limit zu implementieren, soweit von der Geschäftleitung die zu handelnden Produkte genau definiert und überhaupt erlaubt sind.

Werden Optionen der Endfälligkeitsbetrachtung unterworfen, d.h. zur Absicherung einer Position/Transaktion per dessen Endfälligkeit eingesetzt, reicht dagegen ein Nominallimit aus. Voraussetzung ist allerdings, dass seitens der Geschäftsleitung festgelegt ist, Optionen nur zur reinen Absicherung für Grundschäfte des Unternehmens einzusetzen und daher Optionen nur zu kaufen.

In diesem Falle spielt das Delta- und Gamma-Risiko keine Rolle mehr, sondern es werden bei Fälligkeit der Optionen nur die Opportunitätsvor- oder -nachteile hinsichtlich der Ausübung einer Option zu betrachten sein.

Ein nicht zu unterschätzender Punkt bei der Einführung eines Limitsystems ist die Berücksichtigung der Veränderungen von Marktparametern. Die Ausnutzung eines eingeräumten Limits kann aufgrund von Wechselkursverschiebungen verändert werden.

Limitüberschreitung durch Kursveränderungen

Beispiel:
Ein eingeräumtes Limit von 500.000 Währungseinheiten (WE) und einem Engagement von 300.000 $ wird bei einem Wechselkurs von 1,50 mit 450.000 (WE) in Anspruch genommen. Verändert sich der Dollar-Kurs auf 1,80, so steigt die Ausnutzung auf 540.000 (WE) und das festgelegte Limit wird bereits mit 40.000 (WE) überschritten. Bei größeren Volumina wird dieser Effekt entsprechend vergrößert.

Tipp

Sorgen Sie dafür, dass Ihr Unternehmen eine regelmäßige Überprüfung und Anpassung der Limite vornimmt.

Risikobegrenzung
mittels eines
Limitsystems

Limit		Wirkung
Limite mit externer Wirkung	Kontrahentenlimit	Begrenzung des Ausfallrisikos
	Länderlimit	(Kreditrisiko)
Limite mit interner Wirkung	Positionslimit	Begrenzung des Marktrisikos und Marktliquiditätsrisikos
	Volumen-/ Betragslimit	indirekte Verlustbegrenzung der Finanzposition
	Verlustlimit	zur Vorbeugung einer Kumulierung realisierter Verluste
		max. eingetretener Verlust in einer zeitlichen Periode
		(»Frühwarnsignal«-Konsequenzen bei Limitüberschreitung)
	Value-at-Risk-Limit	Begrenzung des potentiellen Verlustes
		max. potentieller Verlust bei definierter Änderung eines Risikoparameters
	Händlerlimit	personenbezogene Betrags-, Volumens-, Value-at-Risk- und Verlust-Limite
Absicherungsgeschäft	Kontrahentenlimit	Marktliquiditätsrisiko
	Kreditlimit	

5.3.2.4   Struktur eines Limitsystems

Limite im
Zeitverlauf

Um die Limite, deren Einhaltung und Ausnutzung übersichtlich darzustellen, bietet sich die Abbildung im zeitlichen Verlauf, dem »Time Band«, an.

Gleichzeitig wird damit der Problematik Rechnung getragen, die weit in der Zukunft liegenden, schwerer einzuschätzenden Risiken hervorzuheben und entsprechend zu limitieren.

»Overall«-Limit

Zunächst ist für die offenen Positionen ein Gesamtlimit (Overall-Limit) festzulegen, welches dann entsprechend der zeitlichen Perioden gestaffelt werden kann (hierarchischer Aufbau).

Meistens wird dabei, losgelöst vom Terminengagement, ein separates Limit für die Kassaposition, respektive für den kurzfristigen Laufzeitbereich, gesetzt.

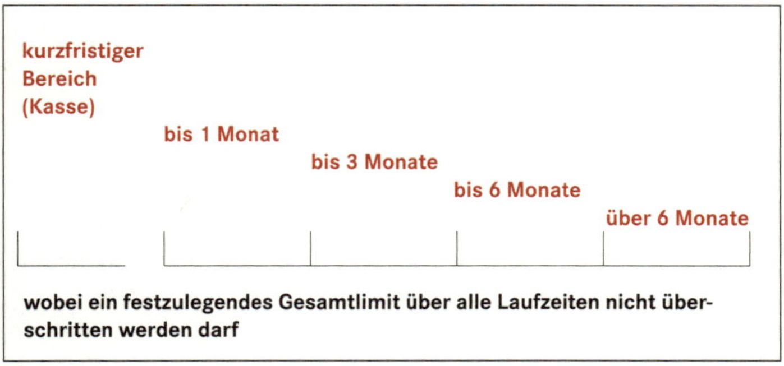

```
┌─────────────────────────────────────────────────────────────┐
│ kurzfristiger                                                 │
│ Bereich                                                       │
│ (Kasse)                                                       │
│          bis 1 Monat                                          │
│                    bis 3 Monate                               │
│                            bis 6 Monate                       │
│                                    über 6 Monate              │
│   └──┘    └────────┴─────────────┴──────────────┴──────────┘  │
│                                                               │
│ wobei ein festzulegendes Gesamtlimit über alle Laufzeiten nicht über- │
│ schritten werden darf                                         │
└─────────────────────────────────────────────────────────────┘
```

Abb. 20 Struktur eines Limitsystems

Beispiel für ein Gesamtlimit mit zeitlicher Staffelung:
Kassaposition   *7.000.000 €*

Gesamtlimit für offene Terminpositionen		*5.000.000 €*
davon	*bis 1 Monat*	*4.000.000 €*
	bis 3 Monate	*3.000.000 €*
	bis 6 Monate	*1.000.000 €*
	über 6 Monate	*500.000 €*
		8.500.000 €

Wobei insgesamt das maximale Gesamtlimit von 5.000.000 € nicht überschritten werden darf.

Es ist sinnvoll, diese Darstellung nicht nur auf die aggregierte Gesamtposition, sondern darüber hinaus sowohl für das Devisenengagement als auch für den Zinsbereich und die derivativen Finanzinstrumente zu implementieren.

Außerdem kann diese Limitstruktur zusätzlich auch für einzelne Währungen und Kontrahenten angewandt werden.   **Einzellimit**

Im Rahmen einer derartigen Struktur lassen sich dann weitere Einzellimite für offene Tagespositionen, Gesamtvolumina, Höchstbeträge für einzelne Transaktionen und Finanzprodukte hinzufügen, die außerdem noch händlerbezogen festgelegt werden können.

Das Verlustpotential ist, basierend auf der Vorgabe der Geschäfts-   **»Stop/Loss«-Limit**
leitung, durch einen so genannten »Stop/Loss« zu limitieren.

Ein anderer Aspekt ist die jeweilige Limitinanspruchnahme durch die einzelnen Finanzprodukte. So ist der Geldausleihung (im Rahmen der Liquiditätssteuerung) als einseitiges Cash-Flow-Geschäft eine andere Gewichtung beizumessen als einem Devisengeschäft, dem ein beidseitiger Cash-Flow zugrunde liegt.

In der Regel werden Geldmarktausleihungen mit 100% ihres Nominalbetrages auf das Limit angerechnet, weil auch der 100%ige Betrag »eingesetzt« ist, während Devisentransaktionen, in Abhängigkeit ihrer Laufzeit, nur mit einem gewissen Prozentsatz ihres Nominals oder mit einem VaR-Betrag eine Limitanrechnung erfahren sollten, weil hier zwei gegenläufige Cash-Flows, der Devisentausch, das Risiko auf den Kursdifferenzbetrag reduzieren.

Hier spiegelt sich deutlich das Risikopotential der unterschiedlichen Produkte wider.

Limitausnutzung im Zeitverlauf

Weiter ist zu bedenken, dass ursprünglich langfristig eingegangene Positionen im Zeitverlauf zu immer kurzfristigeren Restlaufzeiten führen und dabei das Risiko geringer wird. Aufgrund der kürzer werdenden zeitlichen Risikoüberschaubarkeit und Risikoeinschätzung sollte daher die Limitinanspruchnahme entsprechend der verbleibenden Restlaufzeit (Time Band) abnehmen, d.h. langfristig eingegangene Positionen eine zeitlich abnehmende Gewichtung erhalten.

Tipp

> Beachten Sie, dass ein Limitsystem seinen Zweck nur dann erfüllt, wenn die darin gesetzten Limite auch strikt eingehalten werden. Aus diesem Grunde ist es notwendig, seitens der Geschäftsleitung genau zu definieren, welche Konsequenzen eine Limitüberschreitung nach sich zieht.

Zur Überprüfung der Risikoüberwachung steht Ihnen der folgende Fragenkatalog zur Verfügung.

Fragen zur Risikoüberwachung im Finanzbereich

Wer überwacht und bewertet die Risiken aus den Zins- und Währungspositionen sowie den Geld- und Vermögensanlagen?

....

....

Wie erfolgt die Risikoüberwachung bei Derivaten?

....

....

Wie wird das Risiko der bilanzunwirksamen Derivate im Geschäftsbericht dargestellt?

....

....

Wer ist für die Bewertung verantwortlich?

....

	Ja	Nein
Werden die Bewertungsmethoden konsistent eingehalten? Wer überprüft die Methoden?	☐	☐
Werden die Methoden den Anforderungen entsprechend angepasst?	☐	☐

Fragen zur Risikoüberwachung im Finanzbereich

In welchen Zeitabständen erfolgt die Überwachung und Bewertung?

regelmäßig ☐   Zeitraum ....

gelegentlich ☐   Zeitraum ....

gar nicht ☐

Wer legt die Bewertungskurse fest?

....

....

	Ja	Nein
Erfolgt eine regelmäßige Abstimmung der Finanzpositionen zwischen Finanz-abteilung (Handel) und Abwicklungs-abteilung?	☐	☐
täglich	☐	
wöchentlich	☐	
gelegentlich	☐	
gar nicht	☐	

Besteht eine jederzeit verfügbare aktuelle Aufstellung für offene Währungspositionen?	☐	☐
nach Fälligkeit	☐	
nach Kontrahenten	☐	
nach Währungen	☐	
nach Einzelgeschäften	☐	

Sind die Positionen mit einem Durchschnittskurs versehen?	☐	☐
Besteht eine jederzeit verfügbare aktuelle Aufstellung für offene Zinspositionen?	☐	☐
nach Fälligkeit	☐	
nach Kontrahenten	☐	
nach Währungen	☐	
nach Einzelgeschäften	☐	

Sind die Positionen mit einem Durchschnittszinssatz versehen?	☐	☐
Wird die Liquiditätsentwicklung regelmäßig überwacht?	☐	☐

Durch wen?

....

Zeitraum

....

	Ja	Nein
Wird die Einhaltung der festgelegten Limite überwacht?	☐	☐

Durch wen?

....

Wer setzt die Limite fest?

....

Erfolgt eine regelmäßige Überprüfung der Limite?	☐	☐
Wird die Trennung von Front- und Back-Office überwacht?	☐	☐

Durch wen?

Wird eine Liquiditätsplanung vorgenommen?	☐	☐

Durch wen?

....

Wird diese entsprechend angepasst?	☐	☐
Erfolgt ein regelmäßiger Soll/Ist-Vergleich?	☐	☐
Erfolgt eine regelmäßige Bonitäts-prüfung der Kontrahenten?	☐	☐
regelmäßig	☐	
gelegentlich	☐	
gar nicht	☐	

Durch wen?

....

Auf welcher Basis (Informationen)?

....

Erfolgt eine regelmäßige Länderanalyse?	☐	☐
regelmäßig	☐	
gelegentlich	☐	
gar nicht	☐	
Durch wen?	☐	

....

Auf welcher Basis (Informationen)?

....

5.4   Abwicklungsabteilung für den Finanzbereich

Wenn hier von einer Abwicklungsabteilung die Rede ist, so sollte sie verstanden werden als der Zuständigkeitsbereich, der für die weitere Abwicklung der im Handel/Treasury abgeschlossenen Finanztransaktionen verantwortlich ist. Dieser Aufgabenbereich kann auch im Rechnungswesen liegen, muss aber funktionell eine Trennung zum Handel/Treasury erfahren.

> Treasury ➜ Abwicklung ➜ Rechnungswesen/Buchhaltung

Vornehmliche Aufgabe der vom »Handel« unabhängigen Abwicklungsabteilung ist die Abwicklung (Settlement) der abgeschlossenen Transaktionen anhand der erstellten Geschäftsabschlussformulare.

Abwicklung und Überwachung

Zuvor jedoch sind die Händlerzettel mit denen der Kontrahentenbestätigungen abzugleichen und bei Abweichungen unverzüglich die Differenzen zu klären und in angemessener Weise zu dokumentieren. Diese Aufgabe ist aufgrund der Funktionstrennung (Front- und Back-Office) ausschließlich hier angesiedelt.

Die weiteren Aufgaben der Abwicklung liegen in der Überwachung der Zahlungs- und Anschaffungs- bzw. Lieferungstermine, der Erstellung der erforderlichen Zahlungsaufträge und der Limitüberwachung. Weiterhin ist zu kontrollieren, dass die Geschäftsunterlagen vollständig und zeitnah vorhanden sind und Abweichungen von Standards, wie Bankverbindungen usw., ausdrücklich vereinbart sind.

5.5   Absicherung von Finanzrisiken

Zur Absicherung der direkten Finanzrisiken, sowohl auf der Zins- als auch auf der Währungsseite, stehen dem Unternehmen verschiedene Instrumente zur Verfügung. Neben den klassischen Absicherungsmöglichkeiten haben sich in den letzten Jahren immer mehr derivative Finanzprodukte entwickelt, die den für das Unternehmen notwendigen Bedarf der Absicherung individueller und flexibler gestalten lassen.

Absicherungsinstrumente

Es würde den Rahmen dieses Buches sprengen, diese Sicherungsinstrumente im Einzelnen zu beschreiben. Daher soll nachstehend ein grober Überblick über die Vielfalt der Produkte gegeben werden, die von den Banken, besonders im Derivatebereich, fast täglich um neue Varianten und Konstruktionen mit immer größer werdender Komplexität erweitert angeboten werden.

»Sales« oder Produktverkauf, d. h. Verkauf von Risikoabsicherungs- Beratung
instrumenten, ist die heutige Losung des Kreditgewerbes, seit mit durch die Bank
dem reinen Kreditgeschäft nicht mehr die zu erwartenden Gewinne
erzielt werden können. Beim alleinigen Produktverkauf sollte es auf
der Bankenseite jedoch nicht bleiben. Gerade der Umgang mit Finanzinnovationen erfordert eine entsprechende Beratung und Aufklä-
rung. Diese wird zwar von den Banken im Rahmen ihrer per Gesetz
vorgeschriebenen Beraterhaftung vorgenommen, jedoch beschränkt
sie sich meist nur auf die Produkte selber.

Es bleibt unberücksichtigt, dass vor dem Einsatz derivativer Finanzinstrumente auch das entsprechende Fundament in den Unternehmen selber gelegt sein muss, um dort ein umfassendes Risikomanagement praktizieren zu können, was bedeutet, dass diese Produkte
auch erfasst, verbucht und neutral bewertet werden können.

Hier besteht auf der Kundenseite meiner Meinung nach ein großer
Beratungsbedarf durch die Banken.

Dieser sollte im proklamierten »Relationship Banking« nicht fehlen, bietet es doch für die Banken ein mögliches neues Geschäftsfeld
in Form einer gesamtheitlichen, auf das KonTraG bezogene Risikoma-
nagementberatung und in der Kundenbeziehung für beide Seiten die
Möglichkeit, eine vertiefende Vertrauensbasis zu schaffen, die sich
langfristig auszahlen sollte. Zugleich wird damit auch die bankseitige
Begleitung des Risk-Flows auf der Unternehmensseite ermöglicht, was
einer engeren Kunden-Bank-Beziehung förderlich ist, vor allem im mittelständischen Kundensegment – auch im Hinblick auf das Rating.

Da Derivate so genannte »Ableitungen« von Basisfinanzprodukten Derivate und
sind, hängt deren »Wirksamkeit/Ausübung/Fälligkeit oder Hinfällig- Optionen
keit« häufig – je nach Produkt – von nicht immer einschätzbaren Markt-
kursveränderungen der zugrunde gelegten Basisinstrumente ab.

Häufig führt dies durch Erreichen der vereinbarten Triggerpunkte/
Ausübungspunkte des Derivats noch während der vertraglichen Laufzeit zu einer »Anschluss«-Absicherung.

Genauso verhält es sich mit vermeintlichen kosten- oder prämi-
enneutralen Optionen. Sie decken zwar das Risiko ab, werden jedoch
ebenfalls an Marktbedingungen geknüpft, die das ursprünglich ab-
zusichernde Risiko bei Eintritt dieser Bedingungen unter Umständen
wieder aufleben lässt.

Damit sollen derivative Finanzinstrumente selbst generell nicht
verurteilt werden, im Gegenteil, es soll nur darauf hingewiesen werden, dass diese modernen Absicherungsmöglichkeiten einer kritischen Beurteilung für den eigentlichen Absicherungsbedarf zu
unterziehen sind, soll heißen, dass nicht alles, was angeboten wird,
auch wirklich in die unternehmerische Risikostrategie passt und ihr
»nützlich« ist.

Grundsätzlich helfen Derivate bei richtigem Einsatz und richtiger Konstruktion, Risiken, die bisher nicht abgedeckt werden konnten, wohlgemerkt mit einem zum Teil verbleibenden und unter Umständen verlagerten »Restrisiko« abzudecken. Andererseits könnte gerade dieses verlagerte »Restrisiko« für einen Absicherungszweck interessant sein, wenn damit eine größere Flexibilität erreicht wird und besser zu handhaben bzw. zu kontrollieren ist.

Dieses mag mitunter den Eindruck einer impliziten »Wette« oder Spekulation erwecken und auch sein und kann von daher einer unternehmerischen Risikostrategie entgegenlaufen.

Dieser Eindruck verstärkt sich, wenn die Instrumente zur Absicherung einer einzelnen Transaktion oder Gegebenheit als Produkt angeboten werden, ohne dass dabei die gesamte Finanzstruktur eines Unternehmens in ihrem zeitlich verlaufenden Risikoprofil einbezogen wird.

Grundsätzlich sind Derivate geeignet, das Chance-/Risiko-Verhältnis zu erhöhen und somit eine flexibler gestaltete Risikoabsicherung zu bieten.

Tipp

Es empfiehlt sich für Ihr Unternehmen, eine genaue Analyse der Absicherungsinstrumente in Bezug auf die unternehmerische Risikostrategie vorzunehmen. Derivate Finanzinstrumente bedürfen dabei einer besonderen Überwachung und Kontrolle.

Finanzinstrumente zur Abdeckung von Finanzrisiken

Verschiedene Finanzinstrumente zur Risikoabsicherung von Finanzpositionen im Unternehmen		
Währungsrisiko	Zinsrisiko	
Foreign Exchange	Money Market (bis zu 18 Monate)	Capital Market (über 18 Monate)
Kasse (Spot)	**Aufnahme** (Deposit)	**Bonds**
Termin (Forward, Outright)	**Ausleihung** (Loan)	**Floater**
Swap (Kombination von zwei Währungsgeschäften)	**Geldmarktpapiere**	**Swaps**
Devisenderivate	**Zinsderivate**	**Swaptions**
Optionen	FRA's	**Kreditderivate**
Standard	Caps	
– american	Floors	
– european	Collars	
Barrier	Futures	
Average	Zinsoptionen	
Digitals	etc.	
Futures		

Checkliste

✔ Sind Derivate für die beabsichtigte Absicherung überhaupt geeignet?

✔ Sind Derivate mit der definierten Unternehmens-Risikostrategie vereinbar?

✔ Fügen Derivate sich in die Struktur der unternehmerischen Finanzposition ein?

✔ Können sie mit den im Unternehmen vorhandenen Systemen erfasst und mit den angewandten Methoden bewertet werden?

✔ Können Derivate jederzeit zu einem nachvollziehbaren Marktpreis wieder »glattgestellt«/aufgelöst werden?

✔ Aus welchen Basisprodukten (Underlyings) setzt sich das Derivat zusammen?

Gerade die letzte Frage gibt Aufschluss über das implizite Risikoprofil des Instrumentes. Schließlich sind die Derivate Finanzprodukte, deren eigener Wert von der Werthaltigkeit anderer Instrumente, den so genannten Underlyings, abhängt.

Es kann daher erforderlich sein, das Derivat selber in seine einzelnen Basisprodukte zerlegen zu müssen, um so überhaupt eine eigene Risikobewertung vornehmen zu können, was sich für viele Finanzabteilungen als fast unmöglich herausstellt. Das führt dazu, dass zu Bewertungszwecken auf »Marktpreise« einer einzigen Bank – meistens noch die Bank, mit der das Absicherungsgeschäft getätigt wurde – zurückzugreifen ist und somit eine marktbasierte Vergleichsmöglichkeit der Quotierung nicht ermöglicht wird.

Subjektive Bewertungskurse

Kundenorientierung und die entsprechende Beratung sollten absoluten Vorrang haben vor dem in letzter Zeit fast ausnahmslos intern proklamierten, kurzfristig ausgerichteten reinen Produktverkauf auf Seiten der Banken.

Anhand von vier Fragen sollte die jeweilige Kompetenz und Beratungsqualität überprüft werden.

Checkliste

✔ Ist im Rahmen der bankseitigen Beratung schon einmal der Risk-Flow von Finanztransaktionen aufgezeigt worden?

✔ Ist in dieser Beratung auf das KonTraG verwiesen worden?

✔ Ist im Beratungsgespräch zur Absicherung von Finanzrisiken die unternehmensinterne Risikostrategie und Finanzstruktur berücksichtigt worden?

✔ Ist im Zusammenhang mit derivaten Absicherungsinstrumenten die Problematik der Verbuchung, Bewertung und Risikodarstellung dieser Produkte angesprochen worden?

5.5.1 Dokumentation derivater Finanztransaktionen

Für die klassischen, bilanzwirksamen Finanztransaktionen stellt deren Verbuchung kein Problem dar.

Dokumentation von Derivaten

Anders sieht es hingegen bei den bilanzunwirksamen, derivaten Finanzprodukten aus. So sind die Prämien für abgeschlossene Derivate als echter, die Liquidität beeinflussender Cash-Flow ordnungsgemäß zu verbuchen und die aus dem Derivat – je nach Finanzprodukt – künftig entstehende Position entsprechend zu erfassen. Es empfiehlt sich, für die Derivate ein separates Positionsbuch zu führen, welches jederzeit mit den anderen Finanzpositionen zusammenzuführen ist, um den Gesamtüberblick und das sich daraus ergebende Gesamtrisiko darstellen zu können. Auch sollte grundsätzlich die Verknüpfung des Derivats mit dem zugrunde liegenden abzusichernden Ursprungsgeschäft eindeutig gewährleistet sein. Es empfiehlt sich unbedingt, den Rat des Wirtschaftsprüfers einzuholen, um für das Unternehmen zu klären und festzulegen, wie diese Finanzpositionen im Detail zu dokumentieren und zu erfassen sind.

Tipp

1. Verfassen Sie zur Behandlung von derivaten Finanzprodukten klare Richtlinien, aus denen die Behandlung und Erfassung bilanzunwirksamer Transaktionen eindeutig hervorgehen. Es ist ratsam, diese in enger Kooperation mit den Wirtschaftsprüfern zu formulieren.

2. Beachten Sie besonders, dass die Bewertung dieser Finanzpositionen durch das Rechnungswesen oder Controlling geschieht, auf keinen Fall aber durch die Finanz- oder Handelsabteilung selbst, um eine zuverlässige, von der Finanzabteilung unabhängige Bewertung zu erreichen, deren Auswirkung sich in der Rechnungslegung wiederfindet.

3. Achten Sie auch darauf, dass die Bewertung auf einer konstanten Kursquelle und Methodik basiert, d.h. die der Bewertung zugrunde gelegten Kurse müssen nachvollziehbar und marktgerecht sein.

Bilanzprodukte in Bezug auf ihre Bilanzwirksamkeit

	Bilanzwirksam	Nicht bilanzwirksam
Zinsexposure	Kredite Anleihen Schuldscheine FRN's Commercial Paper Geldmarktpapiere	Zinsswaps FRA's Caps Floors Zins-Futures Swaptions und jede Kombination
Währungsexposure	Fremdwährungskredite innovative Kapitalmarkt- transaktionen	Währungsswaps Futures Termingeschäfte Optionen und jede Kombination

5.6   Rechnungswesen und Finanzkennzahlen

Auf die Grundsätze ordnungsgemäßer Buchführung im Rechnungswesen sowie auf Bilanzierungsrichtlinien soll hier nicht explizit eingegangen werden. Die Thematik der Bilanzierung (und ihrer legalen
»Tricks«) sowie die derzeit diskutierten künftigen Bilanzierungsstan-
dards für eine einheitliche, besser vergleichbare Rechnungslegung
auf internationaler Ebene würden den Rahmen dieses Buches bei
Weitem sprengen.

Vielmehr soll an dieser Stelle auf die aus dem Rechnungswesen
bzw. der Buchhaltung zu nutzenden Risikofrühwarnindikatoren hingewiesen werden. Neben der regelmäßigen Risikobewertung der offenen Finanzpositionen sollte die Finanzabteilung/Buchhaltung in der
Lage sein, ebenso regelmäßig – möglichst in quartalsmäßigen Intervallen – wichtige Finanzkennzahlen bereit zu stellen, die Aufschluss
über die finanzielle Unternehmenssituation und -entwicklung geben.
Mit Hilfe einer internen Bilanzkennzahlenanalyse können diesbezüg-
lich wertvolle Informationen gewonnen und Risiken erkannt werden.
Diese Kennzahlen spiegeln nicht nur die finanzielle Entwicklung des
laufenden, operativen Geschäftes wider, sie geben auch Aufschluss
über die Vermögensentwicklung des Unternehmens, wobei zu berücksichtigen ist, dass über Jahre hinweg genutzte Grundstücke, Gebäude
und langfristiges Anlagevermögen nicht zu deren Buchwerten in die
Analyse einfließen sollten. Sie sollten den aktuellen Marktwerten entsprechen. Wohlgemerkt, es handelt sich hierbei um eine interne Analyse, die nicht unter handels-/steuerrechtlichen Bewertungsansätzen
erfolgt, um reale Risiken aufzuzeigen und auch einer gegebenenfalls
erforderlichen Ersatzbeschaffung oder Versicherung (Neuwert) gerecht zu werden. Daher sollte die Bewertung auch zweckgebunden erfolgen und bei der Bilanzierung entsprechend berücksichtigt werden.

Wenn auch an dieser Stelle kein vollständiges, umfassendes System der Bilanzanalyse dargestellt werden kann – dafür gibt es genügend anderweitige Fachliteratur – so soll zumindest ein Basisge-
rüst aufgezeigt werden, mittels dessen sich ein schneller Überblick
in Bezug auf die Risikosituation (aus Finanzsicht) verschaffen lässt.
Wichtig ist darüber hinaus, die eigenen Zahlen durch ein Benchmarking mit denen der Mitbewerber zu vergleichen – insoweit dieses auf
Grund der verfügbaren Daten möglich ist –, um die eigene Unternehmensposition besser einstufen zu können (Betriebsvergleich).

Die Bilanzkennzahlenanalyse bezieht sich auf Faktoren der wirtschaftlichen Tätigkeit eines Unternehmens. Mit ihr können Sachverhalte beurteilt, kritische Erfolgsfaktoren ermittelt, bestimmte Entwicklungen beobachtet und Maßnahmen für die Zukunft festgelegt
werden.

Zu den wichtigsten Bilanzkennzahlen gehören:

Risikoinformationen aus der Bilanz-kennzahlenanalyse

Analyse von Bilanzkennzahlen

- **Anlagenintensität in %.** Sie zeigt den prozentualen Anteil des Anlagevermögens an dem Gesamtvermögen auf und bringt die langfristige Kapitalbindung zum Ausdruck.

$$\frac{\text{Anlagevermögen x 100}}{\text{Gesamtvermögen}}$$

- **Anlagendeckung in %.** Sie gibt Auskunft darüber, welchen prozentualen Anteil die Summe aus Eigenkapital und langfristigem Fremdkapital am Anlagevermögen hat, und zeigt auf, inwieweit das Anlagevermögen mit Eigenkapital und langfristigem Fremdkapital abgedeckt ist.

$$\frac{\text{Eigenkapital + Verbindlichkeiten mit Restlaufzeit > 5 Jahre x 100}}{\text{Anlagevermögen}}$$

- **Cash-Flow.** Er ist ein Indikator für Ertrags- und Finanzkraft eines Unternehmens. Der Cash-Flow ist der Teil der Einnahmen einer Periode, der dem Unternehmen nach Abzug aller Ausgaben der gleichen Periode zur Verfügung steht. Es muss jedoch darauf hin gewiesen werden, dass der Cash-Flow keine einheitlich definierte Größe in der Bilanzanalyse darstellt.

zahlungsbedingte Erträge (Einnahmen)

./. zahlungsbedingte Aufwendungen (Ausgaben)

= Cash-Flow

Cash-Flow-Ermittlung auf vereinfachter Grundlage:
Umsatz
./. Materialaufwand/Wareneinsatz
= Rohgewinn
./. übrige Kosten
= ordentlicher Betriebserfolg
+ kalkulatorische Kosten (ohne kalk. Zinsen)
= ordentliches Betriebsergebnis
+ ordentliches Finanz- und sonstiges neutrales Ergebnis
= ordentliches Ergebnis
+ nicht ordentliches betriebliches Ergebnis
= Ergebnis vor Steuern vom Einkommen und Ertrag
./. Steuern vom Einkommen und Ertrag
= Jahresergebnis

- **Cash-Flow-/Umsatzrate.** Sie sagt aus, wie viel Prozent der Umsatzerlöse für Selbstfinanzierungen von Investitionen, Schuldentilgungen oder Ausschüttungen zur Verfügung gestanden hätten.

$$\frac{\text{Cash-Flow} \times 100}{\text{Umsatzerlöse}}$$

- **Debitorenlaufzeit in Tagen** (365 oder 360 Tage), auch Umschlagsdauer der Forderungen aus Lieferungen und Leistungen genannt. Diese Kennzahl gibt Aufschluss über das Zahlungsverhalten der Kunden (Wie lange dauert es durchschnittlich, bis der Kunde die offene Rechnung begleicht?).

$$\frac{\text{Forderungen aus Lieferungen und Leistungen} \times 365 \text{ oder } (360)}{\text{Umsatzerlöse}}$$

- **Eigenkapitalanteil in %.** Er zeigt den prozentualen Anteil des bilanzanalytischen Eigenkapitals am Gesamtkapital an und gibt Aufschluss über das Maß, in dem das Unternehmen mit Eigenkapital finanziert ist.
  Das Gesamtkapital setzt sich zusammen aus der Summe des Eigenkapitals und der Summe des Fremdkapitals (es spiegelt die Passivseite der Bilanz wider).

$$\frac{\text{Bilanzanalytisches Eigenkapital} \times 100}{\text{Gesamtkapital}}$$

- **Eigenkapitalrentabilität in %.** Sie stellt die Verzinsung des eingesetzten Eigenkapitals dar. Der Jahresüberschuss/-fehlbetrag vor Steuern wird in Relation zum bilanzanalytischen Eigenkapital gebracht.

$$\frac{[\text{Jahresüberschuss(-fehlbetrag)} + \text{Steuern vor Einkommen und Ertrag}] \times 100}{\text{bilanzanalytisches Eigenkapital}}$$

● **Fremdkapitalanteil in %.** Diese Kennzahl gibt an, in welchem
Maße das Unternehmen mit Fremdkapital finanziert ist – der prozentuale Anteil des bilanzanalytischen Fremdkapitals am Gesamtkapital. Das Gesamtkapital setzt sich zusammen aus der Summe
des Eigenkapitals und der Summe des Fremdkapitals (es spiegelt
die Passivseite der Bilanz wider).

$$\frac{\text{Bilanzanalytisches Fremdkapital} \times 100}{\text{Gesamtkapital}}$$

● **Gesamtkapitalrentabilität in %** zeigt die Verzinsung des im
Unternehmen eingesetzten Gesamtkapitals an. Der Jahresüberschuss bzw. -fehlbetrag vor Steuern – bereinigt um die Fremdkapitalzinsen – wird in Beziehung zum Gesamtkapital (Eigenkapital
+ Fremdkapital) gesetzt. Um eine unabhängige Kennzahl für die
Verzinsung des eingesetzten Gesamtkapitals zu erhalten, wird
der Jahresüberschuss bzw. -fehlbetrag um die Fremdkapitalzinsen
erhöht.

$$\frac{[\text{Jahresüberschuss (-fehlbetrag)} + \text{Steuern vor Einkommen und Ertrag} + \text{Fremdkapitalzinsen}] \times 100}{\text{Gesamtkapital}}$$

● **Kreditorenlaufzeit in Tagen** (365 oder 360 Tage), auch verstanden als Umschlagsdauer der Verbindlichkeiten aus Lieferungen
und Leistungen. Diese Kennzahl gibt Auskunft über das eigene
Zahlungsverhalten, d.h.: Wie lange dauert es durchschnittlich, bis
die eigenen Verbindlichkeiten beglichen werden?

$$\frac{\text{Verbindlichkeiten aus Lieferungen und Leistungen} \times 365 \text{ oder } (360)}{\text{Materialaufwand}}$$

● Auch die **Lagerdauer in Tagen** (365 oder 360 Tage – Umschlagsdauer des Vorratsvermögens) ist eine wichtige Kennzahl, gibt sie
doch an, wie lange der Bestand an Vorräten durchschnittlich lagert
und somit das zur Finanzierung erforderliche Kapital bindet.

$$\frac{\text{Vorräte} \times 365 \text{ oder } 360}{\text{Umsatzerlöse}}$$

- Eine sehr viel beobachtete Kennzahl ist die **Schuldentilgungs-
dauer in Jahren**. Sie ist der Maßstab dafür, inwieweit die Verbindlichkeiten mit selbst erwirtschafteten Mitteln (Cash-Flow)
getilgt werden können. Sie zeigt die Dauer in Jahren, die theoretisch benötigt werden, um die Schulden aus selbst erwirtschafteten Mitteln zu tilgen.

$$\frac{\text{Verbindlichkeiten ./. liquide Mittel}}{\text{Cash-Flow}}$$

- Die **Umlaufintensität in %** zeigt den prozentualen Anteil des
Umlaufvermögens an dem Gesamtvermögen. Das Gesamtver-
mögen ist die Summe des Anlagevermögens plus die Summe des
Umlaufvermögens und spiegelt die Aktivseite der Bilanz wider.

$$\frac{\text{Umlaufvermögen x 100}}{\text{Gesamtvermögen}}$$

- Die **Umsatzrentabilität in %** gibt das Verhältnis des Betriebsergebnisses zu den erzielten Umsatzerlösen an und beantwortet die
Frage, wie hoch der prozentuale Anteil des Betriebsergebnisses an
den Umsatzerlösen ist.

$$\frac{\text{Betriebsergebnis x 100}}{\text{Umsatzerlöse}}$$

- Die **Umschlagshäufigkeit des Gesamtvermögens** zeigt an, wie
häufig das eingesetzte Vermögen im normalen Geschäftsverlauf
eines Jahres in Geld umgewandelt wurde. Das Gesamtvermögen
ist die Summe des Anlagevermögens plus die Summe des Umlaufvermögens und spiegelt die Aktivseite der Bilanz wider.

$$\frac{\text{Umsatzerlöse}}{\text{Gesamtvermögen}}$$

- Eine komplexere Rentabilitätsanalyse ergibt sich aus dem **Return On Investment** (ROI), der die Rentabilität des insgesamt investierten Kapitals aufzeigt:

$$\frac{\text{Gewinn + Fremdkapitalzinsen}}{\text{Umsatz}} \times 100 \times \frac{\text{Umsatz}}{\text{Kapital}}$$

Mit dem bevorstehenden Rating werden bereits heute weitere, tiefer gehende Kennzahlen ermittelt.

- So wird zur Analyse der **Vermögensstruktur (Anlagenintensität)** der Anteil des Anlagevermögens auch an der Bilanzsumme ausgemacht. Auch werden dabei dem Anlagevermögen noch die Vorräte zugeschlagen.

$$\frac{\text{Anlagevermögen} \times 100}{\text{Bilanzsumme}} \qquad \frac{[\text{Anlagevermögen + Vorräte}] \times 100}{\text{Bilanzsumme}}$$

- Bei der **Kapitalstruktur (Eigenkapitalquote)** wird oftmals die Bilanzsumme herangezogen und auch der langfristige Kapitalanteil berücksichtigt, der sich aus Eigenkapital + 50% der Rückstellungen + langfristige Verbindlichkeiten ergibt.

$$\frac{\text{Eigenkapital} \times 100}{\text{Bilanzsumme}} \qquad \frac{\text{langfristiges Kapital} \times 100}{\text{Bilanzsumme}}$$

- Die **finanzielle Stabilität** eines Unternehmens wird anhand von Liquiditätsgraden ausgemacht.

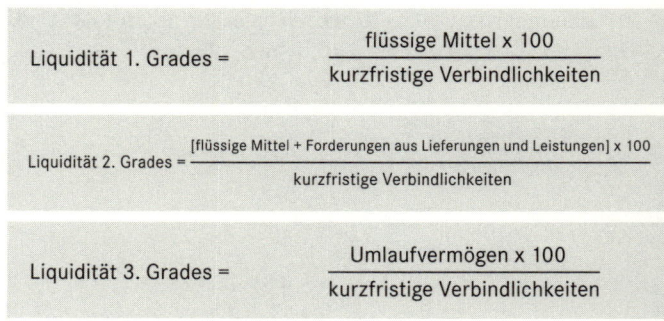

$$\text{Liquidität 1. Grades} = \frac{\text{flüssige Mittel} \times 100}{\text{kurzfristige Verbindlichkeiten}}$$

$$\text{Liquidität 2. Grades} = \frac{[\text{flüssige Mittel + Forderungen aus Lieferungen und Leistungen}] \times 100}{\text{kurzfristige Verbindlichkeiten}}$$

$$\text{Liquidität 3. Grades} = \frac{\text{Umlaufvermögen} \times 100}{\text{kurzfristige Verbindlichkeiten}}$$

Die kurzfristigen Verbindlichkeiten setzen sich aus Verbindlichkeiten aus Lieferungen und Leistungen + sonstige Verbindlichkeiten + 50 % der Rückstellungen + Bilanzgewinn zusammen.

Auch sollten aus der Finanzabteilung/Buchhaltung zusätzliche Informationen hinsichtlich der Zinsdeckung (EBIT und EBITDA) und der Verschuldung bereit gestellt werden.

- **EBIT** (Zinsdeckung: Ergebnis aus laufender Geschäftstätigkeit vor Zinsen und Steuern):

$$\frac{\text{Ergebnis aus laufender Geschäftstätigkeit vor Zinsen und Steuern}}{\text{Zinsaufwand (ohne Saldierung mit Zinserträgen)}}$$

- **EBITDA** (Zinsdeckung: Ergebnis aus laufender Geschäftstätigkeit vor Zinsen, Steuern, Abschreibungen und Goodwill):

$$\frac{\text{Ergebnis aus laufender Geschäftstätigkeit vor Zinsen und Steuern, Abschreibung und Goodwill}}{\text{Zinsaufwand (ohne Saldierung mit Zinserträgen)}}$$

Ebenso sollte die Verschuldung eines Unternehmens durch folgende Kennzahlen ermittelt werden:

- die **prozentuale langfristige Fremdkapitalverschuldung in Relation zum Kapital**:

$$\frac{\text{langfristige Schulden x 100}}{\text{Gesamtschulden + Eigenkapital}}$$

- die **prozentualen Gesamtschulden in Relation zum Kapital**:

$$\frac{\text{Gesamtschulden x 100}}{\text{Gesamtschulden + Eigenkapital}}$$

- der **prozentuale Cash-Flow in Relation zu den Gesamtschulden**:

$$\frac{\text{Cash-Flow x 100}}{\text{Gesamtschulden}}$$

Die Finanzzahlen sollten genutzt werden, um Informationen hinsichtlich **der Produktivität der Belegschaft** abzuleiten (Personalkennzahlen):

$$\text{Jahresüberschuss je Beschäftigter:} \quad \frac{\text{bereinigter Jahresüberschuss}}{\text{Anzahl der Beschäftigten}}$$

$$\text{Umsatz je Beschäftigte} \quad \frac{\text{Umsatz}}{\text{Anzahl der Beschäftigten}}$$

Aus dem **Quotienten von Personalgesamtkosten und Umsatz** kann die Personalintensität ermittelt und aufgezeigt werden, wie anfällig der Unternehmenserfolg für Personalkostensteigerung ist:

$$\frac{\text{Umsatz}}{\text{Personalgesamtkosten}}$$

Der **Quotient des fremd erstellten Materialeinsatzes und des Umsatzes** zeigt Ähnliches auf: Es wird ersichtlich, dass eine hohe Materialkostenintensität eine Abhängigkeit von Zulieferern aufweist. Wird diese Kennzahl auf die einzelnen Lieferanten herunter gebrochen, lässt sich das Risiko mit dem strategischen Ziel einer flexiblen Beschaffung erkennen.

Ebenso lässt sich mit zeitlichem Bezug ermitteln, in welchem Ausmaß das Unternehmen bei Lieferanten verschuldet ist, indem die Verbindlichkeiten aus Lieferungen und Leistungen zum Materialaufwand in Beziehung gesetzt werden.

$$\frac{\text{Verbindlichkeiten aus Lieferungen und Leistungen x Tage}}{\text{Materialaufwand}}$$

Das Risikopotential im Beschaffungsbereich kann gezielt aufgezeigt werden, wenn diese Kennzahl für die einzelnen Lieferanten ermittelt wird.

Tipp

1. Die Ermittlungen von Kennzahlen sollte als ein »Muss« verstanden werden und fester Bestandteil des gesamten Risikomanagement-Prozesses sein und zusammen mit den Bewertungsergebnissen der Finanzpositionen zwecks regelmäßiger Analyse in das Berichtswesen einfließen.

2. Die Ermittlung von Unternehmenskennzahlen und ihre regelmäßige Analyse bilden das Grundgerüst einer wertorientierten Unternehmenssteuerung.
   Entsprechend der Unternehmensgröße können weitere Kennzahlen ermittelt werden, wobei allerdings zu berücksichtigen ist, dass »Weniger« oft Mehr« ist. Leicht kann man sich im Zahlendschungel verlieren. Man sollte sich auf die für das Unternehmen wichtigsten Informationen beschränken.

G+V zum 31.12.

	Jahr €	%	Jahr €	%	Jahr €	%	Veränd. zum Vj. €	%	Plan Jahr €	%
Bruttoumsatz										
Erlösschmälerungen										
aktivierte Eigenleistungen										
Gesamtleistung										
Materialaufwand										
Rohertrag										
Personalkosten										
Abschreibungen										
Betriebssteuern										
Miet- u. Leasingaufwand										
Kfz-Aufwand										
Werbeaufwand										
Vertriebsaufwand										
Fremdrep./Instandhaltung										
Delkredereaufwand										
sonst. Betriebsaufwand										
Kosten gesamt										
Teilbetriebsergebnis										
Zinsertrag										
Zinsaufwand										
sonst. betriebliche Erträge										
Betriebsergebnis										
Beteiligungsergebnis										
a. o. Ertrag										
a. o. Aufwand										
Steuern										
Jahresergebnis										

Bilanz zum 31.12.

	Jahr €	%	Jahr €	%	Jahr €	%	Veränd. zum Vj. €	%	Plan Jahr €	%
Aktiva										
Grundstücke/Gebäude										
Betriebs- u. Geschäftsausst.										
sonst. Anlagen										
Finanzanlagen										
Anlagevermögen										
Vorräte										
Debitoren										
Ford. an verb. Unternehmen										
Barmittel										
sonst. Umlaufvermögen										
Umlaufvermögen										
Unterbilanz										
Bilanzsumme										
Passiva										
Gez. Kapital/Rücklagen										
Kapitalkonto/ausst. Einlagen										
sonst. EK										
Eigenmittel gesamt										
langfr. Rückstellungen										
Darlehen										
langfr. Fremdkapital										
kurzfr. Rückstellungen										
Kreditoren										
kurzfr. Bankkredite										
Verbindlk. gg. verb. Unternehmen										
Anzahlungen										
sonst. Verbindlichkeiten										
kurzfr. Fremdkapital										
Bilanzsumme										

Kennzahlenblatt

	Jahr	%	Jahr	%	Jahr	%		Plan Jahr	
Erfolgskennzahlen in %									
Gesamtkapitalverzinsung									
Umsatzrentabilität									
Cash-Flow-Rate									
Rohertragsquote									
Return on Investment									
Finanzierungs- und Liquiditätskennzahlen									
Anlagendeckung in %									
Debitorenlaufzeit in Tagen									
Kreditorenlaufzeit in Tagen									
Lagerdauer in Tagen									
Liquidität 1. Grades									
Liquidität 2. Grades									
Liquidität 3. Grades									
Schuldentilgungsdauer in Jahren									
Bilanzstrukturkennzahlen in %									
Eigenkapitalquote									
Anlagenintensität									
langfr. Fremdkapitalverschuldung zu Kapital									
Fremdkapitalanteil									
sonstige Kennzahlen									
Gesamtkapitalumschlag									
Umlaufintensität in %									
Umsatzrentabilität in %									
EBIT									
EBITDA									
Sachabschreibungsquote in %									

Zur Prüfung, ob die Anforderungen an ein Risikomanagementsystem im Finanzbereich erfüllt sind, dient Ihnen folgende Checkliste.

✔ Ist eine klare, nachvollziehbare Risikostrategie für den Finanzbereich vorgegeben?

✔ Sind die Zuständigkeiten im Finanzbereich so strukturiert, dass eine strikte organisatorische Trennung von Front- und Back-Office gegeben ist?

✔ Erfolgt die Bewertung der Finanzpositionen nach einer konsistenten Methodik?

✔ Sind die Finanzpositionen hinsichtlich ihrer Risikokategorien transparent dargestellt?

✔ Wird eine regelmäßige Erfolgskontrolle der Währungs- und Zinsaktivitäten durchgeführt?

✔ Werden regelmäßig von der Finanzabteilung aussagekräftige Daten für die Zins-, Währungs- und Liquiditätsentscheidungen geliefert?

✔ Werden »Stress-Tests« vorgenommen, um die Auswirkung eines eventuell eintretenden »worst case« auf das Unternehmensergebnis zu verdeutlichen?

✔ Wird die Geschäftsleitung im angemessenen Rahmen über Risiken und Ergebnisse im Zins-, Währungs- und Liquiditätsmanagement informiert, um eine fundierte Basisfür strategische Entscheidungen zu haben?

✔ Besteht ein klar definiertes und konsequent angewandtes Limitsystem, so dass unliebsame Überraschungen ausgeschlossen sind?

✔ Sind Strategiekriterien für den Einsatz von Absicherungsinstrumenten so eindeutig formuliert, dass die Entscheidung hierfür jederzeit nachvollziehbar ist?

✔ Werden die nicht bilanzwirksamen Finanztransaktionen und -positionen angemessen erfasst und bewertet?

✔ Werden Unternehmenskennzahlen aus der GuV und Bilanz ermittelt?

Zusammenfassung

1. Die im Finanzbereich identifizierten Risiken sind zu erfassen. Sodann ist eine Risikostrategie festzulegen, d.h. das Unternehmen muss sich entscheiden, welche Risiken unter Berücksichtigung der Chance-/Risiko-Verhältnisse eingegangen werden sollen.

2. Eine regelmäßige Bewertung aller Finanzpositionen ist durch eine konsistente Bewertungsmethode vorzunehmen (wenn möglich dienen dazu aktuelle Börsenkurse), wobei diese Parameter sowohl durch die interne Revision als auch durch den Wirt-

schaftsprüfer (durch ein Berichts- und Kontrollwesen) nachvollziehbar sein müssen. Wenn kritische Risikosituationen erreicht werden, muss ein vorab definierter Maßnahmenkatalog abgearbeitet werden.

3. Zur Risikobegrenzung ist ein für das Unternehmen und die im Handel eingesetzten Mitarbeiter angemessenes Limitsystem einzuführen. Die Einhaltung der Limite muss hierbei ebenso sichergestellt sein wie auch zu definieren ist, welche Konsequenzen eine Limitüberschreitung nach sich zieht.

4. Die für die Risikoabsicherung eingesetzten, nicht bilanzwirksamen Finanzinstrumente sind im Rahmen der Gesamtfinanzposition eindeutig und übersichtlich zu erfassen.

5. Unverträgliche Tätigkeiten durch die gleiche Person sind durch entsprechende organisatorische Funktionstrennungen zu vermeiden.

6. In regelmäßigen Abständen sollten die wichtigsten Finanz- und Unternehmenskennzahlen zur Analyse bereit gestellt werden.

Zur Überprüfung des Risikomanagements im Finanzbereich steht Ihnen der folgende Fragenkatalog zur Verfügung.

Fragen zum Risikomanagement im Finanzbereich

Ist die Finanzabteilung/Treasury ausgerichtet als

Cost-Center ☐

Profit-Center ☐

(Sollen Zusatzgewinne aus Finanzgeschäften erzielt werden?)

Wer tätigt die Finanzgeschäfte

mit Banken

....

mit Kunden/Lieferanten

....

Welche Funktion (Hierarchie) ist damit verbunden?

....

Welche Ausbildung haben die Mitarbeiter der Finanzabteilung?

....

....

	Ja	Nein
Sind die Mitarbeiter mit den Finanzprodukten vertraut?	☐	☐
Gibt es klare, eindeutige Richtlinien für die Finanzabteilung in Form von		
Kompetenzen/Handelsberechtigung	☐	☐
Limiten für		
– Finanzpositionen	☐	☐
– Kontrahenten	☐	☐
– die Mitarbeiter	☐	☐
– die zu handelnden Produkte	☐	☐
– sonstige	☐	☐
Risikostrategien	☐	☐
Stop-Loss-Limite	☐	☐
Trennung von Handel und Abwicklung	☐	☐

Wer erhält die Bestätigungen der mit den Banken/Kunden abgeschlossenen Finanztransaktionen zwecks Kontrolle und Gegenbestätigung?

....

Wer nimmt die Abwicklung der Finanzgeschäfte vor?

....

In welchem Verantwortungsbereich ist diese Aufgabe angesiedelt? (Funktionstrennung)

....

Wer nimmt den Zahlungsverkehr vor?

....

In welchem Verantwortungsbereich ist diese Aufgabe angesiedelt? (Funktionstrennung)

....

Wann und wie erfährt die Finanzabteilung von abgeschlossenen Aufträgen (Im-/Export, Ein-/Verkauf) Geld- und Vermögensanlagen und Plandaten?

unmittelbar ☐

bei Rechnungstellung ☐

Wie und durch wen?

....

Wie wird das Wechselkursrisiko derzeit abgesichert?

EUR-Fakturierung ☐

Devisentermingeschäfte ☐

Devisenoptionen ☐

Kompensation ☐

keine Absicherung ☐

Zu welchem Zeitpunkt wird die Absicherung vorgenommen?

bei Abschluss der Aufträge ☐

bei Rechnungstellung ☐

im Verlauf der Zeit ☐

Auf welcher Kursbasis sind die Preise für den Einkauf/Vertrieb und andere Unternehmenseinheiten kalkuliert?

aktuelle Basis ☐

Terminbasis ☐

Erwartungshaltung ☐

gar nicht ☐

Fragen zum Risikomanagement im Finanzbereich

Wie lange sind diese Kurse gültig?

....

....

Wer legt diese Kurse fest?

....

....

Auf welcher Kursbasis werden die Finanz-planungen gestellt? ☐

aktuelle Basis ☐

Terminbasis ☐

Erwartungshaltung ☐

gar nicht

In welchen Abständen erfolgt eine Anpassung und durch wen? ☐

regelmäßig ☐

gelegentlich ☐

gar nicht

Durch wen?

....

Zu welchem Zeitpunkt wird die Finanz-abteilung in diese Kalkulation einbezogen? ☐

unmittelbar ☐

gelegentlich ☐

gar nicht

Durch wen?

....

Welche Strategien bestehen für das Zins-/Währungs-/Liquiditäts- und Anlagemanagement?

....

....

....

Wer legt diese Strategien fest?

....

....

Auf welcher Basis werden diese Strategien entwickelt?

....

....

....

Wie und durch wen werden diese Strategien umgesetzt?

	Ja	Nein
Sind diese Strategien im Nachhinein nachvollziehbar?	☐	☐
Erfolgt ein regelmäßiger Vergleich der bestehenden Risikosituation mit der formulierten Risikostrategie?	☐	☐

Durch wen?

....

Erfolgt eine regelmäßige Strategie-anpassung/-veränderung hinsichtlich der Risikosituation? ☐ ☐

Durch wen?

....

Werden regelmäßig Bilanzkennzahlen ermittelt? ☐ ☐

6   Betriebsrisiken (Operationale Risiken)

Bisher wurde die Betrachtung des Risikomanagements schwerpunktmäßig auf den Finanzbereich fokussiert, vor allem weil bei Unternehmensschwierigkeiten stets die daraus resultierenden finanziellen Verluste im Vordergrund stehen, u.a. auch deshalb, weil jegliches Schadenereignis seinen Niederschlag in den Finanzzahlen findet. Meistens wird nicht nach den eigentlichen Ursachen gesucht. Häufig sind es dabei Verluste, die im operativen Bereich entstehen, wobei zu unterscheiden ist zwischen selten eintretenden Ereignissen mit großem Verlustpotential und häufig auftretenden Ereignissen mit geringem Verlustpotential. Explizit, d.h. separat werden diese operationalen Risiken nur selten, wenn überhaupt, erfasst.

Vernachlässigung operativer Risiken

In Untersuchungen wurde herausgefunden, dass die Risiken im operativen Bereich durchschnittlich etwa 10 % der Gesamtkosten eines Unternehmens ausmachen, wobei die Verluste mehr oder weniger »unbemerkt« im unternehmerischen »Zahlenwerk« einfließen. Darüber hinaus sind ferner die Verluste zu betrachten, die sich aus Kundenunzufriedenheit oder Imageschäden ergeben, die bis heute in den Unternehmen zwar gesehen aber nicht erfasst werden.

Risikomanagement nach dem KonTraG greift weiter als nur in den Finanzbereich, es umfasst alle Risiken die geeignet sind den Fortbestand des Unternehmens durch gefährdende Entwicklungen negativ zu beeinflussen, angefangen bei den unternehmensstrategischen Risiken – als Managemententscheidungen – (Geschäftsrisiken) mit ihren zukünftigen (finanziellen) (Aus-)Wirkungen bis hin zu den operativen Risiken, die sich vornehmlich in den Betriebsabläufen wiederfinden (Betriebsrisiken).

Eine einheitliche Definition des Begriffes Betriebsrisiko existiert nicht. Daher soll unter Betriebsrisiko, auch operationales oder operatives Risiko genannt, das direkte, indirekte oder mögliche finanzielle Verlustpotential durch unvorhergesehene, nicht beeinflussbare Ereignisse, Geschäftsunterbrechungen, ungenügende Kontrollmechanismen, System- oder Prozessausfälle in Bezug auf Mitarbeiter, Geschäftsbeziehungen, Image, Technologie, Regularien und Produkte verstanden werden. Auch soll das operationale Risiko das Nichterreichen von Unternehmenszielen einbeziehen (»Shortfall« gegenüber geplanten Benchmarks).

Die wichtigsten operationalen Risiken werden in sieben Gruppen eingeteilt:

Operationale Risiken
1. unternehmensübergreifende Risiken (einschließlich Risiken in der Organisation und deren Struktur),
2. Prozessrisiken (unternehmensinterne Ablaufprozesse),
3. EDV-Risiken,
4. Risiken im Personalbereich,
5. Risiken der Geschäftskontinuität,
6. Risiken der Beschaffungs- und Absatzmärkte,
7. Rechtsrisiken.

Zu ergänzen ist diese Einteilung um Risiken, die sich aus der Projektarbeit ergeben.

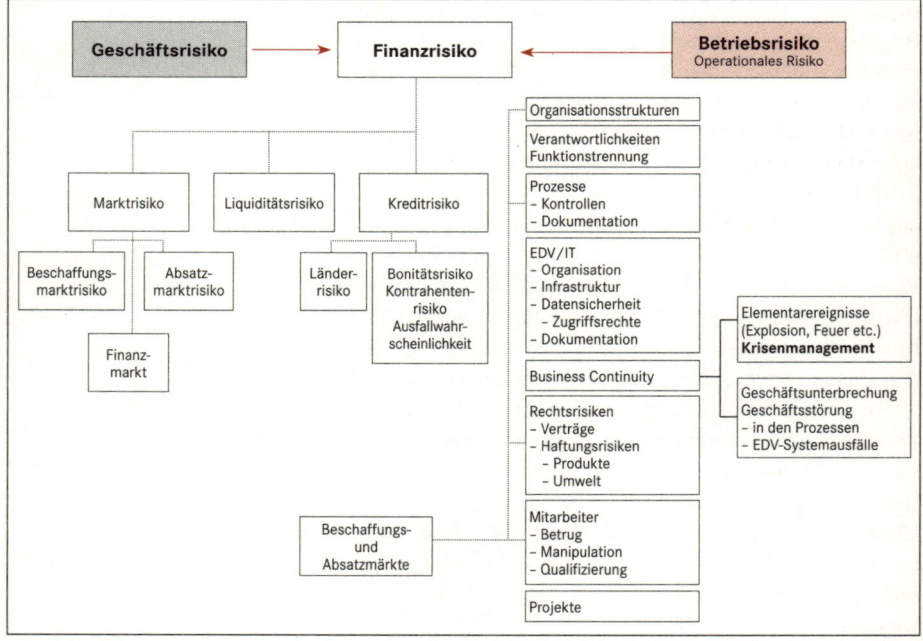

Abb. 21: Betriebsrisiko als dritter Risikobereich

6.1   Unternehmensbereichsübergreifende Risiken

Unter den unternehmensbereichsübergreifenden Risiken sollen die Risiken verstanden werden, die sich einerseits für das Unternehmen aus gesetzlichen und regulatorischen Auflagen wie auch aus den allgemein im Geschäftsverkehr geschlossenen Verträgen ergeben. Andererseits sind auch die Risiken zu betrachten, die aus der Organisationsstruktur des Unternehmens und den damit verbundenen Funktionen und Kompetenzen erwachsen.

Der wohl einfachste Ansatz, diese Risiken zu identifizieren, ergibt sich aus der Betrachtung des gesamten Unternehmens aus einiger Distanz. Hier eignet sich am besten die Vogelperspektive.

Zunächst ist das gesamte Unternehmen in seinen Organisationsstrukturen und seinem Organisationsaufbau zu betrachten und sind übergreifende Risiken für jede Organisationseinheit sichtbar zu machen.

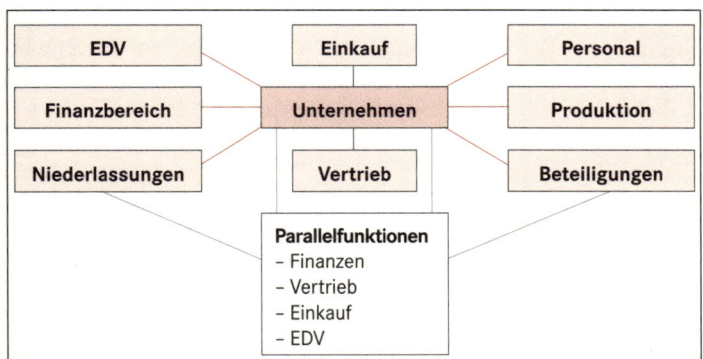

Abb. 22: Beispiel zur Untergliederung des Unternehmen in Organisationseinheiten

Dabei ist der Frage nach vorhandenen Parallelfunktionen und Verantwortungsbereichen nachzugehen, die zu Überschneidungen und/oder einer entgegengesetzten unternehmerischen Risikopolitik führen können, wie zum Beispiel unterschiedliche Absicherungsstrategien im dezentralisierten Finanzbereich. Aufgedeckte Parallelfunktionen bieten darüber hinaus Potential zu Kosteneinsparungen.

Parallelfunktionen und Verantwortungsbereiche, die sich aus einem dezentral strukturierten Unternehmen herausgebildet haben, sind auf ihre Zweckmäßigkeit und Wirtschaftlichkeit hin zu beleuchten und gegebenenfalls anzupassen und neu zu definieren.

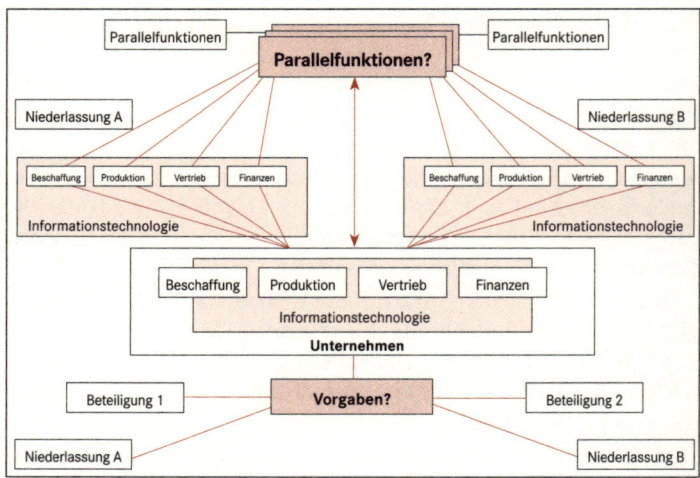

Abb. 23: Parallelfunktionen und Verantwortungsbereiche

Hierzu eignen sich Organigramme und klare, kurzgefasste Richtlinien für

- Verantwortungsbereiche und Kompetenzen,
- Berichts- und Meldewesen,
- doppeltes Belegwesen,
- Kontrollwesen.

Das Ergebnis muss zu einer klaren, eindeutigen Regelung von überschneidungsfreien Zuständigkeiten und durchgängigen Abläufen in den einzelnen Prozessen führen. Diese sind verbindlich zu dokumentieren.

Auch die eingesetzte EDV ist in Bezug auf die zugrunde liegenden Datenbanken und der daraus resultierenden Datenqualität und des Datentransfers hinsichtlich eines zeitnahen Berichtswesen zu betrachten. Zu klären ist ebenfalls, welches Datenmaterial die juristische Grundlage für das Unternehmen bildet.

Neben den übergreifenden »internen« Strukturen, Funktionen und Abläufen sind darüber hinaus die in Abhängigkeit von örtlichen und gesetzlichen Regelungen und Gegebenheiten wie auch von den versicherungsvertraglichen Auflagen abhängigen Risikofelder wie:

- Brandschutz,
- Gebäudesicherheit,
- Unfallschutz,
- Umweltschutz,
- Produkthaftung sowie
- arbeitsrechtliche Bestimmungen

in die Risikobetrachtung und Beurteilung einzubeziehen.

Fragen zu allgemeinen Betriebsrisiken

	Ja	Nein
Werden die Brandschutzverordnungen eingehalten?	☐	☐
Gibt es ausgewiesene Rettungswege in den Gebäuden	☐	☐
Sind diese frei zugänglich?	☐	☐
Sind ausreichend Feuerlöscher platziert?	☐	☐
Ist eine Sprinkleranlage vorhanden?	☐	☐
Ist sie vorgeschrieben oder erforderlich?	☐	☐
Werden regelmäßig Brandschutzübungen durchgeführt?	☐	☐
Ist die örtliche Feuerwehr über Transporte, Lagerung und Verarbeitung von gefährlichen Stoffen informiert?	☐	☐
Werden in regelmäßigen Abständen Gebäudeevakuierungen geübt?	☐	☐
Besteht ein Evakuierungsplan?	☐	☐
Gibt es ausgebildete Brandschutzersthelfer?	☐	☐
Werden diese regelmäßig fortgebildet?	☐	☐
Werden hoch gefährliche Werkstoffe gesondert und gesichert gelagert?	☐	☐
Wird mit den örtlichen Rettungsorganisationen der Notfall besprochen und geübt?	☐	☐
besprochen ☐		
geübt ☐		
Wie oft		
Ist der Gebäudezugang für Dritte besonders gesichert?	☐	☐
Befinden sich die Gebäude in erdbeben-/überschwemmungsgefährdeten Gebieten?	☐	☐
Sind EDV-Anlagen entsprechend gegen Feuer, Wasser etc. gesichert?	☐	☐
Sind die Werksgebäude und -anlagen gegen Dritte gesichert?	☐	☐
Sind entsprechende Alarmanlagen installiert?	☐	☐
Sind Sicherheitsbeauftragte benannt?		
Gibt es einen 24-stündigen Sicherheitsservice?	☐	☐
Werden die Unfallverhütungsverordnungen eingehalten?	☐	☐

	Ja	Nein
Gibt es in Erster Hilfe ausgebildete Mitarbeiter?	☐	☐
Werden diese regelmäßig fortgebildet?	☐	☐
Sind Erste-Hilfe-Maßnahmen vor Ort möglich?	☐	☐
Sind Ärzte bestimmt, die vor Ort sofort Erste Hilfe leisten können?	☐	☐
Werden die gesetzlichen Umweltauflagen eingehalten?	☐	☐
Lager	☐	☐
Produktion	☐	☐
Transport	☐	☐
Werden regelmäßige Überprüfungen vorgenommen?		
freiwillig	☐	
nach gesetzlicher Verordnung	☐	
Werden umweltschädliche Materialien verarbeitet/gelagert/hergestellt?	☐	☐
Sind entsprechende Schutzmaßnahmen vorhanden?	☐	☐
Sind diese mit den örtlichen Behörden getroffen?	☐	☐
....		
Werden die arbeitsrechtlichen Bestimmungen eingehalten?	☐	☐
Pausenregelung	☐	☐
Überstundenregelung	☐	☐
adäquate Arbeitsplätze	☐	☐
Krankheit	☐	☐
Mutterschaft	☐	☐
Werden in Niedriglohnländern zusätzlich zu den dortigen Bestimmungen Schutzmaßnahmen vorgenommen?	☐	☐
Welche?		
Umweltschutz		
....		
Brandschutz		
....		
Unfallschutz		
....		
Arbeitsschutz		

Ebenso sind die unterschiedlichen Standorte des Unternehmens auf **geografische Problemzonen** zu untersuchen, wie erdbeben-, überschwemmungsgefährdete Gebiete oder politisch unsicheres Umfeld.

Schnell kann sich hier eine Unternehmenskrise mit weitreichenden Folgen ergeben.

Auch dem **standörtlichen Arbeitsmarkt** ist Aufmerksamkeit zu schenken und den Fragen nach dem Qualifizierungsgrad der Beschäftigten und der »Arbeitsmoral« und auch Arbeitsrhythmus nachzugehen, haben sie doch Auswirkungen auf die Qualität der Produktion und deren Effizienz. Es sollten nicht nur die Kostenvorteile, die eine Verlagerung der Produktionsstätten in Billiglohnländern mit sich bringt, ins Kalkül fallen. Häufig führen ein späterer Mangel an Qualität oder vermeintlich geringere Umweltschutzregelungen wie im Falle Union Carbide in Bophal zu einem weitaus höherem Imageschaden für das gesamte Unternehmen.

Es würde die Zielsetzung des Buches überschreiten, detailliert auf die einzelnen hier genannten Risikobereiche vertieft einzugehen, zumal diese Risiken von Land zu Land unterschiedlichen gesetzlichen Auflagen und Verordnungen unterliegen.

6.2   Risiken in den betrieblichen Ablaufprozessen

Basisprozesse im Unternehmen

Der gleiche Betrachtungsansatz wie bei den unternehmensbereichsübergreifenden Risiken sollte auch bei den betrieblichen Ablaufprozessen vorgenommen und dann auf die einzelnen Unternehmenseinheiten/-bereiche heruntergebrochen werden. Als Ausgangspunkt können hierfür die Kernprozesse des Unternehmens dienen. Hier kristallisiert sich heraus, dass sich letztendlich jedes Unternehmen auf vier Basisprozesse zurückführen lässt:

1. Beschaffung/Einkauf,
2. Produktion,
3. Verkauf/Vertrieb,
4. Finanzen.

Da alles im Unternehmen durch Menschen, die Mitarbeiterinnen und Mitarbeitern, »bewegt« und zum Erfolg des Unternehmens gebracht wird und in der heutigen Zeit die Abläufe von der Informationstechnologie unterstützt und zum Teil auch bestimmt werden, sollen an dieser Stelle die vier Basisprozesse um

5. Personal,
6. IT/EDV

als Prozessbestandteile erweitert werden.

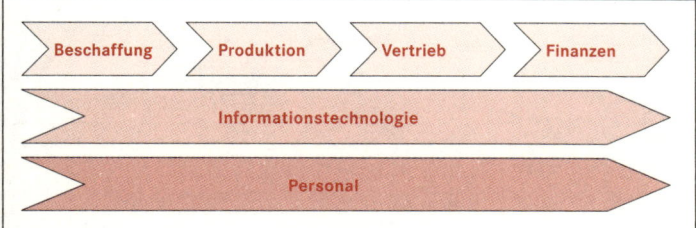

Abb. 24: Die vier Basisprozesse im Unternehmen begleitet und unterstützt von der Informationstechnologie und dem Personal

Diese Basisprozesse führen dann zu weiteren Subprozessen wie beispielsweise

- Lagerhaltung → Bestellwesen,
- Qualitätskontrolle → Qualitätsmanagementprozess,
- Auftragsbearbeitung
- etc.,

die selbst wiederum noch kleinere Prozessketten beinhalten, wie

- Terminüberwachung → Mahnwesen,
- Reklamationen → Beschwerdemanagement
- etc.,

bis hin zur **Tätigkeits-/Aufgabenbeschreibung** von Mitarbeitern bzw. Mitarbeitergruppen, und die am Ende das gesamte Prozessnetzwerk des Unternehmens entstehen lassen.

Nachstehend sollen nur einige Beispiele in vereinfachter Weise dargestellt werden.

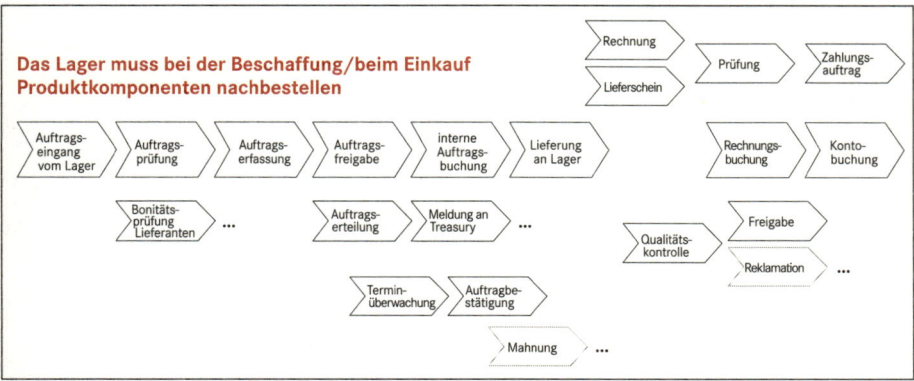

Abb. 25: Beispiel für Prozessketten im Kernprozess »Beschaffung«

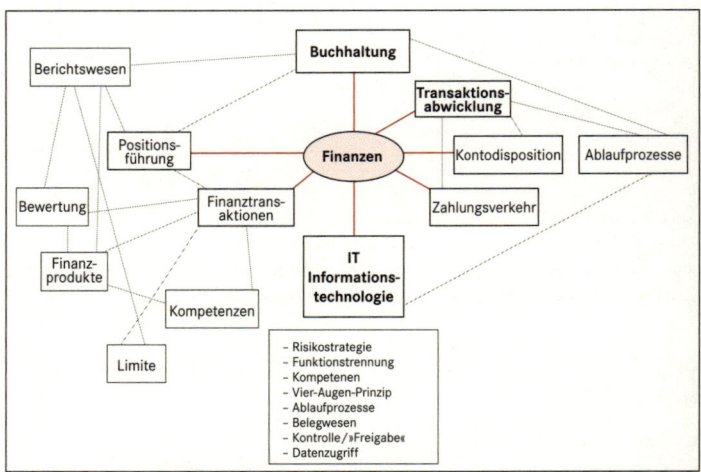

Abb. 26: Beispiel Finanzabteilung

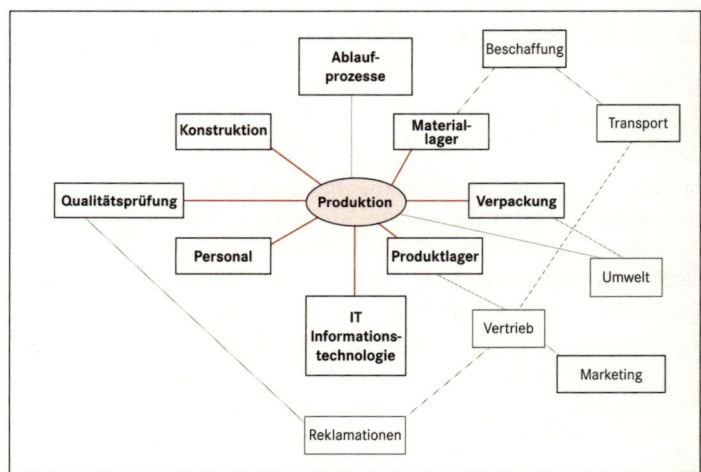

Abb. 27: Beispiel Produktion

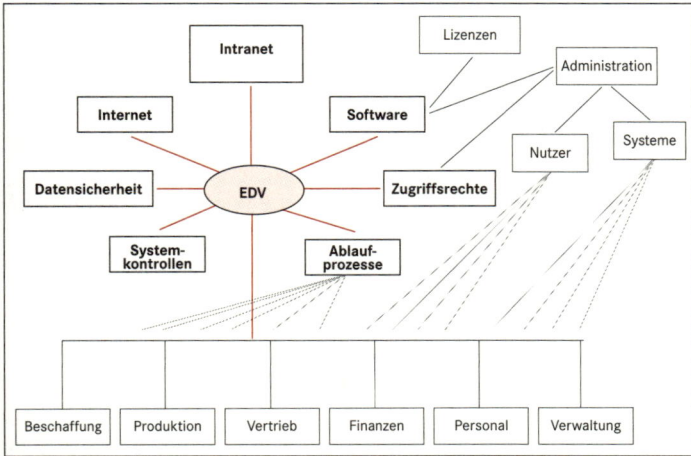

Abb. 28: Beispiel EDV

Nicht übersehen werden sollte, dass die Wirkung des Risikos auf das Unternehmen um so höher einzuschätzen ist, je früher es im Prozessverlauf entsteht. Es zeigt generell einen abnehmenden Wirkungsgrad, je näher das Prozessende erreicht wird.

Dabei ist jedoch zu beachten, dass bei der Risikoanalyse insgesamt der Blick auf den **Gesamtprozess** beizubehalten ist. Ein vermeintlich unbedeutender Schwachpunkt innerhalb eines Subprozesses mag, obwohl auf den ersten Blick als unwichtig anzusehen, einen enormen Wirkungsgrad erreichen, wie zum Beispiel die Terminkontrolle in Verbindung mit Konventionalstrafen.

Besonderes Augenmerk sollte auf die implementierten Kontrollmechanismen – systemseitig und/oder manuell – innerhalb der Prozesse gelegt werden, um Fehlerquoten von vornherein auszuschließen, zumindest jedoch einzuschränken. Ebenso sind die Prozesse dahingehend zu untersuchen, ob sie den rechtlichen Rahmenbedingungen entsprechen. Dieses gilt besonders bei unternehmensübergreifenden Abläufen, die Niederlassungen, ausgelagerte, rechtlich selbständige Einheiten und Beteiligungen einbeziehen. Hier sei nur auf den Datenschutz und damit die Zugriffsberechtigungen und Kompetenzen der auf den Prozess zugreifenden oder im Prozess involvierten Mitarbeiter und auf den eingeschränkten oder gar nicht erlaubten grenzüberschreitenden Datenaustausch in manchen Ländern verwiesen.

Kontrollmechanismen in den Prozessen

Nicht zu unterschätzen ist die gegenseitige Abhängigkeit der Informationstechnologie und des Geschäftsprozesses als solchem. Veränderungen im Prozess ziehen Veränderungen in der Informationstechnologie nach sich und umgekehrt. Das Risiko wirkt in beide

IT und Prozesse

Richtungen und daher sollten die IT-/EDV-Risiken grundsätzlich Gesamtprozess orientiert betrachtet werden.

Vielfach wird diese Wechselwirkung allzu leichtfertig übersehen,
vor allem wenn die implementierte IT/EDV mit der Prozessstruktur
im Unternehmen über lange Zeit »gewachsen« ist und sich quasi eine
Gewohnheit etabliert hat.

**Spin-offs von
Unternehmens-
einheiten**
Bei einer strategischen Neuausrichtung, beispielsweise für vorzunehmende »Spin-offs« von Unternehmenseinheiten oder im Falle
eines geplanten Outsourcing, machen die geplanten und erhofften
neuen effizienteren Unternehmensabläufe häufig drastische Anpassungen in der bestehenden IT/EDV erforderlich, was nicht selten erst
bei der Umsetzung erkannt wird.

Diese Auswirkungen gilt es im Rahmen einer Strategieentschei-
dung von Anfang an mit zu berücksichtigen. Leider zeigt die Praxis
vielfach, dass strategische Entscheidungen getroffen werden, ohne
derartige Folgekonsequenzen einzubeziehen.

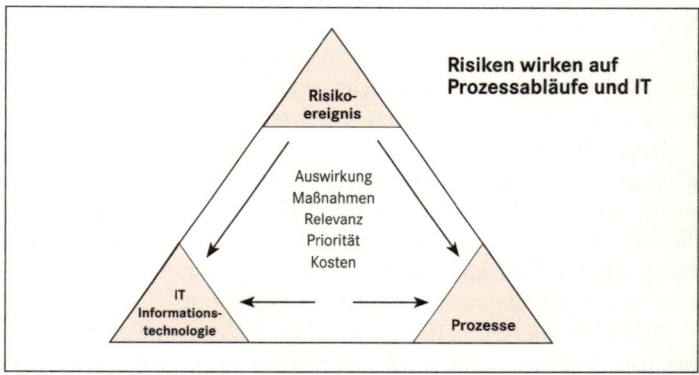

Abb. 29: Die wechselseitige Abhängigkeit von IT und Ablaufprozessen

Für die Risikoidentifizierung ist es sicherlich nicht erforderlich und
sinnvoll, die einzelnen kleinsten Prozessschritte zu erfassen, wohl
aber sind diese zu untersuchen. Sie sind dann abschließend zu Risikofeldern oder -kategorien zusammenzufassen, wobei darauf zu achten ist, dass das Risiko des Gesamtprozesses (**Risk-Flow-Analyse**)
selbst identifiziert und bewertet wird.

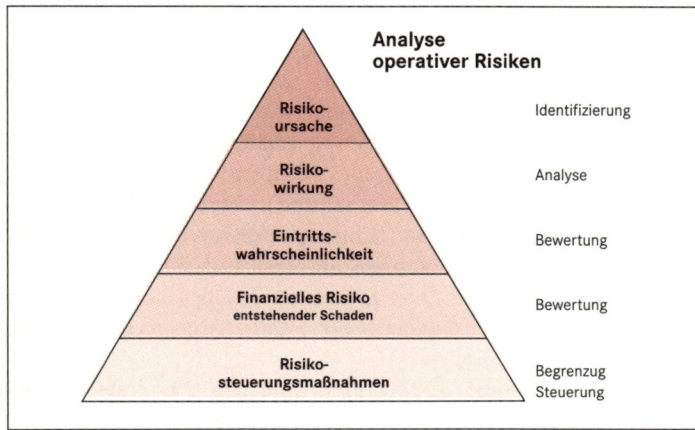

Abb. 30: Von der Risikoidentifizierung zu den Risikosteuerungsmaßnahmen

Die **Risk-Flow-Analyse** sollte mit Hilfe von **Fragebögen** (die sicherlich hinsichtlich ihres Detaillierungsgrades von Unternehmen zu Unternehmen variieren), **Befragungen und Interviews** mit den in den Prozess eingebundenen Mitarbeitern sowie **Gesprächen** mit den Verantwortlichen durchgeführt werden. Nur so lassen sich in den Geschäftsabläufen mögliche Schwachstellen und deren einzelne Risiken identifizieren, quantifizieren und ebenso entsprechende Risikosteuerungsmaßnahmen entwickeln. Es darf nicht übersehen werden, dass es die Mitarbeiter und Verantwortlichen sind, die die Prozesse vor Ort bestens kennen und die für ihren jeweiligen Bereich dafür zu sorgen haben, dass der Risikomanagementprozess implementiert wird. In der Praxis wird nicht selten die Erfahrung gemacht, dass bei den in den Prozess eingebundenen Mitarbeitern neben Kenntnissen von »Schwachstellen« in den Geschäftsprozessabläufen bereits »Lösungen« und Vorschläge zur Risikominimierung vorhanden sind, die jedoch aus »internen« Gründen nicht umgesetzt werden. Als eine Ursache hierfür hat sich eine nicht ausreichende Kommunikation von »unten« nach »oben« herauskristallisiert.

Da in den meisten Unternehmen Prozessbeschreibungen nur generisch in den »Köpfen« der Verantwortlichen existieren aber eine eindeutige Dokumentation nicht existent ist, ist die Aufnahme und schriftliche Erfassung der Geschäftsablaufprozesse als Grundlage für das Risikomanagementsystem heranzuziehen.

Anzumerken ist, dass Ablaufprozesse durch den Einsatz von moderner Informationstechnologie augenscheinlich zwar vereinfacht und »erleichtert« werden. Automatisiert gesteuerte Prozesse werden

Prozessschwachstellen

Fehlende Prozessdokumentation

aber durch den Einsatz dieser Technologie gleichzeitig viel komplexer und bergen folglich auch zusätzliche Risiken.

An dieser Stelle sei mit Blick auf die sich abzeichnenden Entwicklungen darauf hingewiesen, dass angesichts der zunehmenden globalen Vernetzung die betrieblichen Geschäftsprozesse wie Beschaffung, Konstruktion, Produktion und Absatz mit ihren Subprozessen wie Auftragsteuerung und Lagerhaltung nicht mehr nur rein innerbetrieblich zu betrachten sind. Künftig werden unternehmensübergreifende Prozesse, d.h. Prozesse, an deren Durchführung Organisationseinheiten anderer Unternehmen (Drittunternehmen) beteiligt und integriert sind, für den Erfolg eines Unternehmens immer mehr von zentraler Bedeutung.

Unternehmensübergreifende Prozesse

Die sich aus dieser Vernetzung ergebenden Schnittstellen sind durch »Reibungsverluste« gekennzeichnet und bergen ein potentielles operatives Risiko. Daher ist diesen Prozessabläufen unter **Risk-Flow-Gesichtspunkten** im Rahmen des Risikomanagements besondere Aufmerksamkeit zu schenken, und das um so mehr, als neben den eigenen, internen Risikosteuerungsmaßnahmen in den Prozessen auch die Veränderungen des externen Umfeldes der Geschäftspartnerunternehmen zu berücksichtigen sind. Unternehmen, die auch nur teilweise den Schritt in das B2B oder B2C antreten, sollten dieses bereits in die Planung einbeziehen.

Tipp

1. Anhand der erstellten Organigramme und Flussdiagramme sind die verschiedenen Ablaufprozesse zwischen den einzelnen Unternehmenseinheiten und innerhalb der Bereiche/Abteilungen näher zu untersuchen und auf »Schwachstellen« hinsichtlich fehlender Informationsflüsse im zeitlichen Berichts- und Meldewesen, Überschneidungen in den Verantwortungsbereichen (Wer meldet/berichtet an wen? Wer verantwortet was? Wer delegiert an wen?) wie auch fehlender Kontrollmechanismen zu verifizieren.

2. In der Prozessanalyse sollte die Informationstechnologie als reines »Werkzeug« betrachtet werden. Jeder Prozess sollte daher unter Ausklammerung eingesetzter EDV-Syteme gedanklich auf den reinen manuellen Ablauf zurückgeführt und analysiert werden.

3. Die im Prozess integrierten »Werkzeuge« (EDV) sind in sich auf Risiken zu untersuchen und danach im Gesamtprozess zu beurteilen. Schwachpunkte in den eingesetzten »Werkzeugen« (EDV-Applikationen) können somit durch zu implementierende nachgelagerte Kontrollmechanismen im Gesamtprozess das Risiko minimieren (Risk-Flow).

Checkliste

✔ Sind die Unternehmensablaufprozesse klar und eindeutig dokumentiert?

✔ Sind die einzelnen Subprozesse zu Risikofeldern zusammengeführt?

✔ Sind die in die Prozesse integrierten IT-Anwendungen klar dokumentiert?

✔ Sind die vor- und nachgelagerten Kontrollen deutlich beschrieben?

✔ Sind die Prozessschnittstellen klar dokumentiert?

✔ Bestehen klare eindeutige Funktionstrennungen in den Prozessabläufen?

Fragen zur Unternehmens-/Organisationsstruktur

Finanzabteilung

zentral geführt ☐

dezentral geführt
(eigenverantwortlich) ☐

EDV/IT

Infrastruktur und Abläufe

zentral ☐

dezentral ☐

	Ja	Nein
Werden unterschiedliche Datenbanken eingesetzt?	☐	☐
Erfolgt ein regelmäßiger Abgleich der Datenbanken?	☐	☐

In welchen Intervallen?

....

Werden für die dezentral geführten Einheiten Vorgaben durch die Zentrale gemacht? ☐ ☐

Welche?...

....

Sind die Ablaufprozesse (Kommunikationswege), der einzelnen Unternehmenseinheiten untereinander und zur Zentrale geregelt? ☐ ☐
(vor allem bei eigenverantwortlich geführten Unternehmenseinheiten)

Wie?..

....

Ergeben sich bei dezentral geführten Einheiten Überschneidungen in

	Ja	Nein
Funktionen	☐	☐
Zuständigkeiten	☐	☐
Abläufen	☐	☐
EDV/IT	☐	☐
Ergeben sich daraus zusätzliche Risiken?	☐	☐

Welche?...

Besteht eine interne Revisionsabteilung?	☐	☐
Besteht eine Controllingabteilung?	☐	☐

Welche Aufgaben werden in der/den Finanzabteilung/en wahrgenommen?

Rechnungswesen ☐

Treasury ☐

Sonstiges ☐

Ist das Treasury dem Rechnungswesen vorgeschaltet?	☐	☐

Welche Aufgaben?

....

....

Fragen zu Betriebsrisiken

	Ja	Nein
Haben sich Parallelfunktionen etabliert?	☐	☐
Sind diese sinnvoll und zweckmäßig? (genaue Analyse)	☐	☐
Gibt es einheitliche Richtlinien für diese Funktionen?	☐	☐
Ergeben sich aus den Parallelfunktionen zusätzliche Risiken?	☐	☐

Wenn ja, welche? ....

....

Ist ein zeitnahes Berichtswesen gewährleistet?

	Ja	Nein
Sind die Prozesse aufeinander abgestimmt?	☐	☐
Sind die Prozessabläufe deutlich und verständlich dokumentiert?	☐	☐

Sind die Aufgaben in den Abläufen klar und deutlich dokumentiert? (Arbeitsplatzbeschreibung, Aufgabenbeschreibung etc.)

	Ja	Nein
Sind diese den Mitarbeitern bekannt?	☐	☐
Entsprechen die Dokumentationen dem aktuellen Stand?	☐	☐
Sind die integrierten IT-Anwendungen optimal auf die Prozesse zugeschnitten?	☐	☐

Sind entsprechende vor- oder nachgelagerte Kontrollen in den Prozessen implementiert? ☐ ☐

Sind diese ausreichend? ☐ ☐

Führen die Ablaufprozesse und ihre Funktionen zu überschneidungsfreien Zuständigkeiten? ☐ ☐

Erfolgt eine regelmäßige Risikobeurteilung der Prozesse (Self Assessment)? ☐ ☐

In welchen Intervallen?

1/2-jährlich ☐

1/1-jährlich ☐

gar nicht ☐

Auf welcher Basis?

einheitlich vorgegeben ☐

individuell unterschiedlich ☐

	Ja	Nein
Sind die Risikobeurteilungen auswertbar?	☐	☐

Durch wen erfolgt der Self-Assessment-Prozess? ....

....

....

Werden aufgrund des Self-Assessments notwendige Anpassungen zur Risikominderung vorgenommen? ☐ ☐

Erfolgt eine Überprüfung hinsichtlich des Erfolgs der Anpassungen? ☐ ☐

Werden entsprechende Frühwarnindikatoren in den Unternehmensbereichen eingesetzt? (siehe Frühwarnindikatoren) ☐ ☐

Erfolgt eine Auswertung und ein entsprechendes Berichtswesen? ☐ ☐

An wen? ....

In welchen Intervallen?..

Werden eingetretene Risiken (Störungen, Unterbrechungen) **hinsichtlich ihrer Auswirkungen dokumentiert?** ☐ ☐

Unterbrechungszeit ☐ ☐

Auswirkungen auf betroffene Abteilungen ☐ ☐

entstandener Schaden ☐ ☐

möglicher geschätzter Imageschaden ☐ ☐

Werden Fehlerquoten, Ausschussquoten ermittelt und dokumentiert? ☐ ☐

Erfolgt ein nachträglicher Vergleich mit Vergangenheitsdaten? ☐ ☐

Werden regelmäßige Gespräche mit den im Prozess eingebundenen Mitarbeitern hinsichtlich Verbesserungen und Prozessoptimierung geführt? ☐ ☐

In welchen Intervallen?..

Werden Rückstellungen für Betriebsrisiken gebildet? ☐ ☐

Nach welchen Kriterien richten sich diese Rückstellungen?

....

....

....

Zusammenfassung

1. Betriebliche Ablaufprozesse sollten mit Hilfe von Fragebögen, Interviews mit den eingebundenen Mitarbeitern und Gesprächen mit den Verantwortlichen auf Risiken untersucht werden.
2. Für das Risikomanagement sind nicht alle Einzelprozesse separat zu erfassen, sondern aus deren Zusammenwirken die Risiken zu identifizieren.
3. Es besteht eine wechselseitige Abhängigkeit von IT und den Prozessen.
4. Identifizierte Risiken sind nach ihrer Wirkung zu klassifizieren.

6.3   EDV-Risiko

6.3.1   Risikofelder im EDV-Bereich

Die EDV ist heutzutage aus keinem Unternehmen mehr wegzudenken, sie ist geradezu zur Selbstverständlichkeit unserer Arbeit geworden. Um so mehr stellt sich die Frage nach den damit verbundenen Risiken für das Unternehmen.

Sicherlich sind kleine Ausfälle – z.B. die berühmten PC-«Abstürze» – im täglichen Gebrauch jedermann bekannt. Oft helfen die EDV-Beauftragten oder Supportteams, aufgetretene Störungen zu beheben, oder es sind die vermeintlich EDV-kundigen Mitarbeiter selbst, die sich gegenseitig helfen.

Insgesamt jedoch ist das Thema EDV und die damit verbundene Datensicherheit zu komplex, um hier vertieft aufgegriffen zu werden. *(IT-Sicherheit)*

Doch ist es sicherlich nicht falsch, festzustellen, dass innerhalb vieler Unternehmen noch häufig zahlreiche Probleme hinsichtlich der Sicherheit von Anwendungen, Geschäftsdaten und Netzwerken auftreten.

Auf die beträchtlichen Sicherheitslücken in den Netzwerken der Unternehmen wird seit Jahren von Fachleuten hingewiesen.

Die sicherlich relevantesten Risikofelder im EDV-Bereich sind in der Organisation, der Infrastruktur und den Prozessen zu finden, wobei diese drei Bereiche grundsätzlich als Gesamtheit zu betrachten sind und sich in den aggregierten Risikokategorien *(Risikokategorien im EDV-Bereich)*

- Datenverfügbarkeit,
- Datenintegrität,
- Einhaltung gesetzlicher Rahmenbedingungen

zusammenfassen lassen.

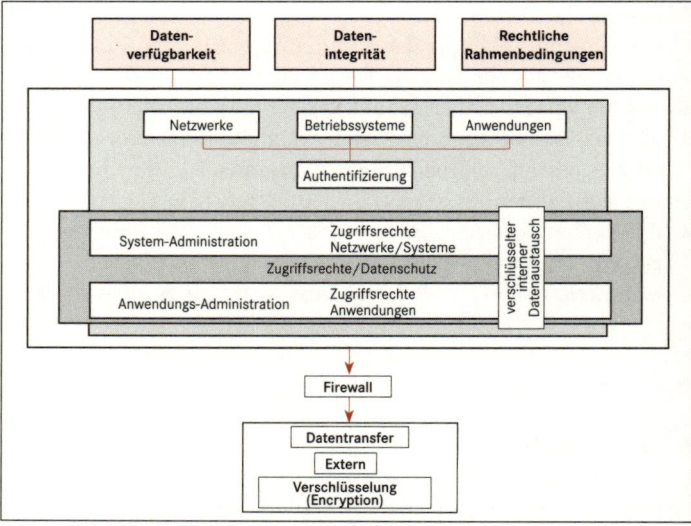

Abb. 31: Die Informationstechnologie und ihre Risikofelder

Die daraus resultierenden Risiken finden ihre Ausprägung

Kritische IT-Risikofelder

- in Verlust und/oder Manipulation von Daten,
- in der Nichtverfügbarkeit der Systeme und Anwendungen und damit in der zu späten Bereitstellung wichtiger Daten,
- in einer fehlenden künftigen Weiterentwicklungsfähigkeit der Systeme,
- in der Nichteinhaltung gesetzlicher Anforderungen.

Im **organisatorischen Bereich** liegen die Risiken vor allem in

- einer nicht klar und eindeutig geregelten Zugriffsberechtigung auf Systeme und Anwendungen mit der Gefahr
  - des unberechtigten Zugriffs auf hoch sensible Daten und Systeme,
  - der unverschlüsselten Daten-Weiterleitung oder gar
  - der Daten- Manipulation bzw. des Daten-Diebstahls,
- einem vernachlässigten Datenschutz verbunden mit den Folgen des Rechtsrisikos,
- einem fehlenden Disaster Recovery, dem »Wiederanlauf« oder »Hochfahren« ausgefallener Systeme oder Teile davon,
- einem zu sorglosen Umgang mit dem Internet,
- einer oftmals unzureichenden Ausrichtung der Anwendungen selbst, d. h. in der Integrationsvernachlässigung wichtiger Geschäftsprozesse und
- in der fehlenden Fachkompetenz der Mitarbeiter oder der Fachkompetenz an falscher Stelle, was zu Verarbeitungsfehlern oder Systemabstürzen führen kann.

Die **Infrastruktur** der EDV soll sicher stellen, dass mit einer entsprechenden Hardware und physischen Sicherungsmaßnahmen die Systeme den Anwendern permanent und stabil zur Verfügung stehen. Risiken ergeben sich aus der Hardware, wenn diese aufgrund fehlender Neuinvestitionen nicht mehr dem neuesten Stand entspricht und damit nicht mehr weiterentwicklungsfähig ist, oder wenn unterschiedliche, nicht kompatible Systeme verschiedener Hersteller verwandt werden. Auch die Leistungsfähigkeit der Systeme selbst birgt Risiken, wenn die Verarbeitung des Datenmaterial an ihre Grenze stößt und es dadurch zu Behinderungen im Tagesgeschäft kommt. Hinsichtlich der physischen Sicherungsmaßnahmen ist darauf zu achten, dass die Server und Rechner entsprechend gegen Feuer und Wassereinbruch geschützt sind und der Zugang zu ihnen nicht jedermann möglich ist. Zu den physischen Sicherungsmaßnahmen gehört auch eine zweite, getrennte Datensicherung, auf die notfalls zurückgegriffen werden kann.

Hardware-Risiken

Die organisatorischen wie auch die infrastrukturellen Risiken werden vielfach durch Risiken in den **Prozessen** ergänzt, wenn veraltete Softwareanwendungen oder »Insellösungen« betrieben werden. Notwendige Dateninformationen stehen nicht rechtzeitig zur Verfügung oder Altanwendungen können nicht mehr optimal angepasst werden, weil entsprechende Dokumentationen fehlen oder die Entwickler der Programme mit ihrem Know-how dem Unternehmen häufig nicht mehr zur Verfügung stehen.

Vor allem sind es die Schnittstellen (Interface), die die unterschiedlichen Anwendungen miteinander verbinden, die zu Risiken führen. Diese entwickelten Interfaces, die die vorhandenen Anwendungen nachträglich zu einem Netzwerk zusammenführen sollen, bergen die Gefahr in sich, nicht alle Daten korrekt und sauber weiterzuleiten. Oftmals lassen sich die unterschiedlichen Systeme auch gar nicht »verbinden« oder nur mit einem enormen Kostenaufwand, der sich betriebswirtschaftlich nicht rechnet. Manuelle Datenerfassungen zwecks Datenübernahme von einem zum anderen System werden erforderlich, die wiederum eine Fehlerquelle beinhalten und entsprechende Kontrollen gerade bei hoch sensiblen Datenmaterial zusätzlich erforderlich machen.

IT-Prozesse

Hinzu kommen die Ausweitung der EDV-Netze durch die Einbindung von externen Geschäftsprozessen und der Zugang zum Internet, was die **Zugriffsgefahr von »außen«** erheblich zunehmen lässt. Darüber hinaus wird die Integration der Informationstechnologie (IT) und des Internets zunehmend zu einem strategischen Erfolgsfaktor des Unternehmens.

Mit dieser kommunikationstechnischen Vernetzung ist ein derzeit nahezu kaum einschätzbares Risikopotential entstanden, denn parallel zu dieser Technik hat sich gleichzeitig die Gefahr einer Kriminalitätsdimension entwickelt. Wie schützt man die kleinen internen Netze vor dem Zugriff aus dem den gesamten Globus umspannenden großen Netz?

Gleichzeitig fällt es immer schwerer auseinanderzuhalten, was eine Gefährdung von innen und eine Bedrohung von außen ist. Dabei geht es nicht mehr nur darum, in welchem Ausmaß Virenangriffe oder Hackerattacken die Rechner lahmlegen. Zwar zeigen uns die Viren, wie beispielsweise der Virus »Loveletter«, welche zerstörerischen Auswirkungen sie haben, dennoch sind sie noch weit von dem Ausmaß an Destruktion entfernt, das technisch möglich ist. Das Risiko ist kaum absehbar und allenfalls können die Unternehmen nur auf diese Tatbestände hin sensibilisiert werden.

IT-Sicherheits-konzept

Eine hundertprozentige Sicherheit wird es im Datennetz nicht geben. Allerdings kann mittels eines unternehmensübergreifenden »Firewall«-Konzeptes – einer Art künstlicher Brandschutzmauer – ein relativ hochgradiger Schutz nach außen erreicht werden. Die »Firewall«-Softwarelösungen dienen dazu, eingehende Nachrichten auf Viren zu untersuchen, und sorgen dafür, dass aus dem Internet heruntergeladene Softwaremodule keinen Schaden anrichten. Vergessen wird auch, dass eine Firewall nicht den innerbetrieblichen Datenverkehr vor Zugriffen schützt. Wichtig ist daher, dass alle eingesetzten Sicherheitsvorkehrungen aufeinander abgestimmt sind und miteinander »zusammenspielen«. Nur integrierte Sicherheitslösungen bieten einen ganzheitlichen Schutz vor »Angriffen« von außen und innen. Zu flankieren ist dieser technische Schutz mit einem auf das gesamte Unternehmen abgestimmten organisatorischen Sicherheitskonzept, das alle Mitarbeiter aktiv einbezieht. Schließlich gehen die meisten Risiken und Schäden auf die Nachlässigkeit im Umgang mit der Informationstechnologie zurück.

Datenver-schlüsselung

Deshalb müssen Daten unbedingt auch innerhalb des Unternehmens geschützt werden. Passwörter müssen regelmäßig gewechselt und der interne Datenverkehr ständig auf Unregelmäßigkeiten überprüft werden. Hoch sensible Daten sollten nur verschlüsselt versandt werden, und das nicht nur unter dem Aspekt des Datenschutzes (Bundesdatenschutzgesetz, BDSG), der sich vornehmlich auf die Verarbeitung (Speicherung), Verwendung und Weitergabe personenbezogener Daten bezieht. Zu leichtfertig wird immer wieder die schnelle Informations-/Datenweitergabe intern wie extern mittels E-Mails via Intranet bzw. Internet vorgenommen, ohne sich groß Gedanken über den Adressatenkreis (allzu schnell wird noch eine weitere Person als Empfänger hinzugefügt) und die Sicherheit des Versendens (analog dem Postgeheimnis) zu machen. Für die interne Kommunikation mit Kollegen und Mitarbeitern ist der E-Mail-Verkehr ebenso selbstverständlich geworden wie für den Kontakt mit externen Geschäftspartnern. Doch wird bei der externen Kommunikation leicht übersehen, dass eine E-Mail über das offene Internet generell ungeschützt – wie eine Postkarte für jedermann leserlich – gesendet wird und somit hohe Risiken birgt. Eine ungeschützte, d. h. nicht verschlüsselte E-Mail kann auf dem Weg zum Empfänger leicht von Dritten mitgelesen oder gar verändert werden.

Ebenso ist die leichtfertige Verwendung von aus dem Internet heruntergeladener wie auch privater Softwareprogramme als hohes Risiko einzustufen, auch wenn sie gut gemeint als »Hilfswerkzeug« für die tägliche Arbeit gedacht sind. Klare Richtlinien im Umgang mit dem E-Mailverkehr, der Nutzung des Internets wie auch der Verwendung von Fremdsoftware sind unerlässlich – auch unter dem Aspekt der Haftungsrisiken.

Richtlinien zum EDV-Umgang

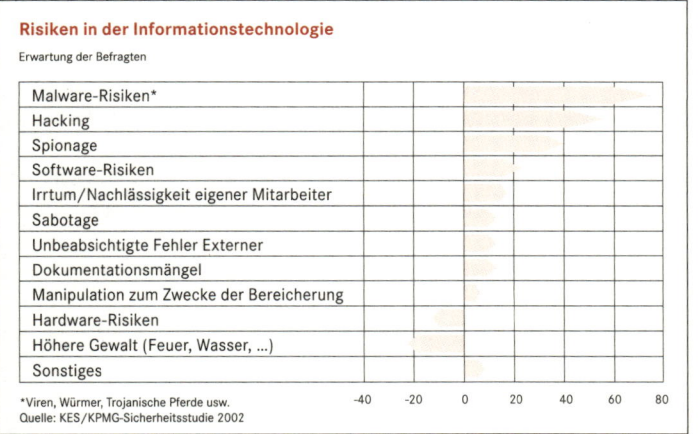

Abb. 32: Die häufigsten Risiken der Informationstechnologie

6.3.2 IT-Risk-Management und IT-Governance

Der Begriff des »operationellen Risikos« wird definiert als »Gefahr von Verlusten, die in Folge der Unangemessenheit oder des Versagens von internen Verfahren, Menschen und Systemen oder von externen Ereignissen eintreten«. Darunter fällt als ein Schlüsselbereich des Unternehmens auch die IT. Je mehr ein Unternehmen auf die IT und deren zunehmende Komplexität angewiesen ist, umso wichtiger ist es, ein effektives Management von Informationen und Daten und den damit unweigerlich zusammenhängenden Technologien im Unternehmen zu implementieren – eine IT-Governance. Sie fordert, dass die Informationsbearbeitung und -verarbeitung jederzeit beherrschbar sein muss und dass die »Best Practices« des Kerngeschäftes auch

Implementierung einer IT-Governance

im IT-Bereich umgesetzt werden. Noch immer ist vielen Managern nicht klar, welche Pflichten sie in Bezug auf die eingesetzte IT haben. Sie glauben, dass sie sich nicht im Detail und schon gar nicht im Alltag um die IT kümmern müssten. Dabei sind sie verpflichtet, laufend die IT-Sicherheit zu überwachen – tun sie es nicht, haften sie gegenüber dem Unternehmen und den Anteilseignern und gegebenenfalls auch gegenüber Dritten (Kunden wie auch Geschäftspartnern). Es besteht der Irrtum, dass nur der höchste IT-Verantwortliche allein für die Technik zuständig ist und entsprechend haftet. Dabei ist ausdrücklich im Aktiengesetz und im HGB geregelt, dass jeder Einzelne im Vorstand bzw. in der Geschäftsführung verantwortlich dafür ist, dass es ein funktionierendes Überwachungssystem gibt. Darüber hinaus haftet jeder Einzelne im Vorstand auch für die Fehler der Kollegen, unabhängig von deren interner Zuständigkeit. Es verhält sich nicht anders, wenn die IT an einen externen Dienstleister »outgesourced« wird. Nach wie vor bleibt die Gesamtverantwortung für die Sicherheit sämtlicher Finanzdaten und persönlicher Daten von Kunden, Geschäftspartnern und Mitarbeitern beim Vorstand bzw. der Geschäftsführung im Rahmen ihrer Überwachungs- und Sorgfaltspflicht.

Einführung eines IT-Risk-Managements

Neben der IT-Governance sollte seitens der Geschäftsleitung auch ein effektives IT-Risk-Management eingeführt werden. Beides in Kombination ist in einem entsprechenden IT-Risk-Management und IT-Governance-Rahmenwerk zu dokumentieren (siehe hierzu Kap. 1.5).

Hierbei sollte der IT-Bereich in seine einzelnen Funktionen aufgegliedert werden.

Funktionen des IT-Bereichs

IT-Governance	
● IT-Management	● IT-Nutzung
● Applikationssoftware-Governance	● Informations- und Datensicherheit
● IT-Infrastruktur	● Produktions-änderungskontrolle

In der Praxis wird dabei häufig auf COBIT (Control Objectives for Information and related Technology) zurückgegriffen, weil COBIT international als »Dach« vieler IT-Standards angesehen wird. COBIT gliedert sich in vier Domänen mit den jeweiligen Prozessen:

1. **Beschaffung und Systemeinführung** mit sechs Prozessen; sie baut auf der grundsätzlichen IT-Strategie auf;
2. **Planung und Organisation** mit elf Prozessen; sie umfasst die Strategie und Taktik der IT;
3. **Systembereitstellung und Unterstützung** (Support) mit 13 Prozessen, sie beschäftigt sich mit der Bereitstellung von IT-Dienstleistungen, wobei der klassische IT-Betrieb ebenso geregelt wird, wie Sicherheits- und Kontinuitätsprobleme;
4. **Überwachung und Korrektur** mit vier Prozessen bildet die vierte Domäne und umfasst die Qualität und die Einhaltung der Kontrollanforderungen an die IT.

Für alle 34 Prozesse bietet COBIT eine umfassende Sammlung von Elementen, um die IT beherrschbar zu machen. Ergänzt wird dieses um die Audit Guidelines, die eine Anleitung zur Vorbereitung von Revisionsplänen und Überprüfung der Kontrollziele bietet. **Audit Guidelines**

Der umfassende Ansatz von COBIT hat sicherlich dazu geführt, dass es in dem Sarbanes-Oxley Act eine tragende Rolle im Bereich der IT-Audits hat. In verschiedenen europäischen Ländern ist COBIT bereits zum Einsatz bei der IT-Prüfung vorgeschrieben und beweist somit die Wichtigkeit für ein IT-Management.

Neben COBIT gibt es noch weitere unterstützende Standards wie ITEL, ISO 17 799 usw. Einem IT-Verantwortlichen sollten diese internationalen Standards bekannt sein.

Zusammenfassung

Um die Risiken, die die EDV-Nutzung mit sich bringt, gut in den Griff zu bekommen, fassen die folgenden Seiten die wichtigsten Punkte nochmals zusammen.

Erstellen Sie für Ihr Unternehmen unbedingt einen »Notfallplan« (Business-Continuity-Plan), der die Fortführung des Geschäftsbetriebes bei einem eventuellen Totalausfall der EDV regelt und ermöglicht. **Tipp**

Zur Not ist wieder auf die häufig schon in Vergessenheit geratenen manuellen Arbeitsabläufe zurückzugreifen, wobei sich die Frage stellt, ob diese manuellen Arbeitsabläufe noch allgemein bekannt sind oder zumindest als alte Richtlinien und Anweisungen im Archiv liegen, um sie »notfalls« einsetzen zu können.

Regeln Sie klar und eindeutig die Nutzung des Internets wie auch die Verwendung von Fremdsoftware. Schützen Sie den Umgang mit sensiblen Daten. Sorgen Sie gleichzeitig für einen Daten-«Back-up«.

Checkliste

> ✔ Sind für einen Totalausfall entsprechende täglich vorgenommene »Back-ups« (Datensicherungen) vorhanden, auf denen umgehend aufgesetzt werden kann, um das Tagesgeschäft fortführen zu können?
>
> ✔ Sind bei den einzelnen Anwendungen, besonders wenn sie in übergreifenden Systemen integriert sind, entsprechende »User-Profile« definiert und eingerichtet, damit bereits der Zugriff auf die Anwendung selbst entsprechend limitiert und begrenzt ist?
>
> ✔ Ist die Datenverfügbarkeit durch häufige Ausfälle beeinflusst?
>
> ✔ Sind die Anwendungen miteinander vernetzt oder werden relevante Daten im Rahmen von »Insellösungen« bereitgestellt?
>
> ✔ Sind die einzelnen Anwendungen auf das jeweilige Arbeitsgebiet der Mitarbeiter durch »User-Profile« begrenzt und diese von den Verantwortlichen »freigegeben« (hierarchischer Profilaufbau)?
>
> ✔ Wird dem Datenschutz entsprochen?
>
> ✔ Wird eine Datenverschlüsselung vorgenommen?
>
> ✔ Sind Instrumente implementiert, die Hackerangriffe aufzeichnen?
>
> ✔ Werden Hackerangriffe »verfolgt«, um näheren Aufschluss zu erhalten?

Dieser Fragenkatalog könnte beliebig fortgeführt werden. Aufgrund der Komplexität und der rasanten Entwicklung in der Informationstechnologie sollten entsprechende EDV-Spezialisten hinsichtlich der erforderlichen Sicherheitsvorkehrungen zu Rate gezogen werden.

Zur Überprüfung des EDV-Risikos steht ihnen der folgende Fragenkatalog zur Verfügung.

Fragen zum EDV-Risiko

	Ja	Nein		Ja	Nein
Ist der Zutritt zu den EDV-Rechnern entsprechend gesichert?	☐	☐	Besteht eine »Firewall«, die den Zugriff auf Daten von außen sichert?	☐	☐
Ist der Zutritt mittels Zugangsberechtigung geregelt?	☐	☐	Besteht ein Notfallplan (BCP) für Störungen im Betriebsablauf?	☐	☐
Erfolgen regelmäßige Datensicherungen?	☐	☐	Sind die Daten jederzeit in ihren Veränderungen nachvollziehbar?	☐	☐
täglich ☐			Wird ein Systemprotokoll geführt?	☐	☐
wöchentlich ☐			Sind die Systemanwendungen klar und eindeutig dokumentiert?	☐	☐
Wie oft?			Datenerfassung ☐		
			Datenverarbeitung ☐		
Werden die Daten extern ausgelagert?	☐	☐	Datenausgabe ☐		
In welchen Intervallen?			Sind die Systeme mit automatischen Kontrollmechanismen (Plausibilitätsprüfung) ausgestattet?	☐	☐
....					
Sind die Daten vor unberechtigtem Zugriff geschützt?	☐	☐			

Fragen zum EDV-Risiko

	Ja	Nein		Ja	Nein
Ist eine Funktionstrennung von Systemadministration und System-anwendung gegeben?	☐	☐	Sind die vergebenen Zugriffsrechte durch die Verantwortlichen freigegeben und dokumentiert?	☐	☐
Werden Datentransfers verschlüsselt?	☐	☐	Werden diese regelmäßig überprüft?	☐	☐
intern	☐		Ist der Zugang zu den Anwendungen durch persönliche Passwörter geschützt?	☐	☐
extern	☐				
gar nicht	☐				
Wird die Verwendung von lizensierter Software überwacht?	☐	☐	Werden regelmäßig Passwort-änderungen systemseitig erzwungen?	☐	☐
Nutzer	☐		Ist im Falle einer Vertretung (Krank-heit, Urlaub) der Zugriff auf die An-wendungen entsprechend geregelt?	☐	☐
Applikationen	☐				
Lizenzverlängerung	☐				
Erfährt die zu verwendende Software vor ihrer Installation hinsichtlich der geforderten Funktio-nalität eine Überprüfung? (enthaltene Formelwerke, Methoden etc., eingebaute Kontroll- und Sicherheits-mechanismen)	☐	☐	extra Passwort	☐	
			mit Zeitbegrenzung	☐	
			Ist dafür gesorgt, dass sensible Daten nicht in Form von Spreadsheets genutzt werden können?	☐	☐
Durch wen?			Ist dafür gesorgt, dass im Falle der Nutzung von Spreadsheets nachträg-liche Veränderungen unmöglich sind?	☐	☐
Erfolgt eine regelmäßige (auto-matische) Virenkontrolle?	☐	☐	Ist gesichert, dass die Nutzung von elektronischen Kommunikationswegen (E-Mail) nicht unter einem Fremdnamen erfolgen kann?	☐	☐
Wird der Virenscanner regelmäßig dem aktuellen Stand angepasst?	☐	☐			
Gibt es Anweisungen für die Nutzung von Fremdsoftware?	☐	☐	Ist der Zugang zu diesen Medien durch ein persönliches Passwort gesichert?	☐	☐
Wird das Internet im Unternehmen genutzt?	☐	☐	Gibt es genaue Anweisungen für die Nutzung dieser Medien?	☐	☐
Gibt es Anweisungen zur Nutzung des Internets?	☐	☐	Ist die vorhandene EDV ausbau-/ erweiterungsfähig?	☐	☐
Sind die im Unternehmen genutzten PC-/EDV-Anwendungen mit entsprechenden Zugriffs-berechtigungen eingerichtet? (hierarchischer Aufbau)	☐	☐	Sind die Systeme untereinander kompatibel?	☐	☐
			Bestehen Insellösungen für die unter-schiedlichen Anwendungen?	☐	☐
kein Recht	☐		Kommt es in der Datenversorgung zu Ausfällen?	☐	☐
Leserecht	☐		oft	☐	
Lese- und Schreibrecht	☐		häufig	☐	
Lese- und Gegenzeichnungsrecht (4-Augen-Prinzip, elektr. Unterschrift)	☐		manchmal	☐	
			selten	☐	
			so gut wie nie	☐	

Fragen zum EDV-Risiko

	Ja	Nein
Gibt es eine Aufstellung der im Einsatz befindlichen EDV-Systeme?	☐	☐
Gibt es eine Inventarliste der genutzten Softwareanwendungen?	☐	☐
Gibt es eine Inventarliste der genutzten Hardware?	☐	☐
Gibt es eine Übersicht der Datenflüsse zwischen den DV-Systemen?	☐	☐
Werden verschiedene Datenbanken eingesetzt?	☐	☐
Wird eine regelmäßige Abstimmung vorgenommen?	☐	☐
Entspricht die Leistungsfähigkeit der eingesetzten EDV-Systeme dem operativen Geschäft des Unternehmens?	☐	☐
Ist ausreichend Vorsorge für mögliche Softwarefehler getroffen?	☐	☐
Werden Änderungen in den EDV-Systemen ausreichend dokumentiert?	☐	☐
Werden nach Änderungen ausreichende Testläufe vorgenommen?	☐	☐
Ist ausreichend Vorsorge für unvorhersehbare Personalausfälle im EDV-Bereich getroffen?	☐	☐

	Ja	Nein
Gibt es regelmäßige Prüfungen der verwandten Software und der Dateninhalte der Systeme?	☐	☐
Ist sichergestellt, dass Disketten vor Nutzung gescannt werden?	☐	☐
Gibt es klare Anweisungen zur Nutzung der		
– Hardware?	☐	☐
– Software?	☐	☐
Besteht ein ausreichender Notfallplan (BCP) für den Fall von System-/Netzwerkausfällen?	☐	☐
Werden regelmäßige BCP-Tests vorgenommen?	☐	☐
Bestehen Serviceverträge mit Dritten?		
– Hardware	☐	☐
– Software	☐	☐
– EDV-Auslagerung	☐	☐
– Support	☐	☐

Wer sorgt für den Service? ....

....

- keiner   ☐

6.4   Risiken im Mitarbeiterbereich

Menschen prägen und gestalten, sie agieren und reagieren, Menschen empfinden und erliegen Emotionen, die zu nicht vorhersehbaren Verhaltensweisen führen. Es würde den Rahmen sprengen, sollte an dieser Stelle ausführlich über Risiken im Mitarbeiterbereich in allen Einzelheiten eingegangen werden. Aus diesem Grund sollen hier nur die relevanten Risikoaspekte angesprochen werden, die geeignet sind, dem Unternehmen gewisse Probleme zu bereiten:

- Wirtschaftsdelikte (Untreuehandlungen),
- fehlende Motivation,
- fehlende Qualifikation wie auch Konzentration von Fach-/Spezialwissen,
- unzureichende Bindung an das Unternehmen (Betriebsklima),
- unangemessene Führung – falsches Führungsverständnis,
- fehlende Kommunikation,

- fehlende klare Arbeitsabläufe,
- Entlohnung.

Die aufgezählten »Problemfelder« sind nicht nur in sich allein zu sehen. Vielfach greifen sie ineinander über. Fehlende klare Arbeitsabläufe können Auswirkungen auf die Motivation haben, ebenso wie ein falsches Führungsverständnis, eine fehlende Kommunikation wie auch fehlende Qualifikationsmöglichkeiten. Dieses wiederum mag sich in einer unzureichenden Bindung an das Unternehmen niederschlagen und gar zu Wirtschaftsdelikten führen.

Motivation als Erfolgsfaktor

Eines jedoch kann deutlich herausgestellt werden, der Erfolg eines Unternehmens ist nur durch motivierte Mitarbeiter gegeben und das wiederum setzt ein entsprechendes Führungsverhalten voraus.

In regelmäßigen Personalgesprächen sollte daher gezielt nach der Motivation, Kommunikation, Betriebsklima und konkreten Verbesserungsvorschlägen gefragt werden.

6.4.1 Wirtschaftsdelikte

Grundsätzlich ist davon auszugehen, dass ein geschlossenes Arbeitsverhältnis auf Vertrauen gründet. Dennoch sollte nicht verkannt werden, dass im Mitarbeiterbereich für das Unternehmen ein gewisses Risikopotential besteht, angefangen von »Krankfeiern«, hoher Fluktuation über Manipulationen und Diebstahl bis hin zum Betrug, womit dieses Verhalten nicht gleich jedem Beschäftigten zu unterstellen ist. Vielmehr ist der Frage nachzugehen, warum es zu diesen Verstößen kommen kann oder könnte. Oft mögen es private Gründe, eine Reaktion wegen Unzufriedenheit oder gar ein Racheakt aufgrund von Auseinandersetzungen sein.

In mehreren Untersuchungen wurde herausgefunden, dass die meisten Delikte im Bereich der Unterschlagungen und des Betruges liegen, wobei in rund zwei Dritteln aller Fälle die Taten durch Mitarbeiter des Unternehmens begangen wurden und davon in ca. 30 % auch das Management beteiligt war. Aufgedeckt werden diese kriminellen Handlungen meist nur durch Zufall oder bei einem Wechsel des Arbeitgebers. Als Hauptursachen wurden der allgemeine »Verfall gesellschaftlicher Werte«, die unzureichende Identifikation mit dem Unternehmen (Corporate Identity) und ein »Lean Management« ermittelt. Erstaunlich ist nur, dass die meisten Unternehmen keine Konsequenzen daraus zur Verbesserung ihres Risikomanagements ziehen.

Ursachen für Wirtschaftsdelikte

Zwar wird man betrügerische Machenschaften nicht gänzlich ausschalten können. Vielmehr geht es darum sie einzudämmen. Daher sollte ein Unternehmen so strukturiert sein, dass zur »Abschreckung« Handlungskompetenzen so verteilt sind, dass mindestens zwei oder mehr Personen erforderlich sind, um sich zu einer derartigen Handlung überhaupt »hinreißen« lassen zu können.

Aufeinander abgestimmte, gezielte Präventionsmaßnahmen können Schäden vermeiden, zumindest eindämmen. Dieses kann geschehen durch **organisatorische Maßnahmen**, wie etwa das rechtzeitige Überprüfen aller Geschäftskontakte zu Kunden und Lieferanten und ein nachträgliches »Nachhaken« bei allen Geschäftsvorgängen durch die Revision, das Abstimmen interner Abläufe mit der Möglichkeit von schnellen Stichproben oder den bereits an anderen Stellen erwähnten strikten Funktionstrennungen. Eine weitere Maßnahme ist in zu implementierenden internen Kontrollen zu sehen, wie etwa das »Vier-Augen-Prinzip« bis in die höchste Unternehmenshierarchiestufe. Darüber hinaus kann ein **Verhaltenskodex für Mitarbeiter** eingeführt werden, der eindeutige Verhaltensregeln beinhaltet, wie etwa die absolute Verschwiegenheit über erlangte Unternehmensdaten oder inwieweit Geschenke (Bestechung) von Geschäftspartnern angenommen werden dürfen. Regelverstöße sollten zu entsprechenden Konsequenzen führen.

Eine von der Geschäftsleitung getragene, alle Mitarbeiter **motivierende Unternehmensatmosphäre**, wird zusätzlich vorbeugend wirken, was derartige Handlungsweisen reduzieren und auch gleichzeitig das **Risiko einer hohen Fluktuation** minimieren hilft.

Doch was nutzt das beste Betriebsklima, wenn erst die Korruption ins Spiel kommt? Korruption gibt es eigentlich schon seit der Tauschhandel erfunden wurde. Korruption hat sich ständig weiter entfaltet und die Sicherungsmechanismen gegen Korruption haben in den letzten Jahren leider nicht Schritt gehalten. Bei VW gab es teure Vergnügungsreisen, bei Siemens »Schwarze Kassen« und was noch alles aufgedeckt wird, kann man nur erahnen.

Wenn wir uns die Wirtschaft in jüngster Zeit anschauen so stehen bei den Unternehmen Wachstum und Kostenmanagement im Vordergrund – nur wurde dabei leider das Risikomanagement vernachlässigt. Bei einer genaueren Betrachtung der wirtschaftlichen Entwicklung kann festgestellt werden, dass noch vor etwa zehn Jahren bis zu 80 % der Produkte und Dienstleistungen von den Unternehmen selbst hergestellt wurden. Seitdem ist jedoch die unternehmerische Wertschöpfungstiefe auf 25-45 % gefallen, d.h. dass die Unternehmen bis zu 75 % ihrer Leistung nicht mehr selbst erbringen – sie kaufen diese Leistung als Vorprodukte ein, mit der Konsequenz, dass nicht nur die eigentliche Produktion, das »Zusammenbauen von eingekauften Komponenten«, der Vertrieb und das Marketing im Vordergrund des Unternehmens steht, sondern immer mehr der Einkauf. Daraus ist zu folgern, dass der Einkauf einen immer größeren Anteil an der unternehmerischen Wertschöpfungskette beansprucht und damit im Einkauf auch die größten Risiken liegen. Die Kriminalstatistiken belegen, dass Betrug, Vorteilsnahme und Untreue am häufigsten im Einkauf und in der Beschaffung anzufinden sind. Das Management von Einkauf und Beschaffung – auf neu-deutsch auch »Supply-Management« genannt – findet immer mehr Aufmerksamkeit und umfasst nicht nur den direkten Einkauf – also die reine Bestell- und Beschaffungstätigkeit, sondern umfasst den gesamten Einkaufsprozess und seine Strukturen. Ein entsprechendes Risikomanagement in diesem immer wichtiger werdenden Bereich wurde aber bisher vernachlässigt. Vielen für diesen Bereich zuständigen Verantwortlichen ist Risikomanagement nur als gesetzliche Anforderung bekannt.

Dabei würde der Ansatz des Risikomanagements in den Fragestellungen

- Risikoidentifikation: Was droht uns potentiell?
- Risikoanalyse: Was sind die Ursachen der Risiken?
- Risikobewertung: Welche Auswirkungen haben diese Risiken und welche Eintrittswahrscheinlichkeit haben sie?
- Risikosteuerung: Welche Gegenmaßnahmen kann ich ergreifen?

bereits ausreichen. Aber es reicht leider nicht, wenn nur gesagt wird: »Das machen wir doch schon, wir haben doch eine Bewertung der Lieferanten«. Notwendig ist es auch die komplette Wertschöpfungskette zu analysieren: vom Lieferanten des Lieferanten, dessen Einkauf und Produktion bis hin zum Marketing und **Vertrieb**. Ganz wichtig ist es, dabei das Risikobewusstsein im Unternehmen zu schärfen und dabei auch einmal »schlechte Nachrichten« zu empfangen, aufzunehmen, zu analysieren und für das Unternehmen auszuwerten.

Analyse der Wertschöpfungskette

> - Korruption gab es schon immer … aber … Korrumpieren muss man wollen.
> - Niemand kann fahrlässig bestochen werden.
> - Bestechung macht langfristig abhängig.
> - Korruption »fliegt irgendwann« auf – das Image ist beschädigt – der Schaden groß.

Tipp

6.4.2 Zeitarbeitsverträge und Loyalität

Die Bedeutung der Loyalität hat sich verändert. Loyalität und Kontinuität, d.h. die beinahe lebenslange Treue gegenüber dem Arbeitgeber und auch umgekehrt, ist zu einer »Verbindlichkeit der Zusammenarbeit auf Zeit« geworden, was durch die zunehmende Tendenz, zeitlich befristete Anstellungsverträge zu schließen, untermauert wird.

Ein Risiko muss darin gesehen werden, dass nach Vertragsende vertrauliche Unternehmensdaten nach »außen« getragen werden, was für das Unternehmen meist nur schwer nachweisbar ist. Dieser Daten- und Informationsdiebstahl wird häufig genutzt, um beim neuen Arbeitgeber die eigenen Chancen und die Position zu stärken.

Neues Arbeits-vertragsverständnis

Zu verbinden mit der abnehmenden Loyalität ist sicherlich auch die Fluktuationsrate. Nur wer die guten Leute entsprechend »behandelt«, kann sie langfristiger halten, ansonsten wandern sie wie Söldner weiter.

Unter den gleichen Aspekten ist auch die »Zusammenarbeit auf Zeit« mittels externer Mitarbeiter zu sehen. Den vermeintlichen Vorteilen, Zeitarbeitsfirmen zu nutzen, stehen auch Risiken gegenüber, die es genau abzuwägen gilt.

Sicherlich ist die Zeitarbeit ein geeignetes Instrument, saisonalen oder auftragsbezogenen Personalengpässen im Bereich routinemäßiger Tätigkeiten ohne große Einarbeitungszeiten zu begegnen, um das Unternehmen nach Saison- oder Auftragsende nicht darüber hinaus mit fortlaufenden Personalkosten zu belasten. Doch eine »Fluktuation« oder besser »Rotation« auf Seiten der Vermittlungsagentur kann auch hier nicht gänzlich ausgeschlossen werden, was das Risiko hinsichtlich Fehlerquoten nicht gerade mindert. Wichtig ist es daher, nur mit renommierten Zeitarbeitsfirmen zusammenzuarbeiten.

Auch die Tendenz, Aufgaben immer mehr in Form von Projekten zu bewältigen, unterstreicht die »Zusammenarbeit auf Zeit«, oft unter Hinzuziehung externer Mitarbeiter. Der extern eingebrachten Qualifikation und weitläufigen Erfahrung steht allerdings auch das Risiko der »Know-how-Mitnahme« nach Abschluss des Projektes gegenüber, wenn dieses nicht bereits schon während der Projektarbeit geschieht.

Dieses ist auch bei zur Hilfe geholten Beratern nicht auszuschließen, die anschließend das neu erworbene interne Wissen anderweitig verwenden und einsetzen. Deutlich zu sehen ist dies häufig bei strategischen Neuausrichtungen oder Umstrukturierungen, wie zum Beispiel dem derzeitigen Trend der Unternehmenskonzentrierung auf die Kernkompetenz und ein damit einhergehendes Outsourcing – sicherlich auch stark beratergetrieben, zumindest beeinflusst. Noch vor nicht allzu langer Zeit stand die Diversifizierung und Absicherung des Unternehmens mittels verschiedener Standbeine im Vordergrund.

6.4.3   Konzentrierung von Spezialwissen

Wissensträger

Auch das zu beobachtende teure Abwerben von ganzen Spezialistenteams birgt die Gefahr, eingekauftes Know-how wieder zu verlieren. Gerade die Konzentrierung von Spezialwissen in den Bereichen

Finanzen, IT, Forschung & Entwicklung auf nur ganz wenige oder gar nur eine Person führt bei Ausfall der Wissensträger zu betrieblichen »Störungen«, die dann nur mühsam und umständlich zu beheben sind, wenn überhaupt das erforderliche Wissen in angemessener Zeit wieder zu erlangen ist. Zu bedenken ist auch, dass sich das Unternehmen in eine gewisse Abhängigkeit begibt und quasi »erpressbar« wird in Bezug auf überzogene Forderungen und Ansprüche.

Durch entsprechende Vertretungen und Verbreiterung der Wissensbasis auch auf langjährige Mitarbeiter kann dieses Risiko reduziert werden. Darüber hinaus wird auch hier die Notwendigkeit der Dokumentation von Prozessen und Anwendungen vor allem im EDV-Bereich deutlich, um jederzeit in der Lage zu sein, diese notfalls »selbst« nachvollziehen zu können.

6.4.4   Bonusabhängige Entlohnung

Die immer wieder herausgestellte leistungsorientierte, auf so genannte Zielvereinbarung basierende, bonusabhängige Entlohnung, die mittlerweile in vielen Unternehmen Einzug hält, soll an dieser Stelle nicht zur Diskussion gestellt werden. Wohl aber darf nicht übersehen werden, dass sie für manche Unternehmensbereiche ein gewisses Risiko beinhaltet. Zu denken ist hier an den Finanzbereich oder Vertrieb, wenn der Bonus in Abhängigkeit zu den erwirtschafteten Finanz-/Handelsergebnissen oder Verkaufszahlen gebracht wird. Das Eingehen höherer Positionen, das Ausweisen höherer Erträge mittels Einsatz von Derivaten oder die Verschleierung von Verlusten – kombiniert mit befristeten Arbeitsverträgen der handelnden Personen – soll hier nur angedeutet werden. Auch hier zeigt sich die Notwendigkeit einer genau festgelegten, nachvollziehbaren Risikostrategie und entsprechender Kontrollmechanismen. Gleiches kann auch auf den Vertrieb übertragen werden. Schnell zum Abschluss gebrachte Verträge zur Steigerung des eigenen Bonus schlagen sich später in einer Kundenunzufriedenheit nieder oder spiegeln sich in der Stornoquote wieder. Diese beiden Gradmesser sollten daher auch als Frühwarnindikator genutzt werden.

Ergebnisabhängige Entlohnung

Zu den Zielvereinbarungen der einzelnen Mitarbeiter sei grundsätzlich angemerkt, dass diese in der Praxis oftmals gar nicht zu erreichen sind, zumal wenn die Ziele in Abhängigkeit von nicht vom Mitarbeiter selbst beeinflussbaren Faktoren stehen. Die Folgen sind dann demotivierende Diskussionen mit den Vorgesetzten.

Zielvereinbarungen

Wichtig ist daher, dass realistisch erreichbare Ziele definiert werden und die Leistungsbeurteilung unabhängig erfolgt. Vor allem darf der Beurteilende selbst nicht unmittelbar durch die eigene Bonuszahlung beeinflusst werden.

6.4.5   Führungsstil, Veränderungen und Mitarbeitermotivation

»Nichts ist beständiger als der Wandel«. Dieses Sprichwort hat gerade in der heutigen Zeit mehr Gültigkeit denn je. Dabei ist weniger an den Wandel gedacht, der sich aus den technischen Entwicklungen und Neuerungen an das veränderte Umfeld heraus ergibt, als vielmehr die damit teilweise verbundene innerbetriebliche »Neuausrichtung«, die zu Veränderungen von bestehenden Strukturen, Abläufen und Gegebenheiten führt.

Oftmals gehen diese innerbetrieblichen Veränderungen mit dem Wechsel von Führungskräften einher, die jeweils ihre eigenen Strukturen und Vorstellungen einführen und durchsetzen, mit der Folge einer sich ausbreitenden Verunsicherung in der Belegschaft.

Der Mensch ist bekanntlich ein »Gewohnheitstier« und steht Veränderungen in seinem unmittelbaren Umfeld – sei es im Privat- oder im Berufsleben – eher skeptisch gegenüber. Veränderungen empfindet er als Unruhe, die innerlich von Unsicherheit bis hin zur Angst begleitet werden.

Dieses Phänomen verstärkt sich erwiesenermaßen mit zunehmendem Alter und prägt sich in der heutigen Zeit besonders aus, wenn die im Erwerbsleben stehenden Personen die Altersgrenze von 50 Jahren bereits überschritten haben, wobei diese Altersgrenze mittlerweile weiter zu sinken scheint. Zu den außer- wie innerbetrieblichen Veränderungen kommt für diese Altersgruppe auch noch die Umstellung auf die im Unternehmen nachrückende »junge« Generation mit häufig akademischer Ausbildung hinzu.

Veränderungen als Schock

Die allgemeine Tendenz, immer öfter für neu zu besetzende Positionen nur noch Bewerber mit Universitätsabschluss wie Promotion oder MBA einzustellen, stellt langjährige, praktische Erfahrungen der Belegschaft daher nicht selten in Frage.

Auch zeigt sich im Nachhinein in der Praxis, dass neu eingeführte Strukturen und Veränderungen sich als nichts anderes entpuppen als bereits Dagewesenes in einer neuen Verpackung.

Diese von den Mitarbeitern nicht nachvollziehbaren Veränderungen erhöhen die Unruhe im Betrieb und führen dazu, dass ein nicht unerheblicher Teil der Arbeitszeit für das Unternehmen nicht mehr effizient eingesetzt wird bzw. werden kann – die Mitarbeiter beschäftigen sich mehr mit der eigenen neuen Situation.

Ein weiterer Grund für interne Veränderungen mag sicherlich auch mit dem zunehmenden Druck auf die (neu eingestellten) Führungskräfte verbunden sein, kurzfristig »Erfolge« vorweisen zu müssen oder zu wollen, wobei übersehen wird, dass Anpassungen nicht notwendigerweise mit kompletten Umstrukturierungen verbunden sein müssen, sondern zweckmäßig für das Unternehmen sein und nicht allein dem innerbetrieblichen Machterhalt für die eigene Person und Position dienen sollten. Es ist in der heutigen Zeit nicht selten, dass diese Veränderungen auch noch durch das »Nachholen« von ehemaligen Kollegen durch die neue Führungskraft begleitet werden – was die Unsicherheit und die Gefahr einer Demotivierung bei den bisherigen Mitarbeitern nicht gerade schwinden lässt.

Besonders in Zeiten eines beschleunigten Wandels sind die Unternehmen auf die Vertrauensbeziehungen zu den Mitarbeitern angewiesen. Für sie ist das Unternehmen keine abstrakte, sondern eine konkrete Welt. Das Unternehmen ist für sie ein Beziehungsgeflecht, in dem sie sich sehr stark eingebunden und verankert und auch entsprechend verletzlich fühlen. Diese Verletzlichkeit verbunden mit einer Ungewissheit in Bezug auf die strategischen Managemententscheidungen ist schädlich für jedes arbeits- und motivationspsychologische Vertrauen in ihre Unternehmenswelt und dessen Führung. Bei den derzeitigen Fusions-, Umstrukturierungs- und Flexibilisierungsmaßnahmen werden die Mitarbeiter auf ihre wirtschaftliche Funktion reduziert und zu einer Ressource ohne Selbstwert, die disponiert, beschafft, verkauft oder »entsorgt« wird. Sie erleben kein konsistentes – beständiges und widerspruchsfreies – Handeln seitens des Arbeitgebers, auch erfahren sie keine Wertschätzung ihrer Person. Es darf daher nicht wundern, dass viele Mitarbeiter keine echte Verpflichtung ihrem Arbeitsplatz gegenüber verspüren, ja teilweise überhaupt keine emotionale Bindung zu »ihrem Job« haben. Diese Situation hat sich in den letzten Jahren verstärkt und als **»innere Kündigung«** einen eigenen Begriff erfahren. Vielfach sind es die unmittelbaren Vorgesetzten, die die Schuld aufgrund eines **fehlenden Führungsstils** am fehlenden Engagement der Angestellten haben. Es zeigt sich, dass gegenüber Mitarbeitern mit Lob und Anerkennung gespart und die persönliche Entwicklung nicht gefördert wird und sie darüber hinaus Aufgaben (Positionen) zu erfüllen haben, die ihnen nicht liegen.

Gerade in Zeiten des Wandels und sich »Sich-anpassen-Müssens« mangelt es den Verantwortlichen nicht selten nur an der entsprechenden Kompetenz, Veränderungen systematisch umzusetzen, sondern auch an der Fähigkeit, die Veränderungsprozesse mit einer Vision zu verbinden, die konsequent kommuniziert wird, d. h. Mitarbeiter durch eine nachvollziehbare, realistische und glaubwürdige Vision (Strategie und Zielbeschreibung) zu begeistern und zu überzeugen. Stattdessen wird die Analyse und Klärung aller Rahmenbedingungen des Veränderungsprozesses an Hand von überwiegend technisch ausgerichteten Projektplänen in den Vordergrund gestellt. Dabei rücken Kommunikation und Motivation in den Hintergrund mit der Folge, dass die notwendigen Aktionen für die Mitarbeiter

Vertrauen und Wertschätzung

nicht greifbar und verständlich werden und Letztere für Veränderungsprozesse schwer zu gewinnen sind.

Tipp

> Veränderungsprozesse sollten in verständlicher Form dargestellt und begründet kommuniziert werden, so, dass jeder betroffene Mitarbeiter sie nachvollziehen kann.

Eine weitere **Gefahr für die schwindende Mitarbeitermotivation** liegt in einer fehlenden Kommunikation von »oben« nach »unten« und begründet sich darin, dass auf der Führungsebene der Bezug zur Mitarbeiterbasis verloren gegangen ist.

Mitarbeiter haben sich heute fast schon damit abgefunden, Veränderungen und einzuleitende innerbetriebliche Maßnahmen im Unternehmen durch die Presse zu erfahren. Dabei sollten es gerade die Mitarbeiter sein, die tagtäglich zum Erfolg des Unternehmens beitragen, die durch eine klare offene **Kommunikation** entsprechend frühzeitig informiert und auf die neue Ausgangslage vorbereitet werden, um sich mit den Neuerungen identifizieren zu können.

Offene Kommunikation als Motivationsantrieb

Fehlende Motivation kann sich sehr schnell zu einer »inneren Kündigung« mit erhöhten Fehlzeiten und einer zunehmenden Personalfluktuation ausweiten, was wiederum negative Auswirkungen auf die unternehmerischen Ablaufprozesse und Ergebnisse mit sich bringt. Es liegt in der Hand der Geschäftsführung, einer derartigen Entwicklung entgegenzuwirken.

Vor allem eine offene Kommunikation in beide Richtungen kann dazu beitragen, bisher nicht entdeckte Potentiale in Form von Verbesserungsvorschlägen und Ideen ans Tageslicht zu befördern, die mehr bewirken können als nur reine Kosteneinsparungsprogramme und fragwürdige Veränderungsprozesse.

Dieses setzt jedoch voraus, dass seitens des Managements der Bezug zu den Mitarbeitern in vielen Unternehmen wiederhergestellt wird, um auch der Kommunikation von »unten« nach »oben« die notwendige Glaubwürdigkeit zu verleihen und das Verständnis für die Probleme an der Basis zu erlangen. Meistens ist es die Basis, die mit dem Kundenverhalten konfrontiert ist und deren Erwartungen kennt oder sich mit Schwierigkeiten in den Prozessabläufen auseinandersetzen muss. Der Kontakt zur Basis sollte nicht nur proklamiert, sondern auch gelebt werden.

Darüber hinaus wird fast gänzlich übersehen, dass es letztendlich der Mitarbeiter ist, der nach Feierabend auch noch als Konsument in der einen oder anderen Form im Fokus der unternehmerischen Absatzmärkte steht und von dort seine Bedürfnisse indirekt »anmeldet«, auf die sich dann das Unternehmen wiederum auszurichten hat.

6.4.6   Nachfolgeregelung

Eines der größten Probleme vor allem bei den vom Inhaber geführten kleinen und mittelständischen Unternehmen ist die Nachfolgeregelung. Unfall, langwierige Krankheit oder gar Tod des geschäftsführenden Inhabers oder Gesellschafters stellen ein existentielles Risiko dar, ganz besonders, wenn der Glaube des »Chefs« vorherrscht, nur er könne alles entscheiden und richtig machen, und wenn alles auf ihn zugeschnitten ist und damit von ihm abhängt. Hier ist ein Umdenken erforderlich. Aufgaben sollten rechtzeitig delegiert und in der Verantwortung mit entsprechenden Vollmachten auf geeignete Mitarbeiter und/oder Nachfolger übertragen werden, um auch im Notfall das Unternehmen durch schwieriges Terrain steuern zu können. Das Risiko, dass das Unternehmen nicht in geordneten Bahnen weiterläuft, wird wesentlich verringert. Jedes Unternehmen sollte die Risiken des Ausfalls des Inhabers analysieren, bewerten und geeignete Vorsorgemaßnahmen treffen und die Nachfolge so vorbereiten und durchführen, dass das Unternehmen auch für den Nachfolger und die Mitarbeiter eine dauerhafte Existenzgrundlage bildet.

> »Alles Chefsache«

Eine fehlende Nachfolgeregelung ist auch unter dem Aspekt des Ratings zu betrachten und hat entsprechende Auswirkungen.

Fünf grundsätzliche Punkte sollten für die Nachfolge Berücksichtigung finden:

> Wichtige Regeln bei der Nachfolge

1. **Das Alter**: Oft fühlen sich nur ältere Unternehmer angesprochen, obwohl die Thematik vom Alter unabhängig ist.
2. **Die Vorsorgevollmacht**: Sie ist für den Fall der Geschäfts- und Handlungsunfähigkeit des Unternehmensinhabers gedacht, sonst könnte unter Umständen das Vormundschaftsgericht bei den unternehmerischen Entscheidungen mitreden. Die engsten Mitarbeiter sollten über entsprechende Vollmachten für den Notfall verfügen. Sinnvoll ist auch die Bestellung eines Beirates, der kurzfristig die operative Führung des Unternehmens übernimmt, bis ein geeigneter Nachfolger gefunden ist.
3. **Das Erbrecht**: Die Nachfolgeregelung ist sehr komplex, weil neben dem Erbrecht auch das Steuerrecht sowie das Gesellschafts- und Zivilrecht »eingreift«. Daher ist es wichtig alle Bereiche aufeinander abzustimmen. Gleichzeitig werden bisher verdeckte Fragen aufkommen wie etwa: Wer denn überhaupt Gesellschafter wird, was auf den Betrieb zukommen kann, wenn Erbschaften auszuzahlen sind und eine Finanzierung dieser Auszahlung ansteht.
4. **Die Nachfolgesuche**: Frühzeitig sollte sich die Frage nach dem Nachfolger stellen. Wer aus der Familie ist in der Lage das Unternehmen fortzuführen oder ist es notwendig von außen einen Nachfolger in das Unternehmen zu holen. Hier sei nochmals auf

die rechtzeitige Bestellung eines Beirates verwiesen, der notfalls auch Konflikte unter den Erben schlichten kann und ebenso eine externe Nachfolgesuche begleitet.

5. **Die Unternehmenstransparenz**: Die Struktur und die Unternehmensabläufe sollten so transparent dokumentiert sein, dass die Mitarbeiter auch ohne die ständige Präsenz des Inhabers die Geschäfte weiterführen können. Ein entsprechendes Notfallkonzept sollte daher schriftlich fixiert sein.

6.4.7   Das Allgemeine Gleichstellungsgesetz (AGG)

Benachteiligungen vermeiden

Im August 2006 ist das Allgemeine Gleichstellungsgesetz (AGG) in Kraft getreten. Auch nach der alten Gesetzeslage gab es einen arbeitsrechtlichen Gleichbehandlungsgrundsatz sowie ein Benachteiligungsverbot wegen Geschlecht und Behinderung, aber das neue AGG geht weit über diese Grundsätze hinaus. Noch sind kaum Erfahrungen mit dem neuen Gesetz gesammelt worden; es kann allerdings davon ausgegangen werden, dass der § 3 Abs. 2 AGG zum wichtigsten Anwendungsfall wird.

Hier sei auf die bisher formulierten Stellenanzeigen verwiesen, die wohl zu ca. 70 % nach dem AGG angreifbar wären. Verwendungen wie »jung« oder eine Altersbegrenzung wie »bis Mitte 30« stellen eine mittelbare Benachteiligung älterer Bewerber dar. Auch die Verwendung von »in Vollzeit« könnte als Benachteiligung von Frauen gewertet werden, die oftmals in Teilzeit arbeiten.

Vorsicht ist auch bei der Formulierung der Absageschreiben an abgelehnte Bewerber geboten.

Konfliktstoff bietet die Tatsache, dass Schutzrechte des AGG auch bereits bestehende Arbeitsverhältnisse erfasst. Die in jüngster Zeit vielfach geschehenen Entlassungen älterer Mitarbeiter könnte daher zu Klagen auf Entschädigung führen. Denn neu und dem deutschen Recht bisher fast weitgehend unbekannt ist der Anspruch auf eine angemessene Entschädigung – eine Art Schmerzensgeld – § 15 Abs. 2 AGG. Es ist zwar noch nicht absehbar, wie die Gerichte mit dieser »angemessenen« Entschädigung umgehen werden. Da aber der Anspruch auch bezwecken soll, den Arbeitgeber zu sanktionieren und von weiteren Verletzungen abzuhalten, kann es gut möglich sein, dass Untenehmen bei Verstößen hohe Entschädigungssummen zu zahlen hätten.

Um hier als Unternehmen nicht in die Falle zu laufen, kann nur dringend geraten werden, die Mitarbeiter entsprechend zu schulen und das AGG bekannt zu machen sowie bei Personalentscheidungen sämtliche Erwägungen, die als auswahlerheblich zugrunde gelegt wurden, sorgfältig zu dokumentieren. Auch sollten alle Arbeitsverträge, Betriebsvereinbarungen auf AGG-Verstöße geprüft werden. Im Falle der Unsicherheit, vor allem weil es sich hier um absolut rechtliches »Neuland« handelt, sollte Rechtsrat eingeholt werden.

Zusammenfassung

1. Wirtschaftsdelikte sind nicht gänzlich auszuräumen. Sie sind jedoch durch organisatorische Maßnahmen und interne Kontrollen erheblich einzudämmen.
2. Loyalität wird tendenziell nicht mehr in den Vordergrund gestellt.
3. Eine Konzentrierung von Spezialwissen auf nur wenige Mitarbeiter birgt das Risiko der Abhängigkeit und sollte durch eine Verbreiterung der Wissensbasis vermieden werden.
4. In der Mitarbeitermotivation liegt für das Unternehmen der »Antrieb«, auch künftig wettbewerbsfähig zu bleiben.
5. Eine Unternehmenskultur, die den partnerschaftlichen Umgang fördert, lässt zusätzliches Potential an Leistung und Kreativität freisetzen.
6. Durch die Chance, Verbesserungsvorschläge realisieren zu können, wird die Motivation und die Identifikation mit den Unternehmenszielen gefördert.
7. Die Nachfolgeregelung bei inhabergeführten Unternehmen sollte rechtzeitig erfolgen.

Fragen zum Personalrisiko

	Ja	Nein		Ja	Nein
Gibt es eindeutige Arbeitsplatzbeschreibungen?	☐	☐	Existiert ein Verhaltenskodex für Mitarbeiter in Bezug auf		
Sind die Kompetenzen für die jeweiligen Arbeitsplätze klar geregelt?	☐	☐	Risikobewusstsein?	☐	☐
Wird die Leistung der Mitarbeiter erfasst und gemessen?	☐	☐	Verschwiegenheit?	☐	☐
Wird im Unternehmen mit externen Personal gearbeitet?	☐	☐	Umgang mit/Verhalten gegenüber Geschäftspartnern?	☐	☐
Ist der externe Personalanbieter zuverlässig?	☐	☐	Geschäftsreisen und deren Abrechnungen?	☐	☐
Ist sichergestellt, dass die Mitarbeiter entsprechend qualifiziert sind?	☐	☐	Corporate Identity	☐	☐
Besteht ein überdurchschnittlicher Krankenstand?	☐	☐	Wird im Unternehmen das Risikobewusstsein der Mitarbeiter besonders hervorgehoben und gefördert?	☐	☐
Besteht eine überdurchschnittlich hohe Personalfluktuation?	☐	☐	Sind geeignete Maßnahmen getroffen, die eine absolute Abhängigkeit des Unternehmens von Mitarbeitern mit Spezialkenntnissen ausschließt?	☐	☐
Wird durch die Personalverantwortlichen (Vorgesetzten) im Rahmen deren Kontrollaufgaben ein besonderes Augenmerk auf den Umgang mit Mitarbeitern geworfen?	☐	☐	Ist für entsprechendes Vertreter-Know-how gesorgt?	☐	☐
Werden geeignete Maßnahmen zur Mitarbeitermotivation getroffen?	☐	☐	Werden Mitarbeiter hinsichtlich Aus- und Fortbildung gefördert?	☐	☐
In welcher Form?.....................................			Gibt es ein innerbetriebliches Vorschlagwesen	☐	☐
			Ist die Unternehmensnachfolge geregelt?	☐	☐

6.5   Risiken der Beschaffungs- und Absatzmärkte

»Der Kunde ist König« und steht damit im Fokus des Unternehmens – oder sollte es zumindest. Die gleich hohen Ansprüche, die das Unternehmen an seine Lieferanten und deren Produkte, Komponenten und Leistungen stellt, sind spiegelbildlich auf die eigenen Absatzmärkte zu übertragen, um hieraus mögliche Risiken ableiten zu können.

Eine unmittelbare Risikoeintrittswahrscheinlichkeit und deren Risikopotential von den Beschaffungs- und Absatzmärkten herzuleiten ist durch den unterschiedlichen zeitlichen Wirkungsgrad kaum möglich. Das Ausmaß der Risiken zeigt sich meist erst mittel- bis langfristig für das jeweilige Unternehmen und ist deshalb anfänglich auch nur schwer »sichtbar« und auszumachen, da sich die Risiken nicht nur allein in den »harten« Faktoren zeigen, wie dem Rückgang der Umsatzzahlen, sondern sich vielmehr in so genannten »weichen« Faktoren widerspiegeln und zugleich psychologische Komponenten, wie Verbraucherverhalten, Kundenzufriedenheit etc. beinhalten.

Beschaffungs- und Absatzmärkte, obwohl im weiteren Sinne der Risikokategorie »Marktrisiken« zuzuordnen, sind aufgrund der »weichen« Faktoren jedoch nicht dem Marktrisiko der Finanz- und Rohstoffmärkte gleichzustellen.

Sicherlich spielt auch an den Finanz- und Rohstoffmärkten die Psychologie eine gewisse Rolle, die sich anhand des Verhaltens der Marktteilnehmer in Form von zum Teil rational unerklärlichen Kursschwankungen zeigt und heute auch zunehmend wissenschaftlich als »Behavioral Finance« untersucht wird. Den Risiken von Marktveränderungen auf den Finanzmärkten stehen jedoch Risikosteuerungsmaßnahmen gegenüber, die für das Unternehmen sofort greifen und absolut messbar sind.

Anders dagegen sieht es mit den Risiken der Beschaffungs- und Absatzmärkte aus, ganz gleich, ob sie die Endkunden direkt im Fokus haben oder in der Mitte der Distributionskette liegen.

Die »Macht« der Kunden

Es ist die zunehmende Globalisierung und der sich damit verstärkende weltweite Wettbewerb, der die Beschaffungs- und Absatzmärkte verändert und gleichzeitig die Machtstellung des jeweils nachfragenden Kunden wachsen lässt.

Wenn Erwartungen auf der Kundenseite nicht erfüllt werden, ist es heute für die Abnehmer ein Leichtes, auf andere Anbieter oder Substitutsprodukte auszuweichen und die in der Vergangenheit bestehenden Kundenbindungen, oftmals geprägt durch Markennamen, Produktimage, Preise oder langjährige persönliche Beziehungen, aufzuweichen. Die Kundenbeziehung erhält damit eine neue Bedeutung und Dimension, die sich in einer Art von zunehmender »Kundenfreiheit«, aber auch in einer »Kundenaufklärung« darstellt.

Dies ruft die bekannte Diskussion über »**Bedürfnis und Bedarf**« auf, die immer noch zu Beginn des Studiums der Volkswirtschaftslehre als Einführung dient und sich analog an die Frage anlehnt: »Wer war zuerst da, das Ei oder das Huhn? – Der Bedarf oder das Bedürfnis?«

Ist es der Kundenbedarf, der die Märkte prägt, oder ist es ein durch die Anbieter den Kunden suggeriertes Bedürfnis? Sicherlich beides, wobei die Entwicklungen neuer Techniken, Materialien und Verfahren wie auch die unentwegt fortlaufenden Forschungen, deren Ergebnisse neue Bedürfnisse und Verlangen der Menschen wecken, dann wiederum eine Nachfrage auslösen. Das beste Beispiel ist die Entwicklung der mobilen Telefone, die das Bedürfnis, überall erreichbar zu sein, hat rasant wachsen lassen und zu weiteren fast unerschöpflichen Anwendungen und Möglichkeiten – oder besser: Bedarf oder Bedürfnissen – führen wird.

Häufig sind die Ursachen, die ein Unternehmen in Bedrängnis bringen können,

- ein zu spätes Anpassen an technische Entwicklungen und Verfahren,
- ein versäumtes Umstellen auf neue Materialien mit ihrem zum Teil unmittelbaren
- Einfluss auf die Produkte,
- das Nichterkennen von Trendänderungen,
- eine verfehlte Modellpolitik oder
- Veränderungen im Kundenverhalten oder deren falsche Einschätzung,
- falsche Preispolitik,
- falscher Marktauftritt.

Um diesen Faktoren, deren Auswirkungen sich zeitverzögert für das Unternehmen darstellen, zu begegnen, sind im Nachhinein hohe Zusatzinvestitionen, Umstrukturierungen, Entlassungen oder problemorientierte Initiativen wie »Pre-Sales«, »After Sales«, »Rundum-Betreuung« oder »Kundenfokussierung« erforderlich, die das Unternehmensergebnis zusätzlich belasten, um den verloren gegangenen »Anschluss« wieder zu erlangen, wenn nicht gar eine komplette Neuausrichtung notwendig wird.

Ebenso sind gesellschaftliche, politische oder wirtschaftliche Veränderungen zu betrachten, die ihre Auswirkungen auf die Unternehmen ausstrahlen und diese quasi »zwingen«, Anpassungen in der Unternehmensausrichtung wie Marktauftritt, Produktprogramm etc. vorzunehmen. Diese Veränderungen können sich beispielsweise ergeben aus

Gesellschaftliche Veränderungen

- Umweltpolitik,
- Gesetzesänderungen und deren Konsequenzen,
- der Zunahme der Singlehaushalte und deren Wirkung auf das Konsumverhalten bis hin zu den Immobilienmärkten,
- der Yuppie-Generation mit einem überdurchschnittlichen Einkommen und Qualitätsbewusstsein,
- der weltweiten Vernetzung und Ausbreitung des Internets in die Haushalte und dessen derzeit noch kaum vorstellbaren vielfältigen Möglichkeiten,
- der Zunahme individueller Freizeit und deren Gestaltung,
- der Erhöhung des durchschnittlichen Lebensalters und den damit verbundenen
- Bedürfnissen der Rentner,
- den Rentenreformdiskussionen und den Erfordernissen für eine private Absicherung,
- der Diskussion um das Rabattgesetz und den Ladenöffnungszeiten mit ihren
- Auswirkungen auf das Käuferverhalten,
- konjunkturelle Abschwächungen, die das Nachfrageverhalten, die Investitionsbereitschaft und den Arbeitsmarkt beeinflussen.

Markttendenzen erkennen

Hinzu kommen die saisonalen und auch witterungsbedingten Einflüsse, die sich in der Preisentwicklung und dem Nachfrageverhalten niederschlagen und somit das Unternehmen tangieren.

Die Probleme künftiger Markteinschätzungen und die damit zum Teil verbundenen Entscheidungen über hohe Investitionssummen, deren Rentabilitäten sich erst viel später kalkulieren lassen, machen das unternehmerische Risiko deutlich und zeigen auf, wie wichtig es ist, Indikatoren zu implementieren, die geeignet sind, dem Unternehmen möglichst frühzeitig Markttendenzen und Entwicklungen »anzukündigen«.

Dabei sollte man unterscheiden zwischen »harten« und »weichen« Indikatoren und diese in eine Ursachen-Wirkungs-Kette bringen. Gleichzeitig zeigt sich, dass die der Buchhaltung zu entnehmenden, herkömmlichen Zahlen und geführten Statistiken bei Weitem nicht mehr ausreichen.

Zur Verdeutlichung soll hierfür die nachstehende Grafik dienen.

»Weiche Indikatoren« / »Harte Indikatoren«	Kunden-zufriedenheit	Trendänderungen	Qualität	Wettbewerber, Substitutionsprodukte	Bedarf/Bedürfnisse	Nachfrage, saisonale, konjunkturelle, witterungs-bedingte Einflüsse	Zuverlässigkeit (Zusagen, Verträge) Service, Garantie/Haftung, Kulanz
Umsatzentwicklung	X		X			X	
Ausschussquote	X		X				X
Reklamation	X		X				X
Preisentwicklung		X	X	X	X	X	
Produktalter		X	X	X		X	
Produktsubstitute		X			X		
Marktanteilsentwicklung	X	X	X		X	X	
Technische Entwicklung		X			X		
Leistungen	X						X
Investitionen für Forschung & Entwicklung				X	X		

↓ **Unternehmensprodukte Image**

Abb. 33: Ursachen-Wirkungs-Kette

Checkliste

- ✔ Sind ungewöhnliche Absatzschwankungen zu registrieren?
- ✔ Haben Ihre Wettbewerber Marktanteile hinzugewonnen?
- ✔ Hat sich das Nachfrageverhalten Ihrer Kunden verändert?
- ✔ Sind neue Wettbewerber und neue Produkte in Ihrem Marktsegment zu verzeichnen?
- ✔ Ist Ihre Preiskalkulation unter Kontrolle?

Neben der allgemeinen Marktanalyse sind die angebotenen Produkte und Dienstleistungen selber hinsichtlich der von ihnen auf das Unternehmen ausstrahlenden Risiken zu untersuchen. Auch hierbei kann zwischen harten und weichen Faktoren unterschieden werden.

Risikofaktoren

Während die harten Faktoren hauptsächlich in der

- Produkthaftung,
- Produktsicherheit,
- Gewährleistungshaftung und den
- Konventionalstrafen

rechtliche Aspekte beinhalten und unmittelbare sofort wirkende Risiken darstellen, richten sich die weichen Faktoren mehr auf die Kundenzufriedenheit in Form von

- Qualität,
- Gebrauchsfreundlichkeit der Produkte,
- eingeschlossene Leistungen,
- Garantie-, Kulanz- und Serviceleistungen bei Reklamationen

und wirken meistens zeitlich verzögert im Rahmen des **Unternehmens- und Produktimages**. Ein erst einmal durch Vernachlässigung dieser Faktoren eingetretener Imageverlust ist bekanntlicher nur sehr schwer wieder zu beheben und haftet dem Unternehmen lange Zeit an. Stornierungen bereits fester Aufträge, Preiszugeständnisse, Umsatzrückgang, aufwendige Werbe- und Aufklärungskampagnen sind die ersten belastenden Folgen für das Unternehmen. Beispiele hierfür gibt es genug.

Der Kunde im Mittelpunkt

Insgesamt sollte jedes Unternehmen unter Kundenzufriedenheitsaspekten den Service als »Dienst am Kunden« verstehen und in den Mittelpunkt der Wettbewerbsüberlegungen stellen. Der Service am Kunden wird genauso wichtig wie das angebotene Produkt selbst und schafft langfristig Konkurrenzvorteile.

In einer globalen Wirtschaft qualitativ austauschbarer Produkte sollte unter diesen Gesichtspunkten sowie im Zuge der Bemühungen um eine gute »Customer Relationship« der »Service« immer mehr zum strategischen Element ausgebaut werden. Der Serviceumfang ist mit entscheidend für den Wettbewerbsvorsprung und lässt die Kundenbindung erhöhen. Gleichzeitig wird durch ein gewisses Servicemarketing das Unternehmensimage zu einer Quasi-Unternehmensmarke geführt, die sich bei den Endabnehmern positiv einprägen wird.

Bei der Risikoeinschätzung der Absatz- und Beschaffungsmärkte sollten auch die Abhängigkeiten zu Lieferanten und von Kunden einer genaueren Untersuchung unterzogen werden. Bei einer großen Abhängigkeit kann durch den Ausfall eines Lieferenten oder eines Abnehmers das eigene Unternehmen sehr schnell in Bedrängnis geraten. Es ist daher zu empfehlen, bereits das Risiko durch entsprechende Maßnahmen breiter zu streuen. Damit einhergehend sei noch einmal auf die Bonität der Kontrahenten verwiesen, die an anderer Stelle bereits angesprochen wurde.

Auch sollte der Fokus auf die Abhängigkeit vom eigenen Produkt nicht vernachlässigt und der Frage nach dem Produktalter und dem technischen Stand bzw. der neuesten Entwicklung nachgegangen werden. Fehlende eigene »nachrückende« Produkte können in der globalen Wirtschaft sehr schnell Einbrüche in den Absatzmärkten zur Folge haben, die dann nicht in angemessener Zeit ausgeglichen bzw. aufgefangen werden können.

✔ Gibt es Anzeichen für Absatzrückgänge?

✔ Werden die Produkte der Wettbewerber bevorzugt?

✔ Zeigt Ihre Werbung und Verkaufsförderung den nötigen Erfolg?

✔ Gibt es in Ihrem Unternehmen Entwicklungen neuer Produkte?

✔ Häufen sich Zahlungsverzögerungen Ihrer Kontrahenten?

✔ Gibt es Anzeichen auf eine Bonitätsverschlechterung Ihrer Kontrahenten?

✔ Kann ein Ausfall Ihrer Lieferanten Ihr Unternehmen in Schwierigkeiten bringen?

✔ Kann unmittelbar auf andere Lieferanten ausgewichen werden?

Tipp

Aber auch Sie selber sollten sich einer genaueren Betrachtung unterziehen:

● Sie zahlen Ihre Lieferantenrechnungen nicht mehr unter Skontoausnutzung.

● Sie beginnen, häufiger die Lieferanten zu wechseln.

● Sie zahlen Lieferantenrechnungen zum spät möglichsten Zeitpunkt.

● Ihre Bestellungen werden merklich kleiner und die Beschaffungspreise steigen aufgrund wegfallender Rabatte.

● Sie werden von Ihren Lieferanten gemahnt.

Dieses sind untrügliche Anzeichen dafür, dass Ihre eigene Liquidität beginnt, knapp zu werden, und Sie sollten Ihre eigene Liquiditätsplanung überprüfen.

Der Ansatz zur Früherkennung von Risiken über die Ursachen-Wirkungs-Kette mittels Indikatoren, wie oben beschrieben, kann auch auf andere Unternehmensbereiche wie Produktion oder Personal angewandt werden.

Tipp

Es ist zu empfehlen, die schon im Unternehmen vorhandenen »harten« Faktoren (Umsatzzahlen, Fluktuationsraten etc.) mit entsprechend aussagekräftigen »weichen« Indikatoren (Reklamationen, Stornierungen, Marktanteilsentwicklung etc.) zu verbinden, um hieraus Rückschlüsse ziehen zu können.

Fragen zum Absatz-/Beschaffungsmarktrisiko

	Ja	Nein
Besteht eine Lieferanten-/Kunden-abhängigkeit?	☐	☐
Unterliegen die Beschaffungs-/Absatzmärkte Preis-/Währungs-schwankungen?	☐	☐
Unterliegen die Absatz-/Beschaffungsmärkte saisonalen Einflüssen?	☐	☐
Sind die Beschaffungsmärkte ausreichend gesichert?	☐	☐
Ist ein häufiger Kundenwechsel zu verzeichnen?	☐	☐
Stehen die Produkte/Leistungen im Wettbewerb mit Substituten?	☐	☐
Unterliegen die Produkte dem technischen Wandel?	☐	☐
Sind die Produkte von Trends abhängig?	☐	☐
Unterliegen die Produkte einem häufigen Modellwechsel?	☐	☐
Werden Kundenaufträge häufig storniert	☐	☐

	Ja	Nein
Unterliegen die Produkte/Leistungen einer hohen Reklamationsquote?	☐	☐
Können Haftungsansprüche aus dem Produkt/der Leistung hergeleitet werden?	☐	☐
Ist die Leistung generell mit Konventionalstrafen gekoppelt?	☐	☐
Wird dem Kundenservice entsprechend Rechnung getragen?	☐	☐
Lieferzeiten	☐	
Garantie	☐	
Reklamationszeiten/Kulanz	☐	
Wird das Kundenverhalten intensiv beobachtet?	☐	☐
Wird den neuen Vertriebswegen (Internet/B2B) genügend Aufmerksamkeit geschenkt?	☐	☐
Wird das Konkurrenzverhalten permanent beobachtet?	☐	☐
Wird das eigene Produktimage entsprechend gepflegt?	☐	☐

Fragen zur Auftragsstruktur

Wie weit reichen die durchschnittlichen festen Aufträge (Zeitraster)?

bis 1 Monat ☐
bis 3 Monate ☐
bis 6 Monate ☐
bis 9 Monate ☐
über 9 Monate ☐
sonstige ....

Wie erfolgt die Auftragsplanung

(Zeitraster)?

bis 1 Monat ☐
bis 3 Monate ☐
bis 6 Monate ☐
bis 9 Monate ☐
über 9 Monate ☐
sonstige ....

Gibt es saisonale Schwerpunkte (Zyklen)?

Jan Feb Mär Apr Mai Jun Jul Aug Sep Okt Nov Dez
☐ ☐ ☐ ☐ ☐ ☐ ☐ ☐ ☐ ☐ ☐ ☐

In welchem Land werden sich die Aufträge eher vergrößern bzw. reduzieren?

....
....

In welchem Land sind neue Geschäftsbeziehungen oder Investitionen geplant?

....
....
....

6.6   Rechtsrisiken

Das Rechtsrisiko erfasst die Gefahr eines Verlustes, weil

- Rechte aus geschlossenen Verträgen nicht geltend gemacht werden können,
- das Unternehmen selbst aufgrund von bestehenden Verträgen belangt,
- durch Verstöße gegen rechtliche Auflagen oder
- im Rahmen der Produkthaftung oder sonstiger Ansprüche schadensersatzpflichtig wird.

Hinzu kommt die Tendenz, immer häufiger Prozesse anzustrengen und dabei die Höhe der Schadensersatzansprüche zu eskalieren und auch durchzusetzen.

Zunahme von Rechtsprozessen

Auch vor dem Hintergrund der Internationalisierung ist dem Rechtsrisiko besondere Bedeutung beizumessen. Der grenzüberschreitende Austausch von Waren und Leistungen, das Schließen von Abkommen und Absichtserklärungen im Rahmen der unternehmerischen Tätigkeit haben längst den herkömmlichen, bekannten Rechtsraum verlassen und sich anderen Rechtsgepflogenheiten mit ihren ureigenen Rechtsnormen unterworfen. Hinzu kommt das bisher noch weitgehend gesetzlose und freie, die Grenzen überschreitende Internet als neue Geschäftsplattform.

Umso wichtiger ist es, das Rechtsrisiko auch außerhalb der normal geltenden rechtlichen und regulativen Rahmenbedingungen zu beurteilen und zu bewerten. Insgesamt ist das Rechtsrisiko viel zu umfangreich, um es an dieser Stelle in all seinen Details aufzuzeigen. Daher kann hier nur der Rat gegeben werden: Alle geschlossenen Verträge oder vorgegebenen Auflagen, die ein Unternehmen binden, sollten durch eine eigene Rechtsabteilung oder mittels Rechtsberater genauestens geprüft werden.

Darüber hinaus ist sicherzustellen, dass die eigenen Mitarbeiter stets davon Kenntnis haben, welches geltende Recht den zu schließenden Unternehmensverträgen zugrunde zu legen ist, und dass den Mitarbeitern entsprechende Vollmachten erteilt wurden, für das Unternehmen rechtlich bindende Verträge schließen zu können.

Die wichtigsten rechtlichen Risikobereiche sind in den

- gesellschaftsrechtlichen Entwicklungen,
- öffentlich-rechtlichen Vorschriften, Verordnungen und Auflagen,
- steuerrechtlichen Verordnungen und Gesetzen,
- gewerblichen Schutzrechten wie Lizenzen, Patenten, Markenzeichen, geistigem Eigentum,
- Gebrauchs- und Geschmacksmustern etc.,

- arbeitsrechtlichen Bestimmungen,
- umweltrechtlichen Auflagen
- Haftungsansprüchen Dritter

zu sehen.

Darüber hinaus sollten die Bereiche EDV, Finanzierung, Versicherungen, Produktion, Produkte und Lieferanten hinsichtlich allgemein vertraglicher Risiken sowie Haftungs- und Gewährleistungsrisiken näher betrachtet werden. Gesetzesänderungen sowie neue Entwicklungen der Rechtsprechung sind ebenfalls einzubeziehen.

Im Zuge der Globalisierung wird es zudem immer schwieriger, den gesamten Rechtsraum zu überschauen. Daher ist dringend zu empfehlen, auch die Rechtslage in den Ländern auszuloten, mit denen internationale Geschäftsbeziehungen bestehen oder aufgebaut werden sollen, um vor Überraschungen gefeit zu sein. Als Beispiel mag China dienen, ein Markt, der künftig sicherlich nicht mehr zu ignorieren ist. Doch bei aller Prosperität ist die Rechtsunsicherheit das größte Problem. Schadensersatzansprüche vor Gericht geltend zu machen, erweist sich derzeit als fast unmöglich, Haftungsansprüche sind oft auf ein Minimum begrenzt.

Globalisierung und neue Rechtsformen

Tipp

Im Rahmen des Risikomanagements sollte eines im Vordergrund stehen: zu analysieren, welche Rechtsrisiken ein Unternehmen akzeptieren und auch managen kann, wobei gleichzeitig das Chance-/Risiko-Verhältnis abzuwägen ist. Hierbei sei vor allem an die üblichen vertraglichen Konventionalstrafen gedacht.

6.7   Risiken in der Projektarbeit

Viele Leistungen und Produkte unseres Wirtschaftens setzen bis zur endgültigen Fertigstellung oder Serienreife Vorarbeiten und -leistungen voraus, die sich teilweise über Monate, ja sogar Jahre hinziehen. Zu denken ist hier als erstes an den Automobil-, Schiffs-, Maschinen-, Flugzeugbau oder den Hoch- und Tiefbau, an die Entwicklung von Softwareapplikationen oder die Forschungs- und Entwicklungsabteilungen der Unternehmen.

Immer wieder ist dabei der Faktor Zeit die treibende Kraft, gilt es doch, fest vereinbarte Liefer- und Übergabetermine gegenüber dem Auftraggeber einzuhalten. Derartige Leistungen zu erbringen ist nur in Form von Projekten, d. h. in einzelnen Projektschritten möglich.

In der Praxis muss die Projektarbeit zunächst unterschieden werden nach

- **projektbezogenen Unternehmensleistungen**, die sich grundsätzlich aus der unternehmerischen Ausrichtung ergibt. Die erbrachten Leistungen dieser Branchen erfolgen in Form von Projekten und die hier tätigen Unternehmen haben ihre internen Strukturen und Ablaufprozesse entsprechend den Projekten bzw. der Auftragsbearbeitung angepasst und organisiert; Unterschiedliche Projektbetrachtung
- **individueller Projektarbeit**, die aufgrund von beschlossenen Initiativen oder innerbetrieblichen Aufträgen »mit einem bestimmten Ziel« ins »Leben« gerufen wird und damit einen mehr oder weniger »einmaligen« Charakter besitzt, eine hohe Komplexität beinhaltet oder einen hohen Ressourceneinsatz erfordert. Es können mehrere oder Einzelprojekte sein, kurz oder langlaufende, sowohl mit als auch ohne Anschlussauftrag. Projekte können dabei entsprechend ihrer Zielsetzung eine internationale Dimension innerhalb des Unternehmens erhalten. Diese Art von Projektarbeit kann beispielsweise eine Initiative zu »mehr Kundennähe«, die Untersuchung von Outsourcingmöglichkeiten oder Verbesserung von Prozessen und Abläufen, von Vor- und Nachteilen eigener Softwareentwicklungen sein.

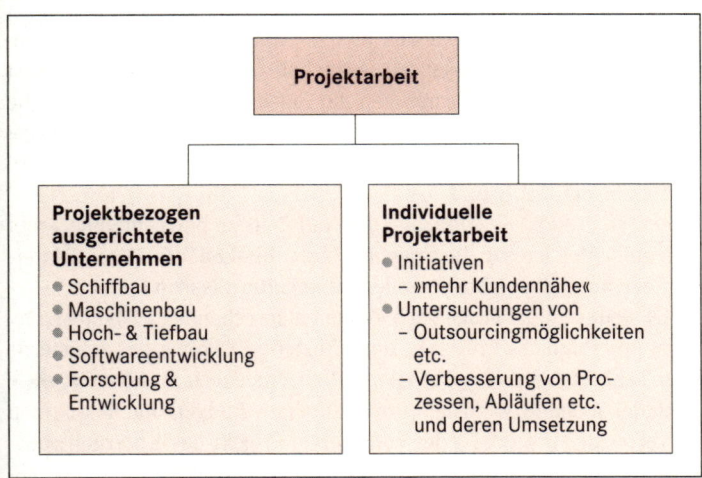

Abb. 34: Unterschiedliches Verständnis von Projektarbeit

An dieser Stelle sollen nicht die projektbezogen arbeitenden Unternehmen im Vordergrund stehen, sondern vielmehr die individuelle, einmalige Projektarbeit im Rahmen beschlossener Initiativen. Individuelle Projektarbeit

Die Fokussierung hierauf scheint unter dem Risikogesichtspunkt umso wichtiger, als die Praxis immer wieder zeigt, dass derartig aufgesetzte Projekte oftmals ihr Ziel verfehlen oder gar nicht erst erreichen, weil sie vorzeitig abgebrochen werden. »Außer Spesen nichts gewesen« ist das Ergebnis, und es stellt sich die Frage, warum das Projekt gescheitert ist.

Die individuelle Projektarbeit lässt sich nicht aus den herkömmlichen Produktions- und Leistungsabläufen des Unternehmens ableiten bzw. gehört nicht zu deren unmittelbaren integralen Bestandteilen. Projekte werden aufgesetzt, um die Unternehmensbereiche der Wertschöpfungskette von Innovationsarbeiten und anderen, nicht alltäglichen Arbeiten frei zu halten. Da Projektarbeit für das Unternehmen monetär berechenbar und im Rahmen der unternehmerischen Ergebnis- und Budgetplanung kontrollierbar ist, gewinnt sie in der Praxis zunehmend an Bedeutung.

Ein Projekt in diesem Sinne
- ist auf einen vorher bestimmten Zeitraum ausgelegt mit dem Ziel, ein spezielles Ergebnis für das Unternehmen hervorzubringen,
- erfordert »Kapital« in Form eines zur Verfügung gestellten Budgets,
- bindet Mitarbeiterressourcen und
- verlangt eine eigene Planung und Organisation.

Projektarbeit ist losgelöst von den herkömmlichen unternehmensinternen Ablaufprozessen zu verstehen und wird dadurch selbst zu einem eigenen »Unternehmen auf Zeit«. Das »unternehmerische Risiko« des Projektes – als erwünschter Nutzen für den Auftraggeber – und die Kosten (Budget) werden vom Projektauftraggeber (Projekt-Sponsor) getragen.

Projekt als Unternehmen auf Zeit Da ein Projekt als »Unternehmen auf Zeit« zu betrachten ist, stellt sich auch gleichzeitig die Frage nach den Risiken, die dieses »Unternehmen auf Zeit« gefährden oder gar scheitern lassen können.

Es stellt sich die Frage nach einem entsprechenden Risikomanagement innerhalb des Projektes, um frühzeitig Risiken eines Scheiterns oder Fehlverlaufes zu erkennen und gegensteuern zu können sowie Fehlallokationen von Kosten (Projektkapital = Budget) und Ressourcen zu vermeiden – zumal jedes aufgesetzte Projekt das Unternehmensergebnis belastet. Risikomanagement sollte zum integralen Bestandteil eines jeden Projektes erklärt werden, analog dem vom KonTraG (Gesetz zur Kontrolle und Tranzparenz) gesetzlich geforderten Risikomanagement.

Diese Analogie soll nachstehend aufgezeigt werden. Ausgangspunkt sind die im Rahmen des unternehmerischen Risikomanagements aufgezeigten drei großen Risikobereiche (s. Abb. 35):

1. Risiken der »Höheren Gewalt«,
2. Politische und ökonomische Risiken,
3. Unternehmensrisiken
   – Geschäftsrisiken,
   – Finanzrisiken,
   – Betriebsrisiken.

Sie lassen sich mit kleinen Anpassungen auf Projekte übertragen:

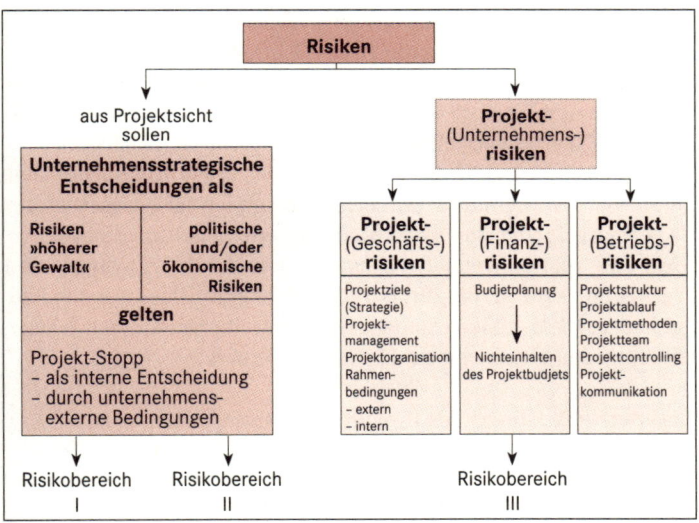

Abb. 35: Risiken in der Projektarbeit

Risiken der »Höheren Gewalt« sind mit den ökonomisch-politischen Risiken zu einer Kategorie zusammenzufassen. Sie haben für das Projekt ihren Auslöser im Unternehmen selber und basieren auf internen Entscheidungen.

Risiken der Höheren Gewalt

Risiken der »Höheren Gewalt« können ein Projekt jäh beenden. Ihr Eintreten im Rahmen der Projektarbeit ist in Form von übergeordneten unternehmens-strategischen Entscheidungen zu verstehen. Dieses kann seinen Ausdruck in Kosteneinsparungen und Reduzierungen bzw. Stoppen von bereits genehmigten oder laufenden Projekten haben.

Das Gleiche soll auch für die ökonomisch-politischen Risiken gelten. Dieses mag in einer Neuausrichtung oder Strukturveränderung des Unternehmens zum Ausdruck kommen oder durch externe Veränderungen der Rahmenbedingungen, die das Projekt unmittelbar betreffen und obsolet werden lassen.

Es sind nunmehr die Unternehmensrisiken – Geschäftsrisiko, Finanzrisiko und Betriebsrisiko – entsprechend auf das Projekt zu übertragen.

Als **»Geschäftsrisiko« eines Projektes** gilt es, auswertbare Projektergebnisse in Form von Nutzen für das Unternehmen (Projektziel) innerhalb des gesetzten Zeitraumes auch wirklich zu erreichen. Dieses setzt einen detaillierten Projektplan (Geschäftsplan) mit den kritischen Risiko-Eckpunkten und eine entsprechende Projektorganisation voraus.

Ferner sind dieser Risikokategorie die in- und externen Rahmenbedingungen zuzuordnen, die das Projekt umgeben. Dieses können behördliche Genehmigungen und/oder Auflagen sein oder Abhängigkeiten von »Projektzulieferern« wie andere Unternehmensbereiche, die den zeitlichen Verlauf des Projektes beeinflussen können.

Risikoursachen im Projekt

Das **»Finanzrisiko« des Projektes** liegt in der Gefahr der Budgetüberschreitung. Ein detaillierter Budgetplan ist Voraussetzung. Zu berücksichtigen sind weiterhin bei international ausgelegten Projekten die real auftretenden Finanzrisiken durch Währungs- oder Zinsveränderungen, die ihren unmittelbaren Einfluss auf das Budget haben. Diese Risiken sollten seitens der übergeordneten Finanzabteilung des Unternehmens abgedeckt werden.

Die **»Betriebsrisiken« des Projektes** lassen sich ableiten aus:
- **der Projektstruktur** in Bezug auf
  - Sub-(Unter-/Teil-)projekte,
  - Verantwortung,
  - Kompetenzen,
  - Aufgabenverteilung,
  - Koordination von in- und externen Projekt-»Zulieferern«, Sub-(Unter-/Teil-)projekten,
  - Kommunikation;
- **der Projektbesetzung** hinsichtlich
  - Ressourceneinsatz,
  - Qualifikation;
- **dem Projektumfeld** bezüglich
  - Abhängigkeiten,
  - Methoden,
  - Prozessen;
- **dem Projektablauf** mit Bezug zu
  - Vorgehensweise/Steuerung,
  - Kontrollen,
  - Rückmeldungen,
  - Abstimmungen/Koordination.

Aus der **Projektstruktur** entstehen Risiken, die das Projekt bereits in den Grundfesten gefährden können, wenn die Verantwortungen, Kompetenzen und Aufgabenverteilungen nicht klar und eindeutig festgelegt sind. Ein Projektmanager wird schwerlich in der Lage sein, die Mitarbeiter entsprechend zu führen und zu motivieren, wenn keine hinreichende Unterstützung seitens der auftraggebenden Stelle (Projekt-Sponsor) gegeben ist und die Steuerungsverantwortlichkeit der Projektleitung sich als unklar erweist. Das Projekt läuft Gefahr, an Missverständnissen oder gar internen »Machtkämpfen« zu zerbrechen. Auch wird es nicht gelingen, einen Teamgeist und eine entsprechende Motivation innerhalb der Projektmitglieder zu entwickeln, ebensowenig wie eine von allen Beteiligten getragene Projekt- und Risikokultur.

Dies kann zwischenmenschliche Konflikte nach sich ziehen und bis zum Austausch von Projektmitgliedern führen, was den zeitlichen Projektverlauf gefährdet.

Von Anfang an ist dafür zu sorgen, dass eine offene Kommunikation innerhalb des Projektteams existiert. Ein gleicher Wissensstand aller Beteiligten ist notwendig, um sich mit dem Projekt identifizieren zu können. Er verhindert gleichzeitig eine Bündelung von Wissen auf einzelne Personen und eine sich daraus ergebende Wissensabhängigkeit.

Für die **Projektbesetzung** sollte die entsprechend erforderliche Qualifikation eingebracht werden. Ebenso sind genügend Ressourcen einzuplanen. Der unvorhergesehene Ausfall von Projektmitgliedern durch Krankheit ist aufgrund der Zeitkomponente des Projektes als Risikofaktor einzukalkulieren. Die Urlaubsplanung der Projektmitglieder sollte bereits zu Projektbeginn Berücksichtigung finden.

Projekte als Selbstzweck

Entscheidend bei der Projektbesetzung ist auch eine klare »Steuerung« der unterschiedlichen Sichtweisen der Projektmitglieder aufgrund ihres fachlichen Hintergrunds. Es gilt eine Ausgewogenheit der einzelnen Fachinteressen zu erreichen. Immer wieder zeigt sich in der Praxis, dass durch starke Einflussnahme von Fachleuten das eigentliche Projektziel verwässert oder verfehlt oder das Budget überschritten wird. Besonders häufig ist dieses der Fall, wenn Projektmitglieder mit bestimmten Fachinteressen zusätzliche Anforderungen stellen und einbringen. Das Risiko, aus einem anfänglich klar definierten Projekt eine unüberschaubare Entwicklung in Form einer »Eier-legenden-Woll-Milch-Sau« werden zu lassen, sollte nicht unterschätzt werden. Auch kann ein Projekt durch eine schwerpunktmäßige Fachbesetzung zu einem Selbstzweck heranwachsen. Dieses ist besonders der Fall, wenn das Projekt von informationstechnologischen Komponenten und Entwicklungen abhängig ist. Die Vorstellungen und der Wunsch, das Projekt nach dem neuesten Stand der IT auszurichten (State-of-the-Art), wird dann zu einem Wettlauf mit den Kosten und der Zeit.

Das **Projektumfeld** ist gleich zu Beginn des Projektstarts zu analysieren und im Projektplan zu berücksichtigen. Schließlich ergeben sich aus dem Umfeld gewisse externe und/oder interne Abhängigkeiten für das Projekt, auf die das Projektteam selbst nicht notwendigerweise Einfluss nehmen und so notwendige Projektprozesse verzögern kann.

In der Praxis stellen sich diese Abhängigkeiten (Schnittstellen) meist als für das Projekt ergänzende »Zulieferungen« Dritter dar, wie z. B. einzuholende Genehmigungen/Informationen/Abstimmungen, Ausarbeitungen/Analysen, zu bestellende Komponenten, erforderliche vorbereitende Anpassungen/Änderungen usw. Mittels zu vereinbarender »Lieferzeiten« und Kostenkalkulationen sind diese in den Projektplan aufzunehmen, um die Risiken dieser Schnittstellen für das Projekt kalkulierbar zu machen.

Meilensteine im Projektplan festlegen

Für den **Projektablauf** sind Vorgehensweisen hinsichtlich notwendiger Abstimmungen der Projektsteuerung festzulegen. Hierzu eignen sich im Projektplan festgeschriebene »Meilensteine« (Zeitpunkte), die es für die einzelnen Projektabschnitte zu erreichen gilt und die darüber hinaus die prozentuale Budgetinanspruchnahme dokumentieren. Damit wird das Projekt in seinen einzelnen Phasen Kontrollen in Bezug auf Budget und Projektfortschritt unterworfen und zeigt frühzeitig Risiken auf. Von Beginn an ist darauf zu achten, dass bei einem Nichterreichen dieser gesetzten »Meilensteine« (Ereignis) die Auswirkungen (Risiko) für das gesamte Projekt analysiert, bewertet und kommuniziert werden. Hierfür sind Methoden zu nutzen, die alle direkt und indirekt Beteiligten über den Projektverlauf einschließlich der Risiken informieren. Dazu sollte ein Risiko-Scoring mit einem »Ampelstatus«, eingesetzt werden. Die Ampelphasen Rot, Gelb, Grün müssen den jeweiligen Projektstatus als Risiko definieren und beschreiben und Auskunft über offene Sachverhalte geben. Wie kritisch ist ein Ereignis? Wie hoch ist die Risikoeintrittswahrscheinlichkeit? Wie groß ist die monetäre Gefährdung? Entsprechend den Ampelphasen ist auch ein Abgleich zwischen Projektplan und Projektbudget vorzunehmen (Projektcontrolling). Auf diese Weise wird die Aufmerksamkeit der betroffenen Projektmitarbeiter wie auch der Projektzulieferer und vor allem die des Projektauftraggebers erhöht. So können rechtzeitig entsprechende Maßnahmen oder Anpassungen an die Projektsituation, deren Veränderungen und die weitere Projektfortführung vorgenommen werden.

Eine ständige, regelmäßige Rückmeldung (Berichtswesen) an das Projektmanagement und das interne Unternehmenscontrolling sowie den Projektauftraggeber sind dabei eine Selbstverständlichkeit.

In der Praxis scheut man sich häufig vor derartigen Schritten. Das Projekt wird einfach weitergeführt, oftmals mit der Folge, dass es zu einem späteren Zeitpunkt gänzlich aus dem Ruder läuft, ohne jemals das Projektziel zu erreichen. Das Projekt wird zum Selbstzweck.

Ein integrierter Risikomanagementprozess mit regelmäßigem Berichtswesen hilft diese Entwicklungen zu vermeiden.

Bereits zu Beginn des Projektes sorgt das Risikomanagement für eine Risikobetrachtung des festgelegten Projektauftrags und seines Umfangs sowie des darauf basierenden Projektplans (Vorgehen, Struktur, Meilensteine, Rahmenbedingungen, Zeitplan, Budget etc.). Risiken werden frühzeitig erkannt und durch geeignete Maßnahmen steuerbar gemacht. Sie führen neben der fachlichen und organisatorischen Projektplanung zu einer Risikoplanung und -kalkulation. Dieses schlägt sich gleichzeitig in einer Qualitätssicherung des Projektverlaufs und des Projektziels nieder.

Risikomanagement als Steuerungsinstrument

Der parallel zum Projektplanungsprozess verlaufende Risikomanagementprozess erfolgt über die Stufen

- **Risiken identifizieren**, d.h. die kritischen Projektpunkte ausfindig machen und erfassen, die den Projektverlauf oder gar das Projekt gefährden können,
- **Risiken analysieren und bewerten**, d.h. die Eintrittswahrscheinlichkeit des Risikos und somit den Gefährdungsgrad des Projektes ermitteln,
- **Risiken begrenzen und steuern**, d.h. Maßnahmen entwickeln und definieren, die präventiv oder begrenzend auf den Risikoeintritt wirken und die als Gegensteuerungsmaßnahmen nach Risikoeintritt eingeleitet werden können.

Die Steuerungsmaßnahmen eines identifizierten Risikos sind hinsichtlich des Projektzeitplans und der Kosten zu bewerten, im Projektplan zu erfassen und vom Projektauftraggeber freizugeben. Nicht übersehen werden darf, dass Maßnahmen zur Risikobegrenzung zusätzliches Geld kosten, was außerdem in der Budgetplanung zu berücksichtigen ist.

Eine Freigabe kann daher nur gegeben werden, wenn über Projektrisiken regelmäßig Bericht erstattet wird. Der alleinige Hinweis auf existierende Risiken ist nicht ausreichend. Klare Aussagen, wie sich das Risiko auswirken und welche Konsequenzen es für den weiteren Projektverlauf haben kann, sind erforderlich.

> Mit einem parallelen Risikomanagementprozess in der Projektarbeit steht somit für Entscheidungen kritischer Projektfragen ein zusätzliches Kriterium zur Verfügung: das Risiko.

Tipp

Projektarbeit und interne Revision

Idealerweise ist für die Projektarbeit auch die Einbindung der »Internen Revision« ratsam. Als neutrale Instanz im Unternehmen sollte sie laufende Projekte begleiten und Schwachstellen in der Projekt- und Budgetplanung, der Projektorganisation sowie im Projektablauf aufzeigen und entsprechend an die Geschäftsleitung kommunizieren.

Gleichzeitig ist zu bedenken, dass sich die Risiken nicht nur auf das Projekt allein beschränken, sondern mit ihrer Wirkung auch das operationale Gesamtrisiko des Unternehmens tangieren und einen nicht unbeträchtlichen Einfluss auf die Gesamtrisikosituation eines Unternehmens haben.

Daher sollte ein unternehmensweiter Risikomanagementprozess im Rahmen der zu erfassenden Betriebsrisiken den parallelen Risikomanagementprozess aus der Projektarbeit integrieren.

Zusammenfassung

1. In jegliche Projektarbeit sollte von Beginn an ein Risikomanagementprozess integriert sein.
2. Der Projektfortschritt ist von Anfang an durch Kontrollmechanismen (Meilensteine) festzulegen.
3. Risiken aus Projektschnittstellen (Abhängigkeiten) sind durch vorher festgelegte Methoden frühzeitig zu kommunizieren (Ampelstatus).
4. Identifizierte Risiken während des Projektverlaufs sind unverzüglich durch Rückmeldung an den Auftraggeber zu melden.

7   Business Continuity und Krisenmanagement

Die Selbstverständlichkeit der Technisierung, die zunehmende globale Vernetzung der Unternehmen und das damit verbundene globale Zusammenwachsen von Wirtschaft und Gesellschaft lassen vielfach den Blick auf die sich daraus zwangsläufig ergebenden Abhängigkeiten voneinander und untereinander eintrüben.

Es wird übersehen, dass kritische Infrastrukturen wie Informations- und Telekommunikationsnetzwerke wie auch Transportwege komplexe voneinander abhängige Systeme sind. Verhältnismäßig kleine Zwischenfälle können Kettenreaktionen auslösen, die schwer abschätzbar und vorhersehbar sind.

Es wird kaum darüber nachgedacht, welche Auswirkungen es hat, sollten diese »Abhängigkeiten« einmal durch den Eintritt eines unvorhergesehenen Ereignisses gestört werden.

Die Risiken, die zu nachhaltigen Ausfällen und Störungen dieser kritischen Infrastrukturen führen können, lassen sich auf unterschiedliche Faktoren zurückführen:

- der Ausfall von Telekommunikation und IT,
- Stromausfälle,
- Naturkatastrophen oder
- Epidemien.

Der Cyberspace mit Tausenden von vernetzten Systemen bildet heute quasi das Nervensystem kritischer Infrastrukturen. Durch die Abhängigkeit der Infrastrukturbereiche vom Internet wird es möglich, diese auch »anzugreifen« und Störungen hervorzurufen. Fast täglich wird neue Software entwickelt und in Umlauf gebracht, mit zum Teil immensen Auswirkungen. Die »Infektionsgeschwindigkeit« nimmt rapide zu und damit auch die Zahl der betroffenen Systeme. Sehr schnell können Tausende von Rechnern betroffen sein, was zu gravierenden Ausfällen und Schäden in allen Bereichen führt.

Katastrophen neu definiert

Auch organisatorische Entwicklungen wie das Outsourcing oder eine Standortkonzentration wichtiger Infrastrukturkomponenten bergen große Risiken in sich. Die Monopolisierung im Software- und Hardwarebereich sowie standortübergreifende Vernetzung von Rechnerkapazitäten beinhalten erhebliche Risiken für IT-Infrastrukturen.

Bis zum Sommer 2003 galt die Energiewirtschaft als äußerst zuverlässig. Die Stromausfälle in Kanada und den USA, in London und Umgebung sowie der »Blackout« in Italien haben jedoch gezeigt, dass es zu Situationen kommen kann, die starken Einfluss auf die Unternehmen haben und Schäden hervorrufen können.

Auch die Flutkatastrophe 2002 durch das Hochwasser an Elbe, Donau und deren Nebenflüssen hat gezeigt, wie schnell und unerwartet Naturkatastrophen auftreten können. Auch die Hitzewelle im Sommer 2003 mit den verheerenden Bränden sei zu nennen.

Ebenso sei der Virus SARS erwähnt, der schnell aus einem lokalen Problem ein globales werden ließ. Die Konsequenzen vor allem für die Unternehmen sind sicherlich noch in Erinnerung. Nicht zu vergessen ist der 11. September 2001 in New York. Abgesehen von der Tragik des Geschehens, führte der Ausfall eines Teils des Zahlungsverkehrs zu Liquiditätsengpässen bei den Kreditinstituten, da Zahlungen nicht rechtzeitig geleistet werden konnten.

Kritische Infrastrukturen sind unverzichtbare Bereiche eines Unternehmens, deren Ausfall oder Störung weitreichende und existenzbedrohende Auswirkungen haben.

Wichtige Komponenten für die kritischen Prozesse eines Unternehmens werden von kritischen Infrastrukturen außerhalb des Unternehmens geliefert. Dabei ist festzustellen, dass die betriebswirtschaftlichen und technischen Abhängigkeiten zwischen den einzelnen Sektoren zunehmen. Ein Beispiel hierfür ist die Verringerung der Fertigungstiefe in ganzen Wirtschaftsbereichen mit einer wachsenden Abhängigkeit vom Transportwesen. Dieses wiederum ist abhängig von einer funktionierenden Versorgung mit Treibstoff (Ursachen-Wirkungs-Kette).

Fast dramatische Ausmaße haben die Abhängigkeiten zum Telekommunikations- und IT-Sektor angenommen. Besonders zeigt sich dies am Internet. In allen Bereichen ist die Kommunikation über das Internet, die rechner- und netzwerkbasierte Steuerung und Kontrolle von Unternehmensprozessen unerlässlich für das Funktionieren der Infrastrukturen.

Es ist zu berücksichtigen, dass durch die Weiterentwicklung und Einführung neuer Techniken sich die Kritikalität dieser Strukturen verändert und verschiebt und immer wieder neue Abhängigkeiten sowie neue Gefährdungspotentiale entstehen.

Die einzelnen Sektoren weisen die unterschiedlichsten Abhängigkeiten zueinander auf und es ergibt sich die Notwendigkeit für die Unternehmen, über die bereits vorhandene eigene Vorsorge hinaus auch die sektorübergreifenden »Verwundbarkeiten« in die eigene Vorsorgeplanung mit einzubeziehen.

Die Ressourcen, die für die kritischen Prozesse eines Unternehmens erforderlich sind, müssen auch im Katastophenfall zur Verfügung stehen. Soweit es das einzelne Unternehmen betrifft, liegt es im Eigeninteresse, entsprechende Vorsorgemaßnahmen zu treffen, um sicherzustellen, dass die intern benötigte Infrastruktur auch im Notfall verfügbar ist. Wichtig für die präventive Abwendung von Schäden im Katastrophenfall und die Aufrechterhaltung des Geschäftsbetriebes unter extremen Bedingungen ist ein funktionierendes Business Continuity Management (BCM). Dieses nimmt die Anforderungen der einzelnen Geschäftsbereiche auf und erstellt mit den zuständigen Unternehmenseinheiten entsprechende Ausweichlokationen sowie Back-up-Konzepte für IT-Anwendungen.

Business Continuity Management

Während sich das BCM hauptsächlich auf Präventionen und Vorsorgemaßnahmen für die Geschäfts- und Servicebereiche konzentriert, ist für dessen Wirksamkeit jedoch ausschlaggebend, dass die Führungskräfte der Unternehmen im Krisen- und Katastrophenfall schnell handeln und die erforderlichen Entscheidungen kurzfristig treffen und dass diese an alle Betroffenen umgehend kommuniziert werden.

Eine deutlich überwiegende Zahl von Unternehmen sieht die Vorsorge gegen derartige Schadenereignisse in einer Kombination von präventiv wirkenden Sicherheitsmaßnahmen und den Abschluss von Versicherungen. Dies allein ist jedoch für die meisten Unternehmen kein ausreichender Schutz vor dem »Katastrophenfall«, zumal eine Katastrophe immer noch als etwas Umfassendes, ja gar Überdimensionales angesehen wird, gegen dessen Auswirkungen man sich ohnehin nicht schützen kann. Meist denkt man dabei an Explosionen, einen Großbrand, an den Absturz eines Flugzeuges oder etwas Vergleichbares. Alles andere, das sich als Schadenereignis unterhalb dieser Schwelle einordnen lässt, glaubt man »im Griff« zu haben oder beheben zu können.

In unserem heutigen Umfeld scheint daher ein Umdenken erforderlich und notwendig im Hinblick auf das, was eine Katastrophe ist und was diese auslösen und verursachen kann. Das Gleiche gilt auch für kritische Geschäftsprozesse und die zentralen Funktionen im Unternehmen. Es ist deutlich zu machen, welche Konsequenzen eine Unterbrechung oder Störung von Ablaufprozessen oder beispielsweise EDV-Netzwerken in Abhängigkeit ihrer Dauer nach sich zieht angesichts der Folgeschäden.

Notwendigkeit zum Umdenken

Es ist den Fragen nachzugehen:
- Was ist tolerierbar und wo liegt die kritische »Ausfallzeit«?
- Welche wechselseitigen Beziehungen und Abhängigkeiten innerhalb des Unternehmens bestehen?

- Welche Abhängigkeiten – nicht nur durch das Internet forciert – bestehen zur Außenwelt, d.h. zu
  - Kunden,
  - Lieferanten,
  - Finanzmärkten etc.?

Nur wenn all diese Fragen geklärt sind, lassen sich mögliche Sekundärschäden auf ein tolerierbares Maß begrenzen und die schlimmsten Folgen wie Existenzgefährdung, Verlust von Marktanteilen, Umsatzeinbußen, Imageschäden, Gewinneinbrüche oder gar Verluste verhindern.

BCM-integraler Bestandteil des Risikomanagements

Eine Notfallplanung oder Wiederanlaufplanung (BCM = Business Continuity Management) **ist als »Geschäftsaufrechterhaltungs- und -fortsetzungsplanung« Bestandteil des Risikomanagements und indirekt aus dem KonTraG abzuleiten.**

Aus diesem Plan resultieren Konzepte, Handlungsanweisungen und Checklisten, die diejenigen Maßnahmen beschreiben, die eine Wiederanlauffähigkeit nach einem eingetretenen Ereignis gewährleisten. **BCM ist im Unternehmen als ein kontinuierlicher Prozess zu verstehen**, um

- **kritische** Geschäftsfunktionen, Geschäftsabläufe/-prozesse und Systeme zu identifizieren;
- die Wiederaufnahme-(Disaster-Recovery-)Fähigkeit der Funktionen, Abläufe und Systeme aufrechtzuerhalten bzw. zu sichern;
- Notfallprozeduren zu entwickeln, zu testen und an die ständigen Veränderungen anzupassen;

mit dem Ziel,

- die schnelle Wiederaufnahme des Geschäftsbetriebes bei einer eingetretenen Störung/Unterbrechung sicherzustellen, mindestens jedoch die unverzichtbaren Geschäftsprozesse und zentralen Funktionen innerhalb einer festzulegenden Zeit wieder aufnehmen zu können, so dass ein »Überleben« des Unternehmens ermöglicht wird (z.B. Sicherung der Zahlungsfähigkeit),
- den etwaigen Verlust an Image und Marktpräsenz zu minimieren,
- die finanziellen Verluste auf ein Minimum zu reduzieren.

Als Beispiel mag die weltberühmte Bibliothek von Alexandria mit ihren mehr als 500.000 Schriftstücken dienen. Sie galt als das bedeutsamste Informationszentrum der damaligen Zeit. Im Laufe der Jahrhunderte wurde sie mehrfach durch Feuer zerstört. Dass dennoch viele Werke bis heute überliefert sind, ist den zahlreichen Abschriften zu verdanken, die damals gefertigt und in der ganzen Welt verteilt wurden. Dieses Verfahren der »Datensicherung« – als Back-up – liegt auch den heutigen modernen Disaster-Recovery-Konzepten zugrunde. Mittels dieser Konzeption können alle geschäftskritischen Informationen eines Unternehmens wie Verträge, Kundendaten, Finanzdaten, Transaktionen usw. auf einen räumlich vom Unternehmen entfernten Rechner übertragen werden und nach Schadenseintritt ein Weiterarbeiten ermöglichen (Business Continuity).

IT und
Datensicherung

Die Bedeutung dieser Disaster-Recovery- und Business-Continuity-Planung für Unternehmen zeigen verschiedene Studien und Untersuchungen. Demnach nehmen 30% der Unternehmen nach einer durch Feuer oder anderen Einwirkungen verursachten Katastrophe ihre Tätigkeit nicht mehr auf. Fast die gleiche Prozentzahl von Unternehmen stellt innerhalb der folgenden zwei Jahre ihre Geschäftstätigkeit ein. In vielen Unternehmen aber fehlt für den Eintritt derartiger Ereignisse eine ganzheitliche »Notfall- oder Wiederanlaufplanung«, sie sollte eigentlich in jedem Unternehmen eine Selbstverständlichkeit sein.

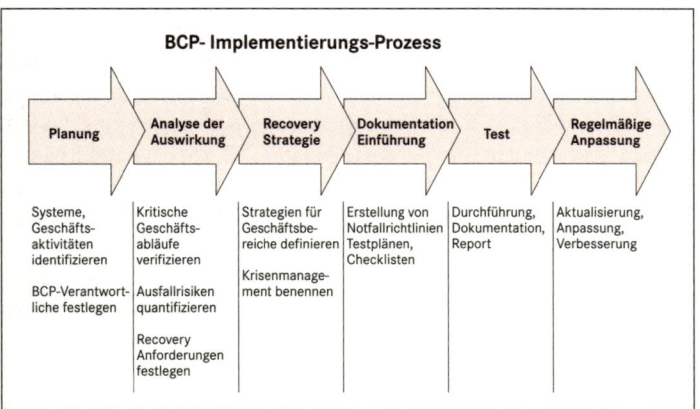

Abb. 36: Einzelschritte bei der Implementierung der Notfallplanung (BCM)

Aus dem obigen Schaubild lassen sich die Schritte und Maßnahmen für die Entwicklung eines »Notfallplans« ableiten. Hierbei ist auch an kurzfristig einzuführende manuelle Arbeitsprozesse gedacht.

BCM darf nicht nur als reine Notfallplanung für eine »Störungssituation« verstanden werden, die einmal erstellt und nicht mehr verfolgt wird, sondern ist vielmehr das Instrument, um kontinuierlich Risiken im Unternehmen zu identifizieren und zu minimieren. **BCM ist Bestandteil des Risikomanagements.**

Es sind nicht die großen Katastrophen oder »Krisen« durch Elementarereignisse, die relativ selten eintreten, sondern die häufig kleineren Störungen in den Geschäftsabläufen, die zusammen genommen zu nicht zu unterschätzenden Verlusten führen.

In kaum einem Unternehmen werden diese bisher bewusst wahrgenommen und als geldadäquate Größen betrachtet, da sie als immaterielle Schäden/Verluste angesehen werden. Dieses gilt besonders für Störungen, die außerhalb des reinen Produktionsprozesses liegen, weil sie in den »administrativen« Bereichen kaum als messbar angesehen werden.

Doch wie sieht es mit dem Schaden aus, wenn beispielsweise Kunden- oder Zahlungsaufträge maschinell nicht weiterbearbeitet werden können?

Dem Eintritt der Risiken ist mit Hilfe der aus dem Risikomanagementprozess – **Risiken identifizieren, analysieren, bewerten, limitieren, steuern** – entwickelten Steuerungsmaßnahmen zu begegnen. Dieses setzt voraus, dass die entwickelten Steuerungsmaßnahmen für die jeweiligen Risikobereiche/Risikofelder (Unternehmensbereiche, Ablaufprozesse, Funktionen) detailliert auch zu »Notfallplänen« entwickelt und dokumentiert sind, aus denen die schrittweisen Maßnahmen zur Behebung einer »Störung«/Unterbrechung entnommen werden können.

Nottfallhandbuch   Basierend auf den Analysen der betrieblichen Ablaufprozesse sind die **kritischen** Prozesspunkte zu ermitteln und in einem **Notfallhandbuch**, als Bestandteil des Risikohandbuches, zu dokumentieren. Des Weiteren gilt es, die Risiko(aus)wirkungen zu erfassen. Hierbei geht es nicht um die »kleinen« Risiken, sondern um Risiken, die sich wie eine »Lawine« bis hin zur »Unternehmenskrise« ausbreiten können und daher über die alltäglich auftretenden Störungen hinausreichende Maßnahmen erfordern.

Die Grundlage zur Entwicklung von Notfallplänen zur Aufrechterhaltung des Geschäftsbetriebs sind zu definierende »Risikoszenarien« aus Sicht der einzelnen Unternehmensbereiche sowie aus der unternehmerischen Gesamtsicht: Ausfall des IT-Netzwerkes, einzelner Server, der Produktion, einzelner Abteilungen und/oder kritischer Prozesse, aber auch Szenarien hinsichtlich auf Grund einer Störung nicht zur Verfügung stehender Arbeitsplätze wie auch Gebäude oder Geschossflächen (Sperrung der Zugänge/Zufahrten usw.). Ebenso ist auch der Ausfall von wichtigen Zulieferern/Abnehmern einzubeziehen. Vorsorglich sollten diese Szenarien auch den »Worst Case« beinhalten.

Erstellung und Definition unterschiedlicher Risiko-Szenarien
Diese bilden das Gerüst für die zu erstellenden Notfallpläne.

Basierend auf den Szenarien sind Strategien zu entwickeln, die nachstehende Kriterien berücksichtigen:

- **Geschäftsprozesse**
  - Beschreibung und Erfassung unternehmenskritischer Prozesse,
  - Ermittlung kritischer Prozesspunkte,
    (unter Annahme der verschiedenen Szenarien)
  - Gegenseitige Abhängigkeiten der Prozesse
    (Prozessverknüpfungen)
  - Ort der Geschäftsprozesse (Geschäftsbereiche),
  - Anzahl der Prozessmitarbeiter.
- **Ermittlung der Auswirkungen (Business Impact Analysis) auf**
  (unter Annahme der verschiedenen Szenarien)
  - betroffene Systeme,
  - betroffene Geschäftsprozesse und deren Subprozesse,
  - betroffene Abteilungen,
  - Wirkungen nach innen,
  - Wirkungen nach außen,
  - Kunden/Lieferanten/Banken (Zahlungsverpflichtungen).
- **Ermittlung der »kritischen Ausfallzeit« von Prozessen und Systemen**
  (Wie lange darf ein kritischer/s Prozess/System ausfallen, ohne einen größeren Schaden zu verursachen?)
  - Verlustquantifizierung,
  - immaterielle Verluste,
  - finanzielle Verluste.
- **Ermittlung und Festlegung eines »Verlust Grenzwertes«**
  (Wo liegt die Schmerzgrenze eines Verlustes?)

Für die Erstellung eines Notfallplanes sollten aufbauend auf der BCM-Strategie mindestens berücksichtigt werden:
- **Benötigte Ersatzarbeitsplätze**
  - ausgelagertes Notfallzentrum zur Geschäftsfortführung,
  - anzumietende Räumlichkeiten, übergangsweises Arbeiten von zu Hause.
- **Benötigte Ersatzsysteme und Anwendungen**
  - PC,
  - Zugriffsmöglichkeit auf sensible Geschäftsdaten,
  - Zugriff auf Finanzdaten zur Sicherstellung der Liquidität,
  - Telekommunikation etc.
- **Benötigte spezielle Ausstattung**
  - ausgelagertes Rechenzentrum,
  - Arbeitsgeräte,
  - Geräteanzahl,
  - vorübergehende Notstromversorgung,
  - Zeiten der Verfügbarkeit dieser Ausstattung zur Überbrückung der Störung.

- **Benötigte Ausstattung zur manuellen Geschäftsprozessfort-führung**
  - Kassenbuch,
  - Auftragsbuch,
  - nummerierte Orderzettel,
  - Anweisungen für manuelle Prozessfortführungen.
- **Benötigte Ersatzlieferanten**
- **Ausfall von wichtigen Abnehmern**
- **Benötigte Geschäftsaufzeichnungen**
  - Kundenlisten,
  - Lieferantenlisten,
  - Finanzpositionen,
  - Auftragsbestände,
  - Lieferverpflichtungen,
  - Zahlungsverpflichtungen,
  - Aufbewahrungsort,
  - Zeiten der notwendigen Bereitstellung.
- **Wichtigste Kunden-, Zulieferer- und Bankverbindungen**
- **Benennung eines Notfall-(BCM)-Teams**
  - Verantwortung des Teams,
  - »Call Tree« – wer informiert wen und in welchem Notfall-Stadium?
    - innerbetrieblich,
    - nach außen.

Basierend auf der Business Impact Analysis (BIA) sind entsprechende »Wiederanlaufprozeduren« kritischer Prozesse zu entwickeln sowie Maßnahmen zur Fortführung der Geschäfte unter »erschwerten Bedingungen« zu definieren und in Plänen zu dokumentieren. Diese müssen jedem Verantwortlichen sowie deren Mitarbeitern bekannt sein. Hierzu ist es außerdem erforderlich einen **Zeitplan für BCM-Tests** zu erstellen und diese regelmäßig durchzuführen.

Die Pläne sollten »Schritt für Schritt« dokumentieren, was im Notfall zu tun und wie zu verfahren ist. Hierfür sollte ein stets aktuell zu haltendes **Notfallhandbuch** erstellt werden. Dabei ist es unverzichtbar die jeweiligen Verantwortungen klar und eindeutig zu definieren. Idealer weise sollte diese Dokumentation als verbindliche »Rahmenrichtlinie« allen Mitarbeitern zur Verfügung stehen.

BCM-Verantwortung BCM als Bestandteil eines Risikomanagementsystems liegt im Verantwortungsbereich der Geschäftsleitung. Diese hat dafür zu sorgen, dass entsprechende Richtlinien, Dokumentationen und Notfallpläne im Unternehmen eingeführt und den jeweiligen Veränderungen angepasst, dass regelmäßige BCM-Tests durchgeführt und ein effektives »Management von Betriebsstörungen« eingerichtet werden.

Grundsätzlich ist jedoch zu unterscheiden zwischen einer »Störung im Geschäftsbetrieb« und einer das Unternehmen betreffenden »Krise«. Diesen Unterschied verdeutlicht die Abb. 37:. Störung und Krise

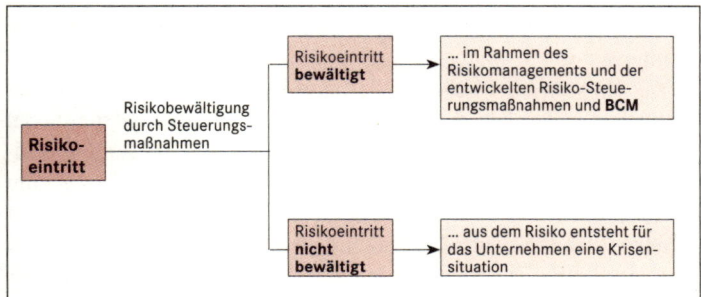

Abb. 37: BCM versus Krisenmanagement

Während die uns bekannten täglichen »Störungen« und Unterbrechungen wie beispielsweise der Ausfall eines Servers schnell behoben werden, kann der Ausfall des Netzwerkes oder einer Produktionsanlage das gesamte Unternehmen treffen und Geschäftsprozesse zum Erliegen bringen, zumal wenn die Störungsbeseitigung sich über einen längeren Zeitraum erstreckt. Diese Situation kann sich dann für das Unternehmen zu einer »Krise« entwickeln, die es erforderlich macht, zusätzlich zum BCM entsprechend ergänzende Maßnahmen zu ergreifen.

Eine Unterscheidung erscheint sinnvoll, weil ja nicht alle auftretenden Störungen/Unterbrechungen gleich an die Geschäftsleitung zu melden sind, sondern verantwortungsmäßig zunächst im Rahmen des Risikomanagements in den operativen Geschäfteinheiten liegen und mittels des BCM behoben können werden sollten. Kritisch dagegen wird es, wenn diese Maßnahmen nicht mehr greifen und die Unternehmensziele dadurch »angegriffen« werden.

Neben allen von »**außen« auf das Unternehmen wirkenden Ereignissen** der »Höheren Gewalt« sowie Streiks, sozialen Unruhen, Drohungen etc., die zu einer ernsten Unternehmenskrise führen, sollen die internen Betriebsstörungen/Unterbrechungen gegenüber einer sich daraus entwickelnden **Krisensituation** abgegrenzt werden.

Hierzu sollen vorher festgelegte Grenzwerte dienen, deren Überschreitung den **Übergang von einer betrieblichen Störung/Unterbrechung zu einer Krisensituation** des Unternehmens »einläuten«: Grenzwerte als Krisenbarometer
1. die Störung/Unterbrechung überschreitet einen vorher im Rahmen der Risikobewertung definierten, nicht mehr tolerierbaren Zeitraum,

2. die Störung/Unterbrechung überschreitet einen vorher im Rahmen der Risikobewertung definierten Verlustbetrag,
3. die Störung/Unterbrechung wirkt nach außen mit einer Gefahr für Dritte,
4. die Störung/Unterbrechung erlangt ein mediales »öffentliches Interesse«.

Ist das eingetretene Risiko im Rahmen eines bestehenden innerbetrieblichen BCM nicht mehr in einer überschaubaren Zeitspanne zu bewältigen oder wird durch den Risikoeintritt eine bestimmte geldadäquate Größe (»Verlust-Grenzwert«) überschritten oder besteht die Gefahr, dass das öffentliche Interesse tangiert wird, so sollte neben der eigentlichen Schadenbegrenzung gleichzeitig durch eine gezielte Kommunikation versucht werden, das Vertrauen der Kunden, Mitarbeiter und auch das der Shareholder zu erhalten bzw. zurückzugewinnen. Hierbei zahlen sich rechtzeitig aufgebaute gute Verbindungen zu den unterschiedlichen Medien aus.

Kommunikation in der Krise

Bereits aus der gesellschaftlichen Verantwortung, dem Vorsorgeprinzip und der Produkthaftung des Unternehmens heraus sollte sich eine Krisenkommunikation für die Verantwortlichen als Selbstverständlichkeit ergeben.

Dabei sollten die Informationen an die Öffentlichkeit gut aufbereitet sein und vor allem durch Entschlossenheit, Klarheit und Eindeutigkeit sowie wahrheitsgemäße Darstellung ohne jegliche Schuldzuweisungen überzeugen.

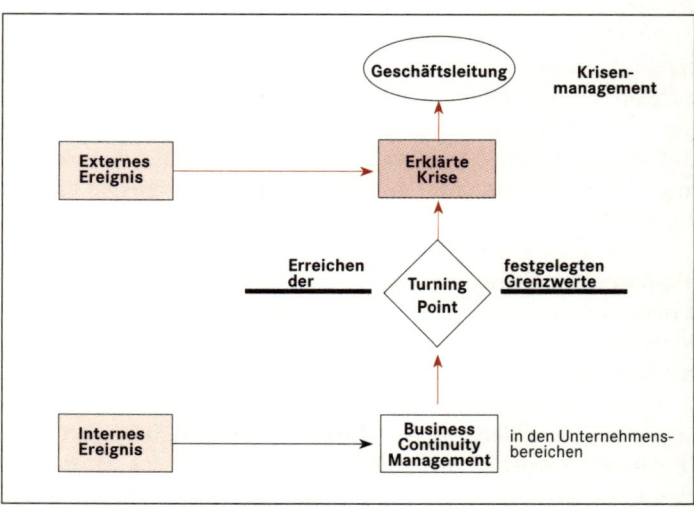

Abb. 38: Von der »Störung« zur Krise

Ein Krisenstufenplan kann folgendes Aussehen haben:

Krisen-stufe	Beschreibung	Auswirkungen	Vordefinierte Parameter			
			Zeit	Verlust	Öffentl. Interesse	Betroffene Bereiche
1	Kleine Störung	◉ Auswirkungen auf Geschäftsbereiche unwahrscheinlich ◉ Keine Personenschäden ◉ Behebung im Rahmen des BCP ◉ **Krisenmanagement nicht erforderlich**				
2	Kleine Unter-brechung der Geschäftsbereiche	◉ Geringe Personenschäden (kein Krankenhaus) ◉ Ereignisbeseitigung innerhalb von 24 Stunden ◉ Finanzieller Verlust im Rahmen der vor-gegebenen Parameter ◉ Öffentliches Interesse nicht zu erwarten ◉ **Krisenmanagement auf »Stand-by«**				
3	Gravierende Unterbrechung	◉ Auswirkung auf Geschäftsbereiche: mehr als 24 Stunden ◉ Personenschäden mit Krankenhausaufenthalt ◉ Gebäudeschließung für mehr als 24 Stunden ◉ Finanzieller Verlust übersteigt die vor-gegebenen Parameter ◉ Öffentliches Interesse ist zu erwarten ◉ **Krisenmanagement erforderlich**				
4	Schwerwiegende Unterbrechung	◉ Schwere Schäden an Gebäuden/Produktions-anlagen ◉ Weitreichendes lokales Ereignis ◉ Menschenopfer zu beklagen ◉ **Krisenmanagement erforderlich**				

Für die Krisensituation ist eine **inner- und außerbetriebliche Krisenkommunikationsstruktur** unabdingbar. Wer informiert wen und wann? Im Falle des Risikoeintritts sind die unmittelbar verantwortlichen Geschäftseinheiten zu unterrichten, die im Rahmen des BCM eine Lagebeurteilung vornehmen, auf der basierend sie dann im zeitlichen Verlauf des Ereignisses den »Eintritt« der Krise bzw. den Übergang zur Krise an das Top-Management kommunizieren. Für diesen Krisenfall ist ein Krisenmanagement einzuberufen. Hierfür sollte parallel und ergänzend zum BCM ein »Krisenplan« bereit liegen, aus dem eindeutig hervorgeht, wer, wann, wen, wo zu unterrichten hat, um kurzfristig die eingetretene Situation für das weitere Vorgehen zu erörtern und die dringend notwendigen Entscheidungen zu treffen.

Krisenmanagement

Tipp

Eine gute Krisenmanagementkommunikation schützt das Unternehmen vor weitreichendem Imageschaden und festigt die Glaubwürdigkeit, denn wer nicht selber an die Öffentlichkeit tritt und entsprechend kommuniziert, für den übernehmen es andere – und was dann kommuniziert wird, liegt oft außerhalb der eigenen Einflussnahme und fällt negativer aus, als es unter objektiver Betrachtung gerechtfertigt wäre.

Zusammenfassung

Die Erstellung eines Notfall- und eines Krisenplans, der bei Notfällen und/oder einer eingetretenen Krise die schnelle Wiederaufnahme des Geschäftsbetriebs sicherstellt, einen etwaigen Verlust an Image und Marktpräsenz bzw. finanzielle Verluste minimiert und vor allem die Beschäftigten schützt, ist unbedingt zu empfehlen.

Checkliste

✔ Was geschieht, wenn die zur Selbstverständlichkeit gewordenen PC-Anwendungen, die Server oder gar die EDV-Netzwerke ausfallen und damit ein Zugriff auf dringend benötigte Daten nicht gegeben ist oder der Strom ausfällt; wenn ein Wassereinbruch oder ein Brand auftritt?

✔ Welche Auswirkungen haben diese Ereignisse auf das Unternehmen?

✔ Sind für diese Fälle Vorkehrungen getroffen, den allgemeinen Geschäftsbetrieb »notdürftig« aufrechtzuerhalten?

✔ Ist das Unternehmen für diese Fälle vorbereitet?

✔ Welche Unternehmensbereiche können betroffen sein?

✔ Welche Auswirkungen hat der Ausfall für das Unternehmen sowohl nach »innen« als auch nach »außen«?

✔ Sind die Mitarbeiter darauf vorbereitet, Störungen in den Ablaufprozessen zu begegnen?

✔ Besteht ein ausreichender »Notfallplan«?

✔ Besteht ein ausreichender »Krisenplan«?

✔ Sind die Verantwortlichkeiten hierfür klar formuliert?

✔ Ist das BCP-/Krisenmanagement als Bestandteil im Risikomanagementprozess integriert?

✔ Erfolgt eine regelmäßige Anpassung der Pläne an die aktuellen Umweltveränderungen?

8 Risikodarstellung

Die anhand von Fragebögen und Interviews **in allen Unternehmensbereichen identifizierten Risiken** sind zu erfassen. Mit dieser »Bestandsaufnahme« sollte von Beginn an einhergehen, den Mitarbeiterinnen und Mitarbeitern selbst das Risikobewusstsein näher zu bringen, um gemeinsam die Risikoverantwortung zu übernehmen und mit dieser Verantwortung zu leben und zu arbeiten, damit den »... Fortbestand der Gesellschaft gefährdenden Entwicklungen ...« frühzeitig entgegengewirkt werden kann.

8.1 Risikoanalyse – Ursache und Wirkung

In der der Risikoidentifizierung folgenden **Risikoanalyse** sind anhand der identifizierten Einzelrisiken die **Risikoursachen** und die **Risikowirkungen** in ihrem gesamten Ausmaß für das Unternehmen zu ermitteln. Dabei ist die **Risikoeintrittswahrscheinlichkeit objektiv** zu errechnen oder abzuschätzen. Hierbei ist auf Erfahrungswerte der in der Vergangenheit eingetretenen Ereignisse zurückzugreifen und die Wahrscheinlichkeit eines künftigen Eintretens in einer Skala zu erfassen:

6	höchstwahrscheinlich	%
5	sehr wahrscheinlich	%
4	wahrscheinlich	%
3	möglich	%
2	unwahrscheinlich	%
1	fast unmöglich	%

8.2 Risikobewertung

Für die sich anschließende **Risikobewertung** sollten sinnvollerweise die identifizierten Einzelrisiken zu Risikofeldern/-kategorien zusammengefasst werden. Danach sind Methoden zu entwickeln und mit diesen das Risikopotential für die jeweiligen Unternehmensbereiche und das gesamte Unternehmen zu ermitteln.

Bewertungsprobleme operationaler Risiken

Es sei erwähnt, dass sich gerade die operativen Risiken im Vergleich zu denen des Finanzbereichs oder Vertriebs nur schwer in Form von geldadäquaten Größen messen lassen. Wie soll beispielsweise der Ausfall des Netzwerkes beurteilt werden? Welcher Unternehmensbereich ist davon in welchem Umfang betroffen und welche Konsequenzen ergeben sich daraus? Und wie ist der Schaden zu beziffern?

Idealerweise wäre zur Bewertung dieser Risiken der Rückgriff auf Vergangenheitsdaten hilfreich, die Aufschluss geben können über Produktionsstillstandszeiten, Prozessunterbrechungen, Systemausfallzeiten, Ausschussquoten, Fehlerquoten etc. und die daraus entstandenen Schäden für das Unternehmen, um mit Hilfe einer »Hochrechnung«/Wahrscheinlichkeitsrechnung« künftige Risikoereignisse und deren Auswirkungen zu kalkulieren.

Da aber generell anzunehmen ist, dass auf derartiges Datenmaterial mangels fehlender Vergangenheitsaufzeichnungen in vielen Unternehmen nicht zurückgegriffen werden kann, wird es hier häufig zu (Ab-)Schätzungen kommen.

Es sollte daher für in der Vergangenheit eingetretene Risikoereignisse eine auf Erfahrung beruhende Bewertung vorgenommen werden:

Erfahrungen als Bewertungsgröße

			Auswirkungen/entstandener Schaden
6	sehr oft	%	
5	oft	%	
4	regelmäßig	%	
3	manchmal	%	
2	selten	%	
1	unbedeutend	%	

Um hierbei eine relative Objektivität zu erhalten, ist basierend auf den vergangenheitlichen Risikowirkungen in Gesprächsrunden mit den betreffenden Verantwortlichen das Ausmaß gemeinsam zu eruieren und zu schätzen, um es dann einer Gewichtung zuordnen zu können:

6	kritisch	bis zum Totalverlust
5	sehr hoch	über V Mio. €
4	hoch	über W Mio. €
3	mittel	über X Mio. €
2	gering	über Y Mio. €
1	unbedeutend	unter Z Mio. €

Die Skalierung ist bewusst nach dem Schulnotenprinzip gewählt, da
- Schulnoten aus eigener Erfahrungen hinreichend bekannt sind und eine Zuordnung erleichtern,
- eine »gerade« Skalierung zu einer definitiven Entscheidung zwingt und im Gegensatz zu einer »ungeraden« Skalierung eine »Mittelpunktbildung« nicht zulässt,
- eine »gerade« Skalierung darüber hinaus geeignet ist, Risiken in zwei weitere Gruppen zu unterteilen:
  1–3 = noch akzeptabel (bis 3)
  4–6 = Handlungsbedarf ist angebracht (ab 4).

Ist eine Vergangenheitsbetrachtung nicht möglich oder aussagekräftig genug, sollte der derzeitige Ist-Zustand zu Grunde gelegt und daraus eine Schätzung und Gewichtung abgeleitet werden. **Fehlende Vergangenheitsdaten**

Die Gewichtungen können zusätzlich an Finanzgrößen (Beispiel oben) gekoppelt werden, soweit dieses darstellbar ist, wie zum Beispiel im Finanzbereich, Verluste durch Produktionsausfall, greifende Konventionalstrafen, Verlust von Absatzmärkten/Kundengruppen etc., die dann wiederum ihrer Bedeutung nach in Relation zum Gesamtunternehmen zu setzen sind.

Auch bietet sich die Möglichkeit an, den Faktor Zeit in die Bewertung zu integrieren, beispielsweise den Fragen nachgehend:
- Wie lange kann ein Netzwerkausfall durchgehalten werden, ohne größeren Schaden zu verursachen?
- Wie lange kann der Absatzmarkt bei Produktionsausfall noch mittels Lagerbeständen bedient werden?
- Wie lange kann bei Beschaffungsengpässen die Produktion aufrecht erhalten werden?
- Wie schnell kann auf andere Lieferanten ausgewichen werden?

Auf eine prozentuale, nominale oder geldadäquate Gewichtung der obigen sechs Skalenstufen ist hier bewusst verzichtet worden, hätte diese doch grundsätzlich keine allgemeine Gültigkeit für die Praxis. Vielmehr wird die Gewichtung von Unternehmen zu Unternehmen entsprechend

- der Unternehmensgröße,
- der Unternehmensbranche,
- der internen Organisation und Struktur,
- des Kunden- und Produktsegments, etc.

erheblich variieren.

Eine Gewichtung ist von den unterschiedlich zu bewertenden Risikofeldern/-kategorien und von deren Bedeutung für das gesamte Unternehmen abhängig, was wiederum in den einzelnen Unternehmen differenziert gewertet werden mag. Als Orientierungshilfe können eigene Vergangenheitsdaten, Branchenindizes oder der momentane Ist-Zustand – wenn möglich und wo angebracht auch mit Zielvorgaben verbunden – als Benchmark dienen.

Tipp

> Es ist ratsam, für die weiterführende Ausrichtung des Risikomanagements eintretende Risiken in ihrem Schadenumfang und ihrer Häufigkeit zu erfassen, um somit ein Datenmaterial zu erstellen, welches geeignet ist, künftige Risikoeintrittswahrscheinlichkeiten besser ermitteln zu können und nicht nur auf subjektive Schätzungen angewiesen zu sein. Zugleich wird damit die Risikocontrolling-Funktion durch mögliche Soll-/Ist-Vergleiche verbessert.

8.2.1   Die Risiko-Punkte-Tafel

Als einen Ansatz und hilfreiches Instrument zur Erfassung und Bewertung der operationalen Risiken kann sich in der Praxis die Verwendung einer **Risiko-Punkte-Tafel** erweisen.

Von Einzelrisiken zu Risikokategorien

Ausgangsbasis hierfür sind Fragebögen und Interviews und eine darauf aufbauende, nach »oben« aggregierende Zusammenfassung **von Einzelrisiken zu umfassenden Risikofeldern/-kategorien**, die das ganze Unternehmen betreffen.

Die Risiko-Punkte-Tafel erstreckt sich aus Sicht des »**Bottom-Up-Ansatzes**« über vier Ebenen:
1. Risiko-Indikatoren (innerhalb der Risikokategorien),
2. Risikokategorien,
3. Risikosituation der Unternehmenseinheiten/-bereiche,
4. Risikosituation des Gesamtunternehmens.

Dieser methodische Ansatz ist nachfolgend schrittweise erklärt.

1. Schritt – Feststellung der Risikoindikatoren

a) Aus den Ergebnissen der Fragebögen und Interviews werden für das Unternehmen die **Einzelrisiken zu Risikokategorien zusammengefasst**.

Das nachstehende Schaubild soll als Hilfsmittel dienen.

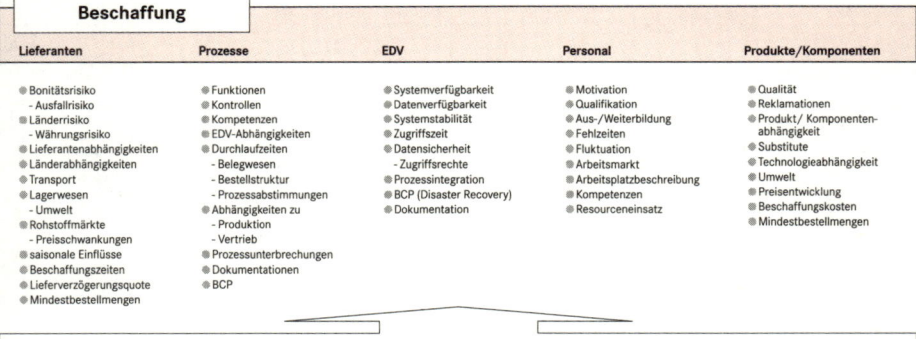

Bereichsübergreifend

Brandschutz	Gebäudesicherheit	Unfallschutz	Rechtliche Rahmenbedingungen	Innerbetriebliche Strukturen	BCP
• örtliche Auflagen • versicherungs- technische Auflagen	• Einbruch, Diebstahl • Feuer, Wassereinbruch • Überschwemmung • Erdbeben • Aufruhr	• örtliche Auflagen • versicherungs- technische Auflagen • arbeitsrechtliche Auflagen	• mit Lieferanten • mit Kunden • für Transporte • für den Produktions- betrieb • für Produktlagerung • für Produkthaftung • des Umweltschutzes • für Versicherungs- verträge • für Finanzprodukte • für Vermögens- schadenhaftpflicht • der einzelnen Länder • für grenzüberschrei- tenden Daten- austausch • für behördliches Meldewesen	• Parallelfunktionen • Berichtswesen • Zuständigkeiten • Zielvorgaben	• BCP-Verantwortliche • Business-Impact- Analyse • BCP-Plan - Systeme - Anwendungen - Prozesse • BC-Tests • Dokumentation

Fragebögen/Interviews

Beschaffung

Lieferanten	Prozesse	EDV	Personal	Produkte/Komponenten
• Bonitätsrisiko - Ausfallrisiko • Länderrisiko - Währungsrisiko • Lieferantenabhängigkeiten • Länderabhängigkeiten • Transport • Lagerwesen - Umwelt • Rohstoffmärkte - Preisschwankungen • saisonale Einflüsse • Beschaffungszeiten • Lieferverzögerungsquote • Mindestbestellmengen	• Funktionen • Kontrollen • Kompetenzen • EDV-Abhängigkeiten • Durchlaufzeiten - Belegwesen - Bestellstruktur - Prozessabstimmungen • Abhängigkeiten zu - Produktion - Vertrieb • Prozessunterbrechungen • Dokumentationen • BCP	• Systemverfügbarkeit • Datenverfügbarkeit • Systemstabilität • Zugriffszeit • Datensicherheit - Zugriffsrechte • Prozessintegration • BCP (Disaster Recovery) • Dokumentation	• Motivation • Qualifikation • Aus-/Weiterbildung • Fehlzeiten • Fluktuation • Arbeitsmarkt • Arbeitsplatzbeschreibung • Kompetenzen • Resourceneinsatz	• Qualität • Reklamationen • Produkt/ Komponenten- abhängigkeit • Substitute • Technologieabhängigkeit • Umwelt • Preisentwicklung • Beschaffungskosten • Mindestbestellmengen

Fragebögen/Interviews

Produktion

Prozesse	EDV	Produkt	Umwelt	Personal	Maschinen
• Funktionen • Kontrollen • EDV-Abhängigkeiten • Produktionsausschuss • Reklamationszeiten • Durchlaufzeit • Stillstandzeit • Abhängigkeiten zu - Beschaffung - Vertrieb • Prozessabstimmungen • Dokumentation • Schutzmaßnahmen - Produktionssicherheit • BCP	• Systemverfügbarkeit • Datenverfügbarkeit • Systemstabilität • Zugriffszeit • Datensicherheit - Zugriffsrechte • Prozessintegration • BCP (Disaster Recovery) • Dokumentation	• Produkthaftung • Produktqualität • Produktrückrufquote • Produktalter • Produkttechnik • Produktsicherheit • Produktabhängigkeit - Trends - Technologie - vom Produkt selbst • Lagerwesen - Umwelt	• gesetzliche Auflagen - Emissionen - Lagerung - Verarbeitung -Sicherheitsauflagen	• Motivation • Qualifikation • Aus-/Weiterbildung • Fehlzeiten • Fluktuation • Arbeitsmarkt • Arbeitsplatz- beschreibung • Kompetenzen • Resourceneinsatz	• Kapazitätsauslastung • Maschinenalter • Ausfallzeitenquote • Leerstandsquote • technischer Stand • Ausschussquote • BCP (Disaster Recovery)

Fragebögen/Interviews

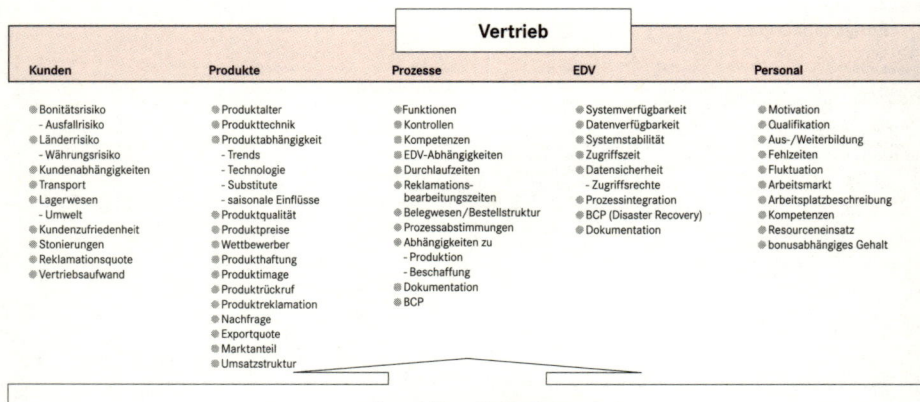

Vertrieb

Kunden	Produkte	Prozesse	EDV	Personal
● Bonitätsrisiko	● Produktalter	● Funktionen	● Systemverfügbarkeit	● Motivation
- Ausfallrisiko	● Produkttechnik	● Kontrollen	● Datenverfügbarkeit	● Qualifikation
● Länderrisiko	● Produktabhängigkeit	● Kompetenzen	● Systemstabilität	● Aus-/Weiterbildung
- Währungsrisiko	- Trends	● EDV-Abhängigkeiten	● Zugriffszeit	● Fehlzeiten
● Kundenabhängigkeiten	- Technologie	● Durchlaufzeiten	● Datensicherheit	● Fluktuation
● Transport	- Substitute	● Reklamations-	- Zugriffsrechte	● Arbeitsmarkt
● Lagerwesen	- saisonale Einflüsse	bearbeitungszeiten	● Prozessintegration	● Arbeitsplatzbeschreibung
- Umwelt	● Produktqualität	● Belegwesen/Bestellstruktur	● BCP (Disaster Recovery)	● Kompetenzen
● Kundenzufriedenheit	● Produktpreise	● Prozessabstimmungen	● Dokumentation	● Resourceneinsatz
● Stonierungen	● Wettbewerber	● Abhängigkeiten zu		● bonusabhängiges Gehalt
● Reklamationsquote	● Produkthaftung	- Produktion		
● Vertriebsaufwand	● Produktimage	- Beschaffung		
	● Produktrückruf	● Dokumentation		
	● Produktreklamation	● BCP		
	● Nachfrage			
	● Exportquote			
	● Marktanteil			
	● Umsatzstruktur			

Fragebögen/Interviews

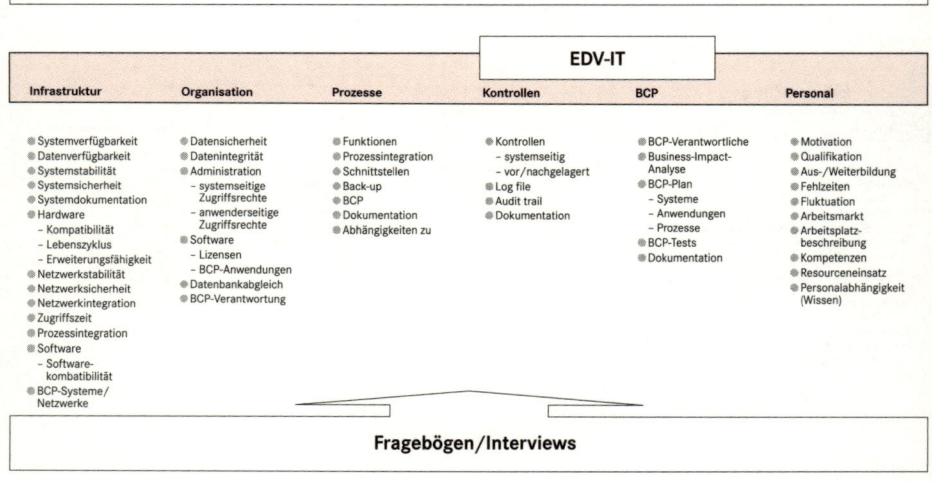

EDV-IT

Infrastruktur	Organisation	Prozesse	Kontrollen	BCP	Personal
● Systemverfügbarkeit	● Datensicherheit	● Funktionen	● Kontrollen	● BCP-Verantwortliche	● Motivation
● Datenverfügbarkeit	● Datenintegrität	● Prozessintegration	- systemseitig	● Business-Impact-	● Qualifikation
● Systemstabilität	● Administration	● Schnittstellen	- vor/nachgelagert	Analyse	● Aus-/Weiterbildung
● Systemsicherheit	- systemseitige	● Back-up	● Log file	● BCP-Plan	● Fehlzeiten
● Systemdokumentation	Zugriffsrechte	● BCP	● Audit trail	- Systeme	● Fluktuation
● Hardware	- anwenderseitige	● Dokumentation	● Dokumentation	- Anwendungen	● Arbeitsmarkt
- Kompatibilität	Zugriffsrechte	● Abhängigkeiten zu		- Prozesse	● Arbeitsplatz-
- Lebenszyklus	● Software			● BCP-Tests	beschreibung
- Erweiterungsfähigkeit	- Lizensen			● Dokumentation	● Kompetenzen
● Netzwerkstabilität	- BCP-Anwendungen				● Resourceneinsatz
● Netzwerksicherheit	● Datenbankabgleich				● Personalabhängigkeit
● Netzwerkintegration	● BCP-Verantwortung				(Wissen)
● Zugriffszeit					
● Prozessintegration					
● Software					
- Software-					
kombatibilität					
● BCP-Systeme/					
Netzwerke					

Fragebögen/Interviews

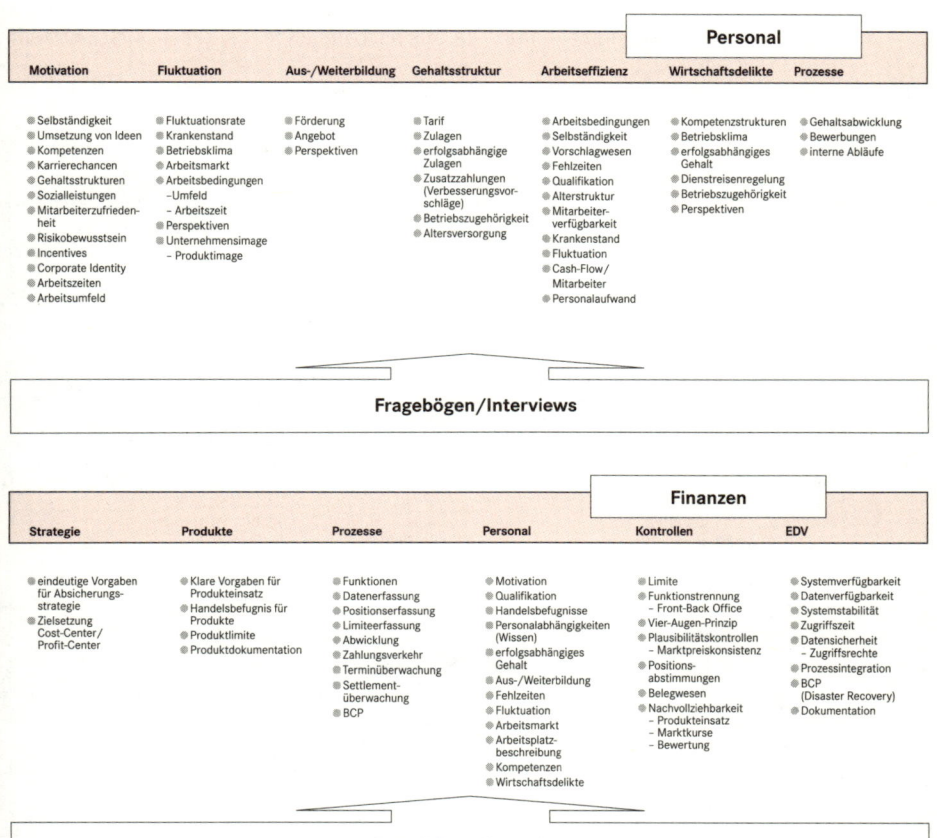

Personal

Motivation	Fluktuation	Aus-/Weiterbildung	Gehaltsstruktur	Arbeitseffizienz	Wirtschaftsdelikte	Prozesse
● Selbständigkeit	● Fluktuationsrate	● Förderung	● Tarif	● Arbeitsbedingungen	● Kompetenzstrukturen	● Gehaltsabwicklung
● Umsetzung von Ideen	● Krankenstand	● Angebot	● Zulagen	● Selbständigkeit	● Betriebsklima	● Bewerbungen
● Kompetenzen	● Betriebsklima	● Perspektiven	● erfolgsabhängige	● Vorschlagswesen	● erfolgsabhängiges	● interne Abläufe
● Karrierechancen	● Arbeitsmarkt		Zulagen	● Fehlzeiten	Gehalt	
● Gehaltsstrukturen	● Arbeitsbedingungen		● Zusatzzahlungen	● Qualifikation	● Dienstreisenregelung	
● Sozialleistungen	–Umfeld		(Verbesserungsvor-	● Alterstruktur	● Betriebszugehörigkeit	
● Mitarbeiterzufrieden-	– Arbeitszeit		schläge)	● Mitarbeiter-	● Perspektiven	
heit	● Perspektiven		● Betriebszugehörigkeit	verfügbarkeit		
● Risikobewusstsein	● Unternehmensimage		● Altersversorgung	● Krankenstand		
● Incentives	– Produktimage			● Fluktuation		
● Corporate Identity				● Cash-Flow/		
● Arbeitszeiten				Mitarbeiter		
● Arbeitsumfeld				● Personalaufwand		

Fragebögen/Interviews

Finanzen

Strategie	Produkte	Prozesse	Personal	Kontrollen	EDV
● eindeutige Vorgaben für Absicherungs- strategie	● Klare Vorgaben für Produkteinsatz	● Funktionen	● Motivation	● Limite	● Systemverfügbarkeit
	● Handelsbefugnis für Produkte	● Datenerfassung	● Qualifikation	● Funktionstrennung	● Datenverfügbarkeit
● Zielsetzung Cost-Center/ Profit-Center	● Produktlimite	● Positionserfassung	● Handelsbefugnisse	– Front-Back Office	● Systemstabilität
	● Produktdokumentation	● Limiteerfassung	● Personalabhängigkeiten (Wissen)	● Vier-Augen-Prinzip	● Zugriffszeit
		● Abwicklung	● erfolgsabhängiges Gehalt	● Plausibilitätskontrollen – Marktpreiskonsistenz	● Datensicherheit – Zugriffsrechte
		● Zahlungsverkehr	● Aus-/Weiterbildung	● Positions- abstimmungen	● Prozessintegration
		● Terminüberwachung	● Fehlzeiten	● Belegwesen	● BCP
		● Settlement- überwachung	● Fluktuation	● Nachvollziehbarkeit	(Disaster Recovery)
		● BCP	● Arbeitsmarkt	– Produkteinsatz	● Dokumentation
			● Arbeitsplatz- beschreibung	– Marktkurse	
			● Kompetenzen	– Bewertung	
			● Wirtschaftsdelikte		

Fragebögen/Interviews

Abb. 39: Fragebögen/Interviews zur Ermittlung von Einzelkriterien zu Risikofeldern/-kategorien

Als Ergebnis könnten daraus nachstehende Risikokategorien erstellt werden.

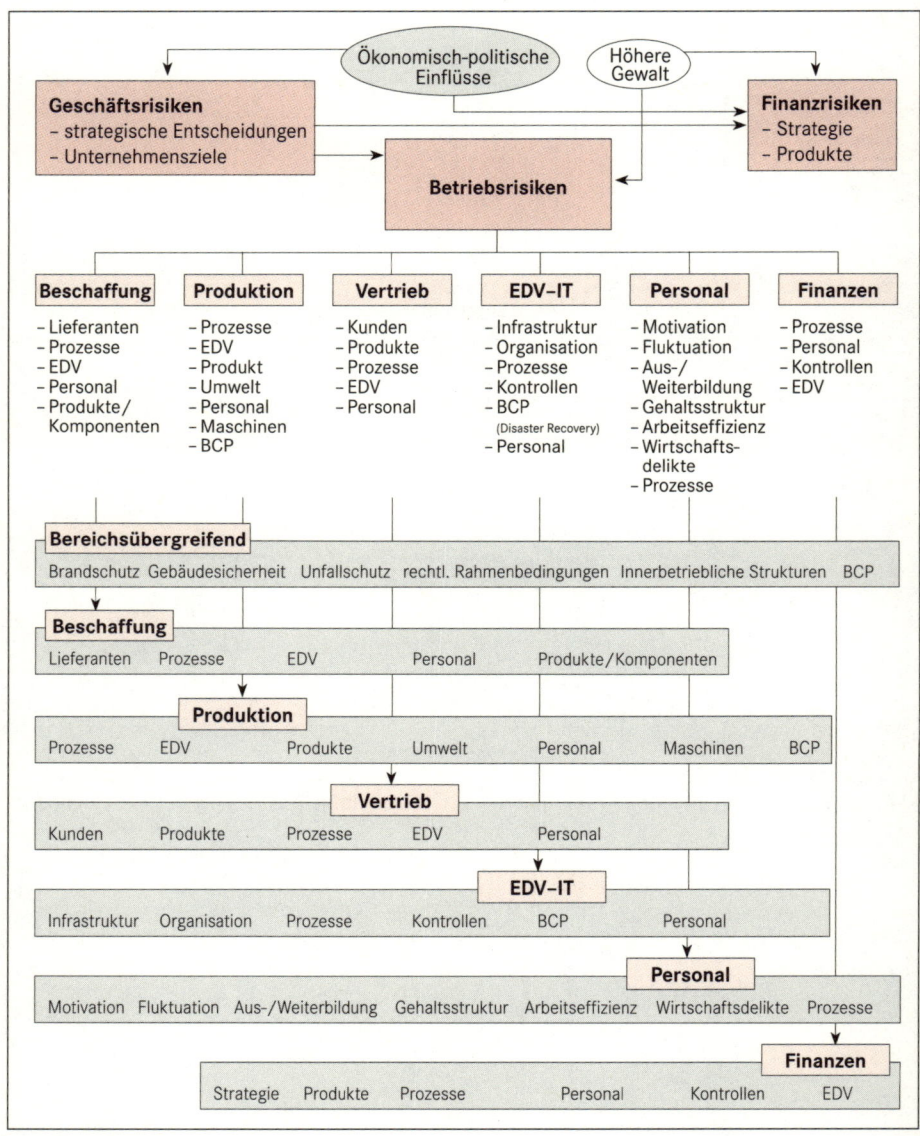

Abb. 40: Risikokategorien

Der Einfachheit halber sollen hier als Risikokategorien gelten:
- Prozessrisiken,
- EDV-Risiken,
- Risiken im Kundensegment,
- Risiken im Personalbereich,
- Risiken der Geschäftskontinuität.

b) Jede **Risikokategorie wird mit aussagefähigen Risikoindika-**   Risikoindikatoren
toren ergänzt, z. B.:

Prozesse: **EDV/IT:**
Durchlaufzeit   Verfügbarkeit
Kontrollen   Datensicherheit
Fehlerquote   Administration
Funktionstrennung   etc.
etc.

c) Die festgelegten, aggregierten **Risikokategorien** werden entsprechend ihrer Risikobedeutung für das Gesamtunternehmen **prozentual gewichtet, z. B.:**

Prozessrisiken	25 %
EDV-Risiken	30 %
Risiken im Kundensegment	15 %
Risiken im Personalbereich	10 %
Risiken der Geschäftskontinuität	20 %
Total	100 %

2. Schritt – Festlegung der Risikoindikatoren

a) Die **Risikoindikatoren** sind hinsichtlich ihrer Aussage zu beschreiben/zu definieren und in sechs Stufen als **Risikopunkte** zu **gruppieren**.

Beispiel: Indikatorenbeschreibung/-definition – Risikoindikatoren als Benchmarks in Form von Risikopunkten

Vorgaben/Definitionen: vergangenheitsbasiert
Ist-Zustand
Branchendurchschnitt
Benchmarks

Risikokategorie	Risiko-Punktewertung					
	1	2	3	4	5	6
Prozessrisiken						
Durchlaufzeit	< 4 Std.	4–5 Std.	6–8 Std.	8–10 Std.	> 10 Std.	> 14 Std.
Kontrollen	< 98 %	92–98 %	88–91 %	85–87 %	> 85 %	> 90 %
Fehlerquote	< 1,75 %	1,75–2,0 %	2,0–2,5 %	2,5–3,0 %	> 3,0 %	> 4,0 %
EDV–IT						
Verfügbarkeit	> 98 %	95–97 %	92–94 %	88–91 %	< 88 %	< 85 %
Datensicherheit	> 97 %	95–96 %	92–94 %	88–93 %	< 89 %	< 80 %
Kunden						
Anfragen	1,5 %	1,5–2,0 %	2,0–2,5 %	2,5–3,0 %	> 3,0 %	>35,0 %
Reklamationen	< 5 %	5–11 %	11–18 %	18–24 %	> 25 %	> 30 %
Bearbeitungszeit	< 5 Std.	5–6 Std.	6–8 Std.	8–10 Std.	> 10 Std.	> 15 Std.
Personal						
Fluktuation	< 8 %	8–11 %	11–15 %	16–20 %	> 20 %	> 25 %
Ausbildung	> 95 %	90–95 %	85–90 %	80–85 %	< 80 %	< 70 %

Die Wertung von »3« soll den **Durchschnitt** darstellen. Das Erreichen einer niedrigeren Punktezahl ergibt eine bessere Risikosituation, während ein höheres Ergebnis als Hinweis für einen Handlungsbedarf zu interpretieren ist.

b) Die sechs Indikatoren-Gruppen basieren auf:

Die sechs Risikopunkte

Vergangenheit (geschätzt) oder Ist-Zustand	künftige Eintrittswahrscheinlichkeit (angenommen)	Risikoeinstufung	Risikopunkte
sehr oft	höchst wahrscheinlich	**kritisch**	6
oft	sehr wahrscheinlich	**sehr hoch**	5
regelmäßig	wahrscheinlich	**hoch**	4
manchmal	möglich	**mittel**	3
selten	unwahrscheinlich	**gering**	2
unbedeutend	fast unmöglich	**unbedeutend**	1

3. Schritt – Risikosituation der Unternehmenseinheiten/-bereiche

a) Jede Unternehmenseinheit legt ihrerseits die Gewichtung der Risikoindikatoren entsprechend der Bedeutung innerhalb der Einheit fest. Alle Indikatoren einer Risikokategorie ergeben in der Summe 100 %.

b) Basierend auf den Ergebnissen der Fragebögen/Interviews bewertet die Unternehmenseinheit das Risiko der jeweiligen Indikatoren mit den Risikopunkten 1–6.

c) Jeder Indikator wird mit den vergebenen Risikopunkten gewichtet.

d) Die gewichteten Risikopunkte je Indikator werden je Risikokategorie addiert.

e) Die Summe aller Indikator-Risikopunkte ist danach entsprechend der prozentualen Vorgabe der jeweiligen Kategorie zu gewichten.

f) Die Summen aller Risikopunkte je Kategorie werden zu einer Gesamtsumme addiert.

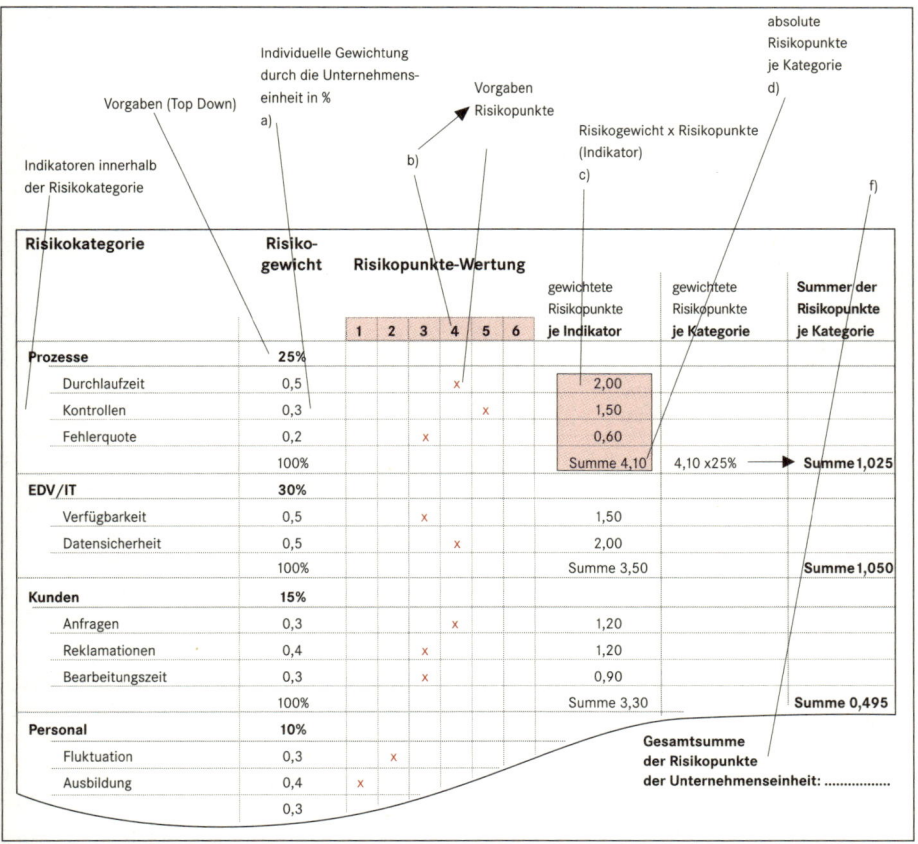

Abb. 41: Risiko-Punkte-Tafel

Jede Unternehmenseinheit wird den Indikatoren eine unterschiedliche Gewichtung beimessen, entsprechend ihrer Aufgabenstellung, Bedeutung und Zielsetzung innerhalb der Einheit.

Deutlich wird dies z.B. im oberen Schaubild anhand der hohen Bedeutung der EDV-Verfügbarkeit mit 50 % (0,5) des vorgegebenen Risikogewichts. Die EDV-Verfügbarkeit hat für diesen Bereich einen hohen Stellenwert, in anderen Bereichen mag dieses nicht der Fall sein.

4. Schritt – Risikosituation des Gesamtunternehmens

Die Ergebnisse der einzelnen Unternehmenseinheiten werden in der nachstehenden Tabelle zusammengeführt.

Anhand der Einzelergebnisse der Unternehmenseinheiten wird auf aggregierter Basis die Gesamtsituation des Unternehmens dargestellt.

Vorgaben für alle Unternehmensbereiche

Summe der Indikator Risikopunkte je Kategorie

Vorgabe (SOLL) der Risikopunkte je Unternehmensbereich

Risikokategorie	Risiko-gewichtung	SOLL	Unternehmens-einheit A		Anteil 70 %	SOLL	Unternehmen-einheit B		Anteil 30 %
			IST absolut	IST gewichtet je Kategorie			IST absolut	IST gewichtet je Kategorie	
Prozessrisiken	25 %	3	4,10	1,025		2	3,30	0,825	
EDV-Risiken	30 %	3	3,50	1,050		2	1,50	0,450	
Risiken im Kundensegment	15 %	2	3,30	0,495		2	2,50	0,375	
Risiken im Personalbereich	10 %	2	3,55	0,355		1	1,25	0,125	
Risiken in der Geschäftskontinuität	20 %	1	3,25	0,650		1	1,875	0,375	
	100 %	2,35	—	3,575	2,5025	1,70	—	2,15	0,645

gewichtetes SOLL
Risikopunkte-Durchschnitt 2,155

gewichtetes IST
Risikopunkte-Durchschnitt 3,1475

Abb. 42: Aggregierte Risiko-Punkte-Tafel

Neben der Vorgabe der Risikogewichtung je Risikokategorie können zusätzlich Vorgaben – als Benchmarks – für die zu erreichenden Risikopunkte gemacht werden (SOLL):

Die aggregierte Risiko-Punkte-Tafel basiert auf dem gewichteten Durchschnitt der Risikokategorien aller Unternehmenseinheiten.

Der prozentuale Einfluss der jeweiligen Unternehmenseinheit in Bezug auf das Gesamtunternehmen ist in der Auswertung zu berücksichtigen. Der Einfachheit halber wurde das Beispiel mit zwei Einheiten belegt, deren Einfluss 70 % und 30 % betragen.

Das Risiko-Punkte-Ergebnis der einzelnen Einheit ist wiederum der gewichtete Durchschnitt aller Risikokategorien innerhalb dieser Einheit.

Dies darf jedoch nicht darüber hinwegtäuschen, dass die Aussagekraft der hoch aggregierten Gesamtrisikopunktezahl des Unternehmens einer gewissen »Verwässerung« unterliegt, da die Aggregation die Risikosituation kritischer Bereiche nicht mehr deutlich hervorbringt. Daher ist es unbedingt ratsam, immer die absoluten IST-Werte der Indikatoren genauer zu beleuchten.

Insgesamt eignet sich dieser methodische Ansatz jedoch dazu, Vergleiche zum Branchendurchschnitt, zu anderen Unternehmenseinheiten, mit Vergangenheitsdaten in Bezug auf die Entwicklung der Risikosituation vorzunehmen und vor allem einen Vergleich mit gesetzten Benchmarks aus den Unternehmenszielen anzustellen.

Die Risiko-Punkte-Tafel kann darüber hinaus in allen Unternehmensfunktionen, wie Marketing, Forschung und Entwicklung oder im Projektmanagement, angewendet werden. **Risiko-Punkte-Tafel**

Deutlich hervorzuheben ist, dass dieser Ansatz jeder Unternehmensgröße gerecht wird und somit auch für die mittelständischen Unternehmen ein geeignetes Instrument darstellt.

Letztendlich ist diese Methode durch die Ausgestaltung der zu nutzenden Indikatoren auf das jeweilige Unternehmen »zuzuschneidern« und kann auch künftigen neuen Anforderungen und Bedürfnissen entsprechend erweitert und angepasst werden.

8.2.2 Risiko-Matrix

Einen einfacheren Ansatz stellt die Risiko-Matrix dar. In ihr wird das Risiko nach Eintritts und einer damit verbundenen Schadenswahrscheinlichkeit markiert und erfasst.

Grundlage für diese Einschätzungen bilden auch hier wieder die Fragebögen und Interviews und die aus den Einzelrisiken abgeleiteten Risikokategorien.

Da jeder Unternehmensbereich und jede Abteilung den Risikokategorien entsprechend **den abteilungsbezogenen Geschäftsablaufprozessen** eine andere Gewichtung beimisst, »entstehen« in der Matrix so genannte »Risikoflächen«, die durchaus für die gleiche Risikokategorie weit voneinander »entfernt« liegen können. Hiermit kommt die unterschiedliche Risikobedeutung der Kategorien in den Geschäftsprozessen zum Ausdruck. Dieses ergibt sich daraus, dass die Wahrscheinlichkeit und das Schadensausmaß in den Geschäftsablaufprozessen – bezogen auf die Risikokategorien – nicht immer gleich eingeschätzt wird.

Eine andere Darstellung der Risiko-Matrix bezogen auf nur **einen Kerngeschäftsprozess** hätte jeweils nur eine Nennung der jeweiligen Risikokategorie zur Folge und wäre demnach übersichtlicher. Andererseits würde damit jedoch auch die Risikobeurteilung allgemeiner gefasst werden und an »tieferer« Aussagekraft verlieren.

Risiken-klassifizierung

Es empfiehlt sich daher, für jede Risikokategorie eine separate Matrix zu erstellen, die alle Geschäftsprozesse erfasst und aufnimmt, die dann zu einem Gesamtbild in einer aggregierten Matrix zusammengeführt werden können.

Mit Hilfe eines über die jeweiligen Matrizen gelegten »Gitternetzes« erfahren die Risiken eine Klassifizierung entsprechend der bekannten Stufen:

höchstwahrscheinlich	kritisch	6
sehr wahrscheinlich	sehr hoch	5
wahrscheinlich	hoch	4
möglich	mittel	3
unwahrscheinlich	gering	2
fast unmöglich	unbedeutend	1

Diese sollte anschließend als Grundlage für die Entscheidungen über zu treffende Risikosteuerungsmaßnahmen gelten.

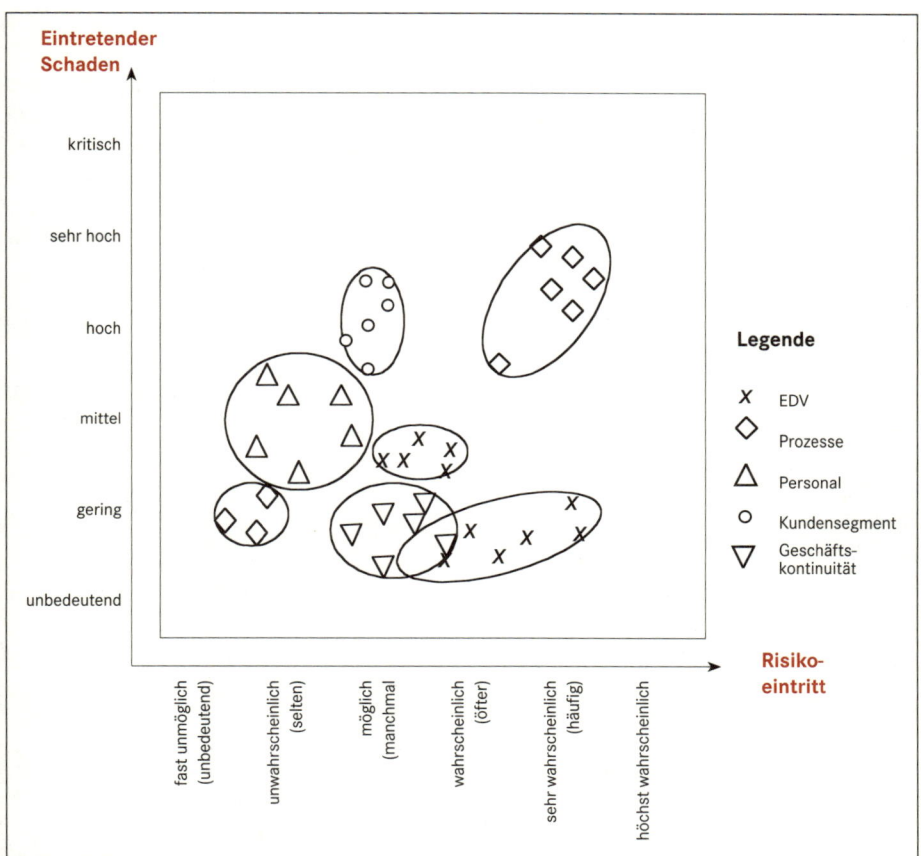

Abb. 43: Risiko-Matrix

Hinweis: Zur Erstellung einer Risiko-Matrix ist im Anhang dieses Buches ein »Risk Assessment« enthalten.

8.3 Risikosteuerungsmaßnahmen

Der Risikobewertung folgend ist über entsprechend einzurichtende **Risikobegrenzungs-/-steuerungsmaßnahmen** zu entscheiden und dabei zusätzlich das Chancen-/Risiko-Verhältnis der Maßnahmen abzuwägen. Ausgangspunkt der Maßnahmen sollte zunächst eine grobe Stufung nach

- Risiko vermeiden,
- Risiko vermindern,
- Risiko verlagern (abwälzen),
- Risikoselbstbehalt

sein.

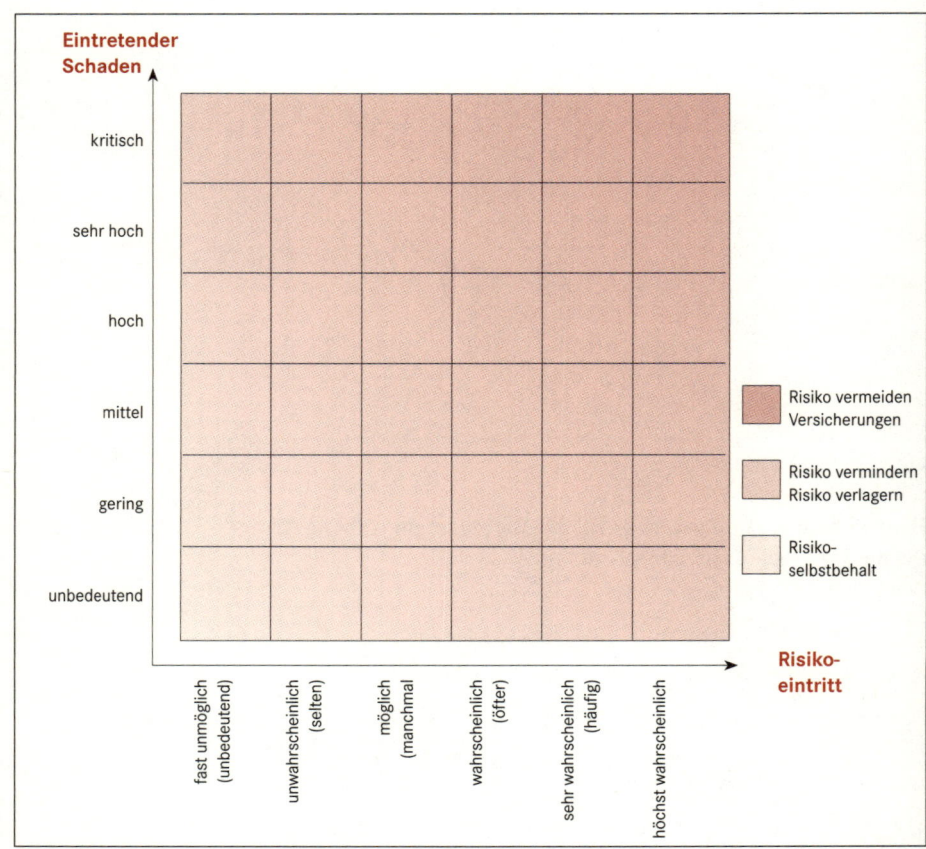

Abb. 44: Risiko-Matrix

8.3.1 Risiko vermeiden

Da jede unternehmerische Tätigkeit in ihrem Ursprung bereits risikoträchtig ist, darf der Begriff »vermeiden« nicht in seinem engeren Sinne ausgelegt werden, zumal »vermeiden« auch gleichzeitig die Gewinnchancen ausschließt. Somit wird deutlich, dass **Risikovermeidung sich hauptsächlich auf die unternehmensstrategischen Entscheidungen bezieht.** Als Beispiel soll die entgegen der bisherigen Geschäftspolitik erfolgende **Hereinnahme eines Großauftrages** dienen, der unter Umständen eine gewaltige Resourcenbündelung zur Folge hat, die das Unternehmen in seinen langjährigen Auftragsstrukturen gefährden kann. Auch das Zurückziehen von Absatzmärkten oder die Aufgabe/Einstellung eines Produktes wegen einer hohen Produkthaftung mag ein Beispiel sein.

Vermeidung von Risiken

8.3.2 Risiko vermindern

Die Risikoverminderung zielt hauptsächlich darauf ab, Risiken in ihren Ursprüngen zu begegnen und dennoch die Chancenpotentiale wahrzunehmen. Durch die Implementierung von »Frühwarnindikatoren«, die sowohl **extern** (Markt- und Produktentwicklung, Auftragsentwicklung, Kontrahentenbeziehungen, Veränderungen im ökonomischen Umfeld) als auch intern auszurichten sind (Kostenkalkulation und -entwicklung, Liquiditätsentwicklung, Entwicklung der Finanzpositionen, Effizienz, Rentabilität und Wirtschaftlichkeit), kann man bestehende und drohende Risiken rechtzeitig erkennen und ihnen mit entsprechenden Gegensteuerungsmaßnahmen begegnen, wie beispielsweise zusätzlichen Kontrollmechanismen – Vier-Augen-Prinzip –, Regelung von Zugriffsberechtigungen auf die EDV-Anwendungen, das Ausweichen auf andere Lieferanten oder das Umstellen von bisher manuellen auf automatisierte Prozesse zur Reduzierung von Fehlbearbeitungen.

Kontrollmechanismen

Risikoverminderung ist vor allem in

- **personellen,**
- **technischen und**
- **organisatorischen Maßnahmen**

zu sehen.

Die Möglichkeiten der Risikoverminderung sind vielfältig. Es wäre daher vermessen, sie an dieser Stelle detailliert aufzulisten, zumal sie von Fall zu Fall unternehmensspezifisch einzuführen sind.

Zu unterstützen sind diese risikomindernden Maßnahmen durch entsprechende »Notfallplanungen« (BCM) für die besonders kritischen

Geschäftsprozesse wie beispielsweise die EDV, die Produktion oder den Zahlungsverkehr, um im Ernstfall des Risikoeintritts den Geschäftsbetrieb notdürftig aufrecht erhalten zu können.

8.3.3 Risiko verlagern

Hier steht zunächst die Überlegung im Vordergrund, inwieweit das Risiko auf Andere – Dritte – zu übertragen ist.

Dieses kann vertraglich durch **Haftungsvereinbarungen und Gewährleistungsregelungen** erfolgen.

Der Risikoverlagerung zuzuordnen ist auch der Abschluss eines **Sicherheitsbestandsvertrages** mit den Lieferanten, in dem die Vorhaltung von zu liefernden Komponenten und/oder Waren garantiert wird, um Lieferengpässen vorzubeugen.

Unternehmensverlagerung

Eine Risikoverlagerung ist auch mittels **Leasing** und **Factoring** zu erreichen. Auch ein **Outsourcing** von Unternehmensfunktionen zum Beispiel im EDV-Supportbereich, der Logistik oder anderen Bereichen verlagert das Risiko auf einen Dritten. Hierbei ist jedoch zu berücksichtigen, dass mittels entsprechender Vertragsgestaltung (Service-Level-Agreements) auch das bisherige Leistungsspektrum des outgesourcten Bereiches für das outsourcende Unternehmen erhalten bleibt. Entsprechend detailliert sind demnach die Service-Verträge auszugestalten, um spätere »Überraschungen« – in Form von nicht kalkulierten Zusatzkosten – aus nicht fixierten Vereinbarungen schon im Vorfeld zu vermeiden.

Obwohl Outsourcing derzeit viel diskutiert und auch praktiziert wird, so sollten doch die daraus entstehenden Chancen in Form erwarteter Kostenvorteile und Risiken gegeneinander abgewogen werden. Es stehen einander beispielsweise gegenüber:

- einer mit dem Outsourcing beabsichtigten Konzentration auf das Kerngeschäft eine Abhängigkeit zum Outsourcingpartner,
- einer geplanten Kostensenkung eventuelle unberücksichtigte Mehrkosten, vor allem in der Anfangsphase des Outsourcings,
- einer Qualitätsverbesserung mögen Qualifikationsprobleme auf Seiten des Outsourcingpartners entgegenwirken.

Auch der Verlust an Kompetenz sowie aufkommende Probleme der Koordination, ebenso wie mangelnde Einflussnahme gegenüber einem gewünschten Zeitgewinn sollten in die Entscheidung über ein Outsourcing einfließen. Zu bedenken sind auch künftige Schnittstellen-Kosten zum Outsourcepartner.

Tipp

Eine Risikoverlagerung mittels eines Outsourcings sollte von Beginn an grundsätzlich einem speziellen Risikomanagement unterworfen werden.

Ebenso ist der praktizierte **Eigentumsvorbehalt** im Rahmen des Ausfallrisikos – als Sicherungsmittel für Lieferanten – der Risikoverlagerung zuzuordnen. Dieser Vorbehalt erfolgt häufig in »verlängerter« Form, d. h. mit Zusatzregelungen über Weiterverarbeitung und -veräußerung der gelieferten Ware vor deren vollständiger Bezahlung.

Vorsicht ist jedoch geboten, wenn dieser Eigentumsvorbehalt auch für Exportgeschäfte übernommen und die Vereinbarung nach deutschem Recht »abgesichert« wird.

Es ist zu bedenken, dass in vielen Rechtsordnungen Fragen des Eigentums und anderer Rechte an einer Sache dem Recht des Staates unterliegen, auf dessen Hoheitsgebiet sich die Sache (Ware) befindet. Dem zur Folge ändert sich das Recht an dem Eigentum der Sache spätestens bei Eintreffen der Ware im Bestimmungsland. Eigentumsvorbehalt ist im Ausland zum Teil nur unter bestimmten Voraussetzungen möglich und wird bei »verlängertem« und »erweitertem« Eigentumsvorbehalt noch problematischer.

Als Alternativen bieten sich beispielsweise Bürgschaften, Garantien und Akkreditive wie auch der Versicherungsschutz über eine »Hermes«-Deckung an. Zur Risikoverlagerung zählt auch die Auftragsweitervergabe an **Subunternehmer**, wobei die **Haftungsfähigkeit** der betreffenden Subunternehmen zu prüfen und durch eventuelle **Konventionalstrafen** zu verankern ist (Rechtsrisiko).

Auch durch Abschluss von **Versicherungen** wird eine Art Risikoverlagerung vorgenommen. Hierbei ist jedoch zu bedenken, dass Versicherungen nur das Risiko des Vermögensverlustes übernehmen und nicht das Risiko in seinem Ursprung und seiner Wirkung. Das unternehmerische Chancenpotential des Risikos bleibt grundsätzlich außen vor.

Risikoverlagerung durch Versicherung

Diese Risikoverlagerung kann zwar als eine sichere Risikoabsicherung angesehen werden, doch ist zu berücksichtigen, dass diese Risikosteuerungsmaßnahme auch durch entsprechende Prämien zu finanzieren ist, die allerdings zu stabilen und kalkulierbaren Risikokosten führen. Es ist daher ratsam diese Maßnahmen effektiv zu nutzen und durch Selbstbeteiligung die Prämien zu reduzieren.

Mit der europaweiten Öffnung des Versicherungsmarktes werden immer neue Versicherungskombinationen – in jüngster Zeit auch verstärkt in Form von Versicherungsderivaten (Insurance Derivatives) – und Tarife angeboten, oftmals durch Einschränkungen oder Ausschlüssen von gewissen Schadensereignissen, zu Lasten des durch Prämienzahlung erkauften Versicherungsschutzes. Häufig wird dieser Versicherungsschutz erst gewährt, wenn auf Seiten des Versicherungsnehmers gewisse Auflagen und Sicherheiten erfüllt und eingeführt sind.

Bei der Absicherung finanzieller Risiken mit Hilfe von Versicherungen verhält es sich wie bei den Finanzmarktprodukten. Daher
sollten Versicherungen zur Abdeckung finanzieller Schäden im Unternehmen aus oben bereits erwähnten Gründen ebenso einer genauen Analyse unterworfen werden.

Checkliste

- ✔ Welche Versicherungen sind unabdingbar?
- ✔ Welche Risiken werden abgedeckt und wie weit erstreckt sich der Versicherungsschutz?
- ✔ Wie ist das Risiko (Schaden) versicherungstechnisch definiert?
- ✔ Was gilt genau in den Allgemeinen Versicherungsbedingungen (AVB) als versichertes Risiko oder Schadenereignis?
- ✔ Welche Risiken/Schadenereignisse sind ausgeschlossen?
- ✔ Welche vorzunehmenden Maßnahmen sind an die Wirksamkeit der Versicherung gekoppelt?
- ✔ Wie sind aus dem Schadenereignis resultierende Folgeschäden abgedeckt?

Tipp

Es empfiehlt sich den Rat von freien Versicherungsmaklern, die
nicht ausschließlich eine Gesellschaft vertreten, einzuholen, um die
in den Allgemeinen Versicherungsbedingungen (AVB) versteckten
Ausschlussklauseln der unterschiedlichen Anbieter zu identifizieren
und ein auf das Unternehmen und dessen Bedarf und Erfordernisse
zugeschnittenes »Versicherungspaket« zu schnüren.

Mit nachstehenden Fragen sollte die jeweilige Kompetenz und Beratungsqualität überprüft werden.

Checkliste

- ✔ Wird im Beratungsgespräch zur Abdeckung von Versicherungs-risiken auf die verschiedenen Anbieter mit ihren zum Teil unter-schiedlichen Versicherungsbedingungen verwiesen?
- ✔ Wird im Gespräch auf die Möglichkeiten einer Selbstbeteiligung hingewiesen, um die Risikokosten (Prämien) im Vergleich zu Risi-koeintrittswahrscheinlichkeit möglichst gering zu halten?
- ✔ Wird die Bündelung von Risiken in einem Globalpaket angespro-chen, z. B. für die EDV

Zur Überprüfung des Versicherungsschutzes steht Ihnen der nach-
folgende Fragenkatalog zur Verfügung.

Fragen zum Versicherungsschutz

Welche Versicherungen sind erforderlich?

Art des Unternehmens

			bestehende Versicherung	
		Ja	Nein	Ja	Nein

Produktionsbetrieb ☐

Welcher Art?

....

Transportbetrieb ☐

Dienstleistung ☐

Welche Branche?

....

Im- und Export ☐

	Ja	Nein	bestehende Versicherung Ja	Nein
Haftpflichtrisiko durch				
Umweltschäden	☐	☐	☐	☐
Welcher Art?				
....				
Personenschäden	☐	☐	☐	☐
Vermögensschäden	☐	☐	☐	☐
Produkte	☐	☐	☐	☐
Gefahrengut	☐	☐	☐	☐
Welcher Art?				
....				
Sonstige				
Gebäude	☐	☐	☐	☐
Glas	☐	☐	☐	☐
Produktionsanlagen	☐	☐	☐	☐
Einrichtungen	☐	☐	☐	☐
Unfall	☐	☐	☐	☐
Einbruch	☐	☐	☐	☐
Altersversorgung	☐	☐	☐	☐
EDV	☐	☐	☐	☐
– Elektronikversicherung	☐	☐	☐	☐
– Softwareversicherung	☐	☐	☐	☐
– Computermissbrauch- versicherung	☐	☐	☐	☐

	Ja	Nein	bestehende Versicherung Ja	Nein
Fuhrpark	☐	☐	☐	☐
Schifffahrt	☐	☐	☐	☐
Flugbetrieb	☐	☐	☐	☐
Schienenverkehr	☐	☐	☐	☐
Grundstücke	☐	☐	☐	☐
Betriebsunterbrechung durch				
Blitzschlag	☐	☐	☐	☐
Feuer	☐	☐	☐	☐
Sturm	☐	☐	☐	☐
Wasser	☐	☐	☐	☐
Hagel	☐	☐	☐	☐
Explosion	☐	☐	☐	☐
Maschinenbruch	☐	☐	☐	☐
Rechtsschutz	☐	☐	☐	☐
Kredit				
Warenkredit	☐	☐	☐	☐
Ausfuhrkredit	☐	☐	☐	☐

Sind die Versicherungen mit einem Selbstbehalt versehen, um die Risikokosten im Verhältnis zum Risiko zu mindern? ☐ ☐

Erfolgt eine regelmäßige Überprüfung der bestehenden Versicherungs- verträge? ☐ ☐

Risikocontrolling

8.3.4 Risikoselbstbehalt

Ausgangsbasis für den Risikoselbstbehalt ist die »Risikotragfähigkeit« eines Unternehmens, d. h. mittels gesetzter Verlustlimits und entsprechend ausreichender Deckungsmasse, Risiken selbst übernehmen zu können, ohne das Unternehmen in eine bestandsgefährdende Situation zu begeben. Das normale abschätzbare unternehmerische Risikopotential sollte durch die normale Gewinnspanne (unternehmerischer Mindestgewinn) abgedeckt sein, andernfalls würde sich bereits eine existenzgefährdende Entwicklung abzeichnen.

Das über dem Normalmaß liegende Risikopotential ist durch Bildung von Rückstellungen und stillen Reserven abzusichern, wobei deren Höhe sich nach dem vermutlich in Anspruch zu nehmenden Betrag richtet. Hier sei vor allem auf Produkthaftungsrisiken, evt. Prozesskosten und Garantieverpflichtungen verwiesen.

Tipp

> Die Effizienz und der Wirkungsgrad der getroffenen Risikobegrenzungs-/-steuerungsmaßnahmen sollte im Rahmen eines Risikocontrolling laufend überprüft werden und dabei Risikoveränderungen (Anstieg der Ausschussquote, Limitüberschreitungen, Abnahme der Kundenzufriedenheit, Qualitätsverschlechterung, erhöhte EDV-Ausfälle etc.) aufzeigen, die wiederum zu Anpassungen der Steuerungsmaßnahmen führen.

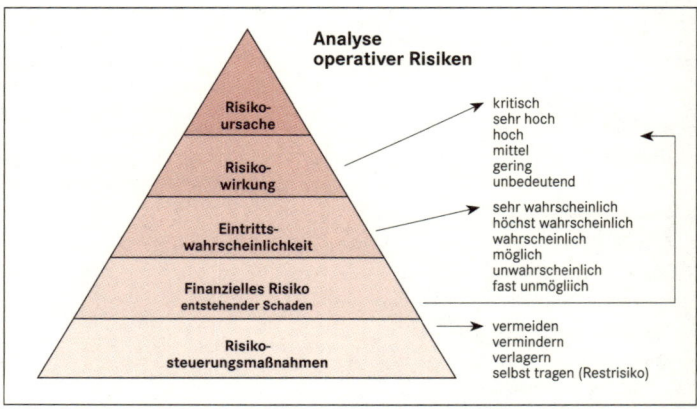

Abb. 45: Fünf Stufen der Risikoanalyse

8.4   Operative Risiken »geldadäquat messen«

Operative Risiken zu identifizieren, zu analysieren und zu bewerten ist im Rahmen des Risikomanagementprozesses **eine Aufgabe**, sie jedoch im Vergleich zu den Finanzrisiken in geldadäquaten Größen zu messen und zu erfassen, ist **eine ganz andere** und derzeit noch mit gewissen Schwierigkeiten verbunden.

In der Praxis sind viele Ansätze im wahrsten Sinne des Wortes noch in der Entwicklung, unter anderem auch der Ansatz des Value-at-Risk für operationale Risiken (VaR Ops).

Value-at-Risk-Methode

Zwar stellt dieser Ansatz mathematisch kein Problem dar. Vielmehr beziehen sich die Schwierigkeiten darauf, ein aussagefähiges Ergebnis zu erreichen, ist dieses doch abhängig von den mathematischen Ansätzen, zugrunde zu legenden Daten und Einflussgrößen.

Gerade hier ist der Mangel zu beklagen: fehlende repräsentative Vergangenheitsdaten, die eine Zukunftsprojektion mit an größter Wahrscheinlichkeit grenzender Sicherheit zulassen. Dieses stellt derzeit auch noch die Banken und Finanzindustrie vor eine große Aufgabe, denn sie müssen entsprechend des Basel-II-Akkordes der Bank für Internationalen Zahlungsausgleich (BIZ) – in dem auch das an anderer Stelle bereits erwähnte Unternehmensrating gefordert wird – künftig ihre operativen Risiken mit entsprechendem Eigenkapital unterlegen. Um so wichtiger ist es, operative Risiken berechnen zu können, beeinflusst doch das zu »unterlegende« Eigenkapital die Geschäftstätigkeiten der Banken. Der Einfluss operativer Risiken ist analog auch auf die unternehmerische Geschäftstätigkeit zu übertragen, schlagen sie sich doch direkt in der Vermögens- und Ertragslage nieder.

Derzeit wird in Bankenkreisen daran gearbeitet, geeignete Datenbanken aufzubauen, um in der Vergangenheit eingetretene operative Risiken und deren Schäden zu erfassen, die eine Hochrechnung für die Zukunft ermöglichen.

Es sei darauf hingewiesen, dass bei den Banken wie auch in den Unternehmen Aufzeichnungen von in der Vergangenheit entstandenen operativen Schäden kaum vorliegen, um für künftige Ereignisse Aussagen treffen zu können. Vielfach wird daher auch versucht, auf Daten zurückzugreifen, die Risikoereignisse außerhalb der eigenen Unternehmen betreffen, um eine Datengrundlage zu erhalten, wie beispielsweise aufgetretene und bekannt gewordene Betrugsfälle, EDV-Störungen, große Schadenereignisse etc.

Um so wichtiger erscheint es daher, im eigenen Unternehmen zu beginnen, derlei eigene Daten zu sammeln und für Auswertungen zu erfassen und gegebenenfalls mit externen (Branchen-)Daten zu ergänzen.

Nun mag an dieser Stelle der Einwand erhoben werden, was für die Banken quasi per Verordnung (Basel II) gilt, findet für die Unternehmen keine Anwendung.

Zu bemerken ist aber, dass gerade aus der Finanzwelt – angefangen mit den »Mindestanforderungen für das Betreiben von Handelsgeschäften« (MaH) – das heutige Risikomanagement entspringt und schrittweise auf die Unternehmen ausgeweitet wird, was letztendlich die Einführung des KonTraG dokumentiert, weil auch in den Unternehmen die Risikopotentiale ansteigen.

Es bleibt daher die Frage, wann etwa durch den Gesetzgeber oder in Form neuer Wirtschaftsprüferanforderungen auch von den Unternehmen erwartet oder gar verlangt wird, operative Risiken mit einem entsprechenden »Kapitalanteil« zu unterlegen bzw. zumindest als geldadäquate Größe auszuweisen.

Ansätze einer geldadäquaten Bewertung

Ein möglicher Weg operationales Risiko »geldadäquat« zu erfassen und in einer Finanzgröße für das Unternehmen darzustellen, ist ein **Basis-Kennzahlen-Ansatz**. Dieser drückt das operationale Risiko als Prozentsatz einer einzigen Kennzahl, wie zum Beispiel des Bruttoertragswertes, der direkten Kosten oder des Eigenkapitals aus, ohne dabei auf ein umfangreiches mathematisches Formelwerk zurückgreifen zu müssen.

Verfeinert werden kann dieser durch einen **bereichsabhängigen Kennzahlen-Ansatz**, in dem in jedem Unternehmensbereich separat ein Basis-Kennzahlen-Ansatz angewandt und dabei das operationale Risiko des jeweiligen Bereiches im Verhältnis zum Gesamtunternehmen erfasst wird. Die Addition aller Bereiche ergäbe dann die gesamt zu kalkulierende geldadäquate Größe der operationalen Risiken.

Wenn allerdings, wie bereits erwähnt, generell davon auszugehen ist, dass etwa 10 % der Kosten als nicht explizit erfasste Schäden aus operativen Risiken angesehen werden müssen, so kann dieser Ansatz dennoch nur als eine grobe Richtgröße dienen und je nach Unternehmen auch erheblich höher ausfallen. Zu denken ist hierbei an die immer mehr zunehmende Abhängigkeit von der Informationstechnologie und deren eventueller Ausfall, der geeignet ist ein ganzes Unternehmen »lahm« zu legen und damit einen entsprechend hohen Schaden anrichtet, der über das normale Maß hinaus reicht.

Eine andere Möglichkeit das operationale Risiko in absoluten Zahlen darzustellen, könnte über einen **Risikominderungskosten-Ansatz** erfolgen, der die notwendigen direkten Kosten der entsprechend vorzunehmenden Risikominderungsmaßnahmen erfasst, die dann in einem speziellen Budget explizit zusammengeführt werden. Als Grundlage hierfür wären die im Risikohandbuch dokumentierten Maßnahmen heranzuziehen. Anzumerken ist jedoch, dass die Kosten der Risikominderung sicherlich wesentlich geringer sein werden als die Auswirkung des Risikoeintritts selbst.

Abgesehen von den bereits mehrfach erwähnten, auf Erfahrungswerten basierenden Schätzungen Risiken in Geldgrößen zu messen, werden die künftigen Ergebnisse aus der Finanzindustrie auch für Unternehmen modifizierte Methoden entwickeln lassen.

Sicherlich wird es dabei unumgänglich eingetretene Schadensfälle als Datengrundlage heranzuziehen, mögen diese unternehmensintern oder über die Unternehmensverbände branchenspezifisch gesammelt sein.

Operationale Risiken dokumentieren

Grundsätzlich ist zu empfehlen bei der Implementierung eines Risikomanagementssystems diesen Aspekt von Beginn an mit zu berücksichtigen und darauf hin zu wirken, eingetretene Risiken (Schäden) geldadäquat zu erfassen, um eine Risikoeintrittswahrscheinlichkeit und deren Schadenshöhe zukünftig durch einen sich daraus ergebenden Absoluten-Risikomess-Ansatz mathematisch ermitteln zu können.

8.5   Risikohandbuch

Die in allen Unternehmensbereichen identifizierten Risiken sind in einem Risikohandbuch zu erfassen und die Ergebnisse der Analyse, Bewertung und Risikobegrenzungs- und -steuerungsmaßnahmen nachweislich zu dokumentieren. Ein Risikohandbuch kann z.B. folgendermaßen aussehen:

Risikohandbuch

Risiko-identifizierung		Risiko-analyse			Risiko-bewertung			Risiko-steuerung				Risiko-controlling		
Unternehmensbereich	Risikokategorie	Risikoursache	Risikowirkung	Risikoeintrittswahrscheinlichkeit	RisikoMessmethoden	Risikopotenzial	Risikobetrag	Risikosteuerungsmaßnahmen	Chancen der Maßnahmen	Risiken der Maßnahmen	Kosten der Maßnahmen	Soll	Ist	Veränderung
Finanzen	Strategie													
	Finanzprodukte													
	Prozesse													
	Personal													
	Kontrollen													
	EDV													
	.													
	.													
	.													
EDV	Infrastruktur													
	Organisation													
	Prozesse													
	Kontrollen													
	BCP													
	Personal													
	.													
Beschaffung	Lieferanten													
	Prozesse													
	.													
Produktion														
Vertrieb														
Personal														
Übergreifend	Brandschutz													

Detaillierte Risiko-
identifizierung im
Bereich Vertrieb/
EDV

Risiko-identifizierung		Risiko-identifizierung	
Risiko-kategorie	Risiko-indikator	Risiko-kategorie	Risiko-indikator
Vertrieb		**EDV**	
Produkte	Produkt A	*Infrastruktur*	
	Marktanteile		Systemverfügbarkeit
	Marktpotenzial		Ausfallzeit
	Markttrends		Systemkompatibilität
	Produktabhängigkeit		Datenverfügbarkeit
	Produktpreise		Datensicherheit
	Produkthaftung		
	Produktalter	*Organisation*	.
	Produktersatz		
	Produktqualität	*Prozesse*	.
	.		.
Kunden	.	*Kontrollen*	.
Prozesse	.		.
Personal	.	*BCP*	.
EDV	.		.
		Personal	.

Eine weitere Detaillierung des Risikohandbuches ist durch zusätzliche Indikatoren möglich (siehe hierzu auch »Frühwarnindikatoren« in Kapitel 12.2.1). Diese Verfeinerung sollte sich jedoch hauptsächlich auf die Risiko-Punkte-Tafel beziehen, um das Risikohandbuch übersichtlich zu halten.

Tipp

Der im Rahmen des Jahresabschlusses zu erstellende Lagebericht sollte auf das Risikohandbuch zurückgreifen.

Zusammenfassung

1. Die Risikoeintrittswahrscheinlichkeit ist für operative Risiken aufgrund fehlender Vergangenheitsdaten nur sehr schwer zu errechnen. Sie ist daher unter Berücksichtigung von Vergangenheitserfahrungen »objektiv« einzuschätzen.
2. Einzelrisiken sind zu Risikofeldern/-kategorien zusammenzufassen.
3. Die Verwendung einer Risiko-Punkte-Tafel stellt ein in der Praxis einfaches Instrument zur Risikobewertung dar.
4. Risiken können vermieden, vermindert, verlagert oder selbst getragen werden.
5. Die Verminderung/Begrenzung von operativen Risiken konzentriert sich vor allem auf personelle, technische und organisatorische Maßnahmen.
6. Die Identifizierung, Analyse, Bewertung von allen Risiken und die getroffenen Steuerungsmaßnahmen sind in einem Risikohandbuch zu dokumentieren.

9   Controlling

Der Begriff Controlling ist nicht gleichzusetzen mit Kontrolle als Überwachungsfunktion, da das Aufgabengebiet des Controllings weit über die reine Kontrollfunktion hinaus geht.

Das Controlling oder der Controller im Unternehmen, bis vor nicht allzu langer Zeit auch Comptroller genannt, nimmt eine Servicefunktion für das Management wahr und ist in seiner Aufgabe dabei bereichsübergreifend tätig und nicht nur auf den Finanzbereich allein ausgerichtet.

Controlling mehr als nur Kontrolle

Controlling umfasst die Koordination einer zielorientierten Planung und Steuerung im Unternehmen zur Unterstützung des Managements und dessen Entscheidungen im Rahmen einer Informationsversorgung.

Ist bis heute das Controlling hauptsächlich in der klassischen Aufgabe des Kostenrechnens, des Buchhaltungsspezialisten und des »Zahlensammlers und -verwalters«, verbunden mit der stetigen Verbesserung von Kostenrechnungssystemen zu sehen, so zeigt sich doch in letzter Zeit ein Wandel im Aufgabengebiet.

Es sind nicht mehr nur das Erstellen von betriebswirtschaftlichen Kennzahlen und daraus abzuleitende Analysen und Auswertungen, sondern das Controlling nimmt mehr und mehr auch Aufgaben in der gesamtheitlichen Steuerung und Verbesserung in den Unternehmensprozessen wahr. War der bisherige Blick des Controlling in die »Welt der Finanzzahlen und Kosten« vergangenheitsorientiert und damit kaum in der Lage künftige Risiken zu identifizieren und zu analysieren, so ist die Ausrichtung heute mehr in die Zukunft gerichtet.

»Klassisches« Controlling

Ein permanentes »Benchmarking« zur Effizienzsteigerung, die ganzheitliche Steuerung der unternehmerischen Faktoren wie Qualität und Kosten, die Betrachtung der Unternehmensprodukte in ihrem Lebenszyklus, die Integration aller Unternehmensbereiche hinsichtlich der Erreichung einer gesamtheitlichen Unternehmenszielsetzung wie auch das Entwickeln neuer Risikostrategien werden zunehmend die künftigen Aufgaben des Controlling sein.

Gleichzeitig ist Controlling eingebunden in den Kontrollprozess in Form von »Soll/Ist-Vergleichen« von Werten und Planungen der einzelnen Unternehmenseinheiten.

Controlling als Managementunter-stützung

Im Rahmen eines Risikomanagementsystems nimmt das Controlling aufgrund der oben beschriebenen Aufgaben eine bedeutende Rolle ein und sollte daher im Unternehmen als Führungs- und Entscheidungsinstanz eingerichtet sein.

Neben der Informationsbeschaffung zur Erkennung von Risiken ist Controlling auch in den Prozess der Steuerung und der Kontrolle der Risiken selbst eingebunden und damit auch für das Risikomanagement mitverantwortlich.

Auf den Finanzbereich bezogen sollte das Risikocontrolling entsprechend des Umfangs, der Komplexität und des Risikoprofils der im Unternehmen zu tätigenden Finanztransaktionen und des zugrunde liegenden Finanzplanes ausgestaltet sein.

Um diese Aufgaben erfüllen zu können, sind von der Geschäftsleitung Vorgaben in Form von Anweisungen zu machen, welche Maßnahmen zu ergreifen sind, wenn gewisse Risikosituationen erreicht werden.

Zu den Aufgaben des Controlling gehört weiterhin das Entwickeln und Anpassen von Bewertungsmethoden, die Gestaltung eines Limitsystems, die Festlegung von Risikoabsicherungsstrategien sowie ein ausreichendes und vor allem regelmäßiges, zeitnahes Berichtswesen an die verantwortlichen Entscheidungsträger.

Das traditionelle Berichtswesen, vornehmlich auf periodisch monetären Vergangenheitswerten basierend, ist heute allein nicht mehr in der Lage einen effektiven Beitrag zur Steuerung eines Unternehmens zu leisten.

Zwar bildet das Rechnungswesen weiterhin die Basis des Controlling, doch ist diese auszuweiten und um die Unternehmensplanung und -ziele, Budgetierung, die Kontrolle und Überwachung der Geschäftsaktivitäten sowie entsprechender in- und externer Frühwarnindikatoren zu ergänzen:

- erst dann wird das Controlling zum Steuerungsinstrument einer zielorientierten Unternehmensführung,
- erst dann können mittels Soll-/Ist-Vergleichen Prognosen und Risikosituationen abgeleitet und die Grundsteine für das einzurichtende Risikomanagement und ein Berichtswesen gelegt werden.

Allerdings muss davon ausgegangen werden, dass besonders in Mittelstandsunternehmen die Funktion eines Controlling oder die Position eines Controllers nicht überall eingeführt ist.

Controlling und KonTraG

Inwieweit dieses durch das KonTraG erzwungen wird, ist nicht zu erkennen, bleibt das Gesetz doch detailliert formulierte Anforderungen hinsichtlich der Ausgestaltung eines Risikomanagementsystems, und hier im Besonderen des Controlling, schuldig.

Hinzu kommt, dass es für das Controlling selbst, wie oben bereits kurz dargestellt, auch noch immer kein durchgehend einheitliches »Verständnis« gibt.

Daher kann nur dringend empfohlen werden, entsprechend der Unternehmensgröße die wichtigsten Unternehmensdaten einschließlich in- und externer Frühwarnindikatoren zu einem regelmäßigen Meldewesen (Berichtswesen) zusammenzuführen und damit eine größere Transparenz hinsichtlich der Unternehmensentwicklung zu schaffen.

Ziel eines Berichtswesen sollte es sein, knappe, aussagekräftige Informationen für die Unternehmensplanung und -kontrolle zu liefern. Daraus ergeben sich die Anforderungen nach

Ziele des Berichtswesens

- Aktualität,
- Datenkonsistenz,
- Datenqualität,
- Vergleichbarkeit zu Vorjahren,
- Vermeidung überflüssiger Berichte,
- Datenverfügbarkeit,
- Festlegung des Empfängerkreises.

Aus betriebswirtschaftlicher Sicht und der rasant zunehmenden Globalisierung und Internationalisierung wie auch aus der zunehmenden »Europäisierung« durch die Einführung des Euro und den sich daraus ergebenden zunehmend härteren Wettbewerb und Konkurrenzdruck, lässt sich jedoch eines klar abzeichnen, auch für mittelständische Unternehmen wird es immer wichtiger, wenn nicht sogar für den Fortbestand des Unternehmens unausweichlich, ein innerbetriebliches, alle Unternehmensbereiche umfassendes Berichtswesen als Managementunterstützung und Entscheidungshilfe für die zukünftige Unternehmensplanung und Unternehmensstrategie einzurichten.

Checkliste

- ✔ Ist ein innerbetriebliches, zeitnahes Berichtswesen implementiert?
- ✔ Ist jederzeit die aktuelle Unternehmenslage hinsichtlich Kosten-, Ertrags- und Performance-Entwicklung anhand von betriebswirtschaftlichen Kennzahlen darzustellen?
- ✔ Können aus dem Berichtswesen »frühzeitig« das Unternehmen »gefährdende« Entwicklungen entnommen werden?
- ✔ Sind die unternehmerischen Aufsichtsorgane regelmäßig und umfangreich in das Berichtswesen eingebunden?
- ✔ Werden die Frühwarnindikatoren zu aussagefähigen Schlüsseldaten zusammengeführt?
- ✔ Werden die ermittelten Indikatoren zu Managemententscheidungen herangezogen?
- ✔ Ist die EDV dazu ausgelegt diese Daten entsprechend zu verarbeiten?

Zusammenfassung

1. Die Controllingfunktion ist als eine unternehmensbereichsübergreifende Managementunterstützung zu verstehen und liefert die Grundlagen für künftige Unternehmensentscheidungen.
2. Im Controlling sollten alle Frühwarnindikatoren zusammen laufen.
3. Im Controlling sollte die Ausgestaltung des Risikomanagementsystems und dessen weitere kontinuierliche Anpassung angesiedelt sein.

Zur Überprüfung der Risikoinformation steht Ihnen der folgende Fragenkatalog zur Verfügung.

Fragen zum Controlling

	Ja	Nein
Besteht eine Controllingabteilung?	☐	☐
Wenn ja:		
Existiert eine umfassende Grundlage zur Messung von Risiken?	☐	☐
Besteht ein ausreichendes Informationssystem für die Kontrolle und Überwachung der Risiken?	☐	☐
Existiert eine umfassende Limitstruktur zur Begrenzung von Risiken?	☐	☐
Marktrisiken	☐	
Ausfallrisiken	☐	
operationale Risiken (Betriebsrisiken)	☐	
Bestehen Richtlinien zur Begrenzung externer Risiken?	☐	☐
Besteht eine Verlustobergrenze unter Berücksichtigung des Eigenkapitals und der Ertragslage?	☐	☐
Bestehen klare eindeutige Richtlinien für den Fall der Limit-/ Kompetenzüberschreitung?	☐	☐
Werden regelmäßig Informationen in Bezug auf das Risikoengagement/die Risikosituation ausgetauscht?	☐	☐

	Ja	Nein
Existiert ein Verzeichnis mit den wichtigsten operationalen Risiken?	☐	☐
Werden zur Risikokontrolle und -überwachung geeignete Kennzahlen/ Indikatoren ermittelt?	☐	☐
Ist es gewährleistet, dass die Risikohöhe jederzeit ermittelt werden kann?	☐	☐
Wenn nein:		
Werden im Unternehmen aussagefähige »Frühwarnindikatoren«, die auf ein Risiko hinweisen, genutzt?	☐	☐

Wer ermittelt diese Indikatoren?

....

....

Wie wird die Risikoermittlung, -kontrolle und -überwachung vorgenommen?

....

....

Durch wen wird diese Aufgabe wahrgenommen?

....

....

Fragen zur Risikoinformation

	Ja	Nein
Besteht eine innerbetriebliche Kosten-kalkulation in den Bereichen?		
Produktion	☐	☐
Beschaffung/Einkauf	☐	☐
Vertrieb	☐	☐
Personal	☐	☐
Lagerhaltung	☐	☐
Sonstige	☐	☐

	mtl.	1/4-jährl.	1/2-jährl.	jährl.
In welchen Zeitabständen erfolgt die Kalkulation in den Bereichen?				
Produktion	☐	☐	☐	☐
Beschaffung/Einkauf	☐	☐	☐	☐
Vertrieb	☐	☐	☐	☐
Personal	☐	☐	☐	☐
Lagerhaltung	☐	☐	☐	☐
Sonstige	☐	☐	☐	☐

Durch wen erfolgt die Kalkulation?

....

	Ja	Nein
An wen wird die Kalkulation gemeldet?		
Geschäftsleitung	☐	☐
Verantwortliche Bereichsleiter	☐	☐
Aufsichtsorgane	☐	☐

Welche Daten werden darin erfasst?

Produktion

....

Beschaffung/Einkauf

....

Vertrieb

....

Personal

....

Lagerhaltung

....

Sonstige

....

Wird die interne Kostenkalkulation als	
Mischkalkulation	☐
Projektkalkulation	☐
vorgenommen?	

	Ja	Nein
Wird die Kalkulation regelmäßig über-prüft und angepasst?	☐	☐
Erfolgt ein Soll-/Ist-Vergleich mit den Plandaten?	☐	☐
Sind aus der Kalkulation Verlustrisiken ersichtlich?	☐	☐
Erfolgt eine regelmäßige Überprüfung der Abhängigkeiten von		
Zulieferern	☐	☐
Abnehmern	☐	☐

Welches Risiko ergibt sich bei einem Ausfall für das Unternehmen?

....

....

....

....

....

Fragen zur Risikoinformation

	Ja	Nein
Besteht ein innerbetriebliches Berichtswesen in den Bereichen?		
Finanzabteilung	☐	☐
Controlling	☐	☐
Rechnungswesen	☐	☐
Auftragswesen/Beschaffung/Einkauf	☐	☐
Sonstige		

....

	tägl.	jede Woche	mtl.	1/4-jährl.	1/2-jährl.
Wie oft erfolgt die Berichterstattung für die Bereiche?					
Finanzabteilung	☐	☐	☐	☐	☐
Controlling	☐	☐	☐	☐	☐
Rechnungswesen	☐	☐	☐	☐	☐
Auftragswesen/ Beschaffung/ Einkauf	☐	☐	☐	☐	☐
Sonstige	☐	☐	☐	☐	☐

Durch wen erfolgt die Berichterstattung?

....

....

....

An wen erfolgt die Berichterstattung?

	Ja	Nein
Geschäftsleitung	☐	☐
verantwortliche Bereichsleiter	☐	☐
Aufsichtsorgane	☐	☐

Welche Daten werden im Berichtswesen erfasst?

	Ja	Nein
A. Finanzbereich/Treasury		
Positionen	☐	☐
Bewertung	☐	☐
Limite	☐	☐
Risikokennzahlen (VaR)	☐	☐
Liquiditätsentwicklung	☐	☐
Finanzprodukte	☐	☐
B. Controlling		
Kosten/Ertrags-Relation	☐	☐
Ertrag auf eingesetztes Kapital	☐	☐
Ertrag auf Investitionen	☐	☐
Sonstige		

....

	Ja	Nein
Refinanzierungskosten	☐	☐
Kapitalbindungsdauer	☐	☐
Kosten/Ertragsentwicklung		
Produktionsbereich	☐	☐
– Kapazitätsauslastung	☐	☐
Auftrags-/Vertriebsbereich	☐	☐
Einkaufsbereich/Beschaffung	☐	☐
Finanzbereich	☐	☐
Personalbereich	☐	☐
Sachkostenbereich	☐	☐
Investitionen	☐	☐
Entwicklung der Branche		
Vergleich zum eigenen Unternehmen	☐	☐
– Auftragsbestand/-lage	☐	☐
– Auftragsentwicklung	☐	☐
– Preisentwicklung	☐	☐
– Marktentwicklung	☐	☐
Bonität der Kontrahenten	☐	☐
Länderanalyse/-berichte	☐	☐
Liquiditätsentwicklung	☐	☐

Fragen zur Risikoinformation

	Ja	Nein
C. Rechnungswesen		
Zwischenbilanz	☐	☐
– Verbindlichkeiten	☐	☐
– Forderungen	☐	☐
Steuern	☐	☐
Abschreibungen	☐	☐
Gewinn- und Verlustrechnung	☐	☐
Cash-Flow nach DVFA	☐	☐
Risiko aus Finanzderivaten	☐	☐
EBIT	☐	☐
EBITDA	☐	☐
Sonstiges		

....

....

**Sind Neubewertungen im Anlage-
vermögen vorzunehmen aufgrund von**

	Ja	Nein
allgemeinen Marktpreisveränderungen	☐	☐
grundsätzlicher Neubewertung aus Preisverschiebungen	☐	☐
– Immobilien	☐	☐
– Kapitalanlagen	☐	☐
– Beteiligungen	☐	☐

**Welche Rückstellungsnotwendigkeiten
ergeben sich aus der Neubewertung?**

....

....

....

**Welche Auswirkungen ergeben sich
dabei für die Kapitalstruktur?**

....

....

....

	Ja	Nein
Sind Auslandsinvestitionen, Beteiligungen etc., die in Fremdwährung zu halten sind, entsprechend abgesichert?	☐	☐
Sind hieraus Neubewertungen zu erwarten (Translationsrisiko)?	☐	☐

10   Interne Revision

Im Zuge eines einzuführenden betrieblichen Risikomanagementsystems kommt der internen Revision eine besondere Bedeutung zu.

Revision als Über-wachungssystem

Kraft der gesetzten Aufgabenstellung an die **nicht in den Geschäftsprozess integrierte** interne Revision, ist in ihr generell das geforderte Überwachungssystem zu sehen.

In der internen Revision zusammen mit dem Controlling, könnte daher in den Unternehmen die Grundlage zur Etablierung des durch das KonTraG geforderte Risikomanagementsystems gelegt werden.

Bewusst wurde in der obigen Aussage von »könnte« gesprochen, denn es ist unstrittig, dass gerade in vielen mittelständischen Unternehmen, analog dem Controlling, eine interne Revision als neutrale Institution, wenn überhaupt, nur »pro forma« durch die Geschäftsleitung existent ist.

Zwar wird damit dem theoretischen Anspruch nachgekommen, nicht jedoch die Umsetzung eines Überwachungssystems gewährleistet und praktiziert.

Sicherlich ist das häufige Nichtexistieren einer innerbetrieblichen Revision in den Unternehmen auch damit zu erklären, dass letztendlich die externe Jahresabschlussprüfung immer noch in vielen Geschäftsleitungen als absolut ausreichend angesehen wird.

Es sei hier erwähnt, dass nach allgemeinem Verständnis die Überwachungsfunktion der internen Revision nicht zwangsläufig durch eine hausinterne Revisionsabteilung vorgenommen werden muss. Nicht die Existenz einer eigenen Revision ist entscheidend, sondern vielmehr die Erfüllung der vom Gesetzgeber geforderten Überwachungsfunktion als solches. Dieses kann sowohl im Rahmen eines Outsourcings einer externen Prüfungsgesellschaft übertragen, als auch von internen Fachkräften übernommen werden.

Wie schon an anderer Stelle dargelegt, beschränkte sich die externe Jahresabschlussprüfung bis in die jüngste Vergangenheit nur auf den Bereich des Finanz- und Rechnungswesens und erfüllte damit bei Weitem nicht die an eine innerbetriebliche Revision, als integraler Bestandteil eines Risikomanagementsystems, gestellten Aufgaben einer Prüfung von **Unternehmensaktivitäten, -strukturen, -funktionen und -ablaufprozessen** in Form eines **prozess- und risikoorientierten Ansatzes** nach den folgenden Prüfungsgesichtspunkten:

1. **Ordnungsmäßigkeit** Prüfungsaspekte
   Einhaltung gesetzlicher Vorschriften und Verordnungen sowie
   interner Richtlinien, Anweisungen und Prozesse,
2. **Wirtschaftlichkeit**
   Überprüfung vom wirtschaftlichen Zusammenwirken innerbetrieblicher Abläufe und Systeme anhand von Soll-/Ist-Vergleichen
   zur Kostenoptimierung und mehr Effizienz,
3. **Zweckmäßigkeit**
   Überprüfung von Ablaufprozessen und Organisationsstrukturen
   unter Aspekten eines sinnvollen, zweckmäßigen Zusammenspiels,
4. **Risikohaftigkeit**
   Identifizierung von Risiken im gesamten Unternehmen sowohl
   im Finanz- als auch im operationalen Bereich,
5. **Sicherheit** im gesamten Unternehmen, wie
   – in den Ablaufprozessen,
   – in der Datensicherheit und deren Zugriffsberechtigungen,
   – bestehende »Notfallpläne« zur Aufrechterhaltung eines »not-
     dürftigen« Geschäftsbetriebes.

Aus diesem Ansatz ergeben sich für die interne Revision die Auf- Prüfungsbereiche
gaben der der internen
Revision

- **Prüfung im Finanzbereich** (Treasury)
  Diese Prüfungen sind vornehmlich auf Risikopositionen, Bewer-
  tungsmethoden und Ansätze, Einhaltung von Limiten, internen
  Richtlinien und Risikostrategien, Richtigkeit, Vollständigkeit
  und zeitnaher Erfassung der Transaktionen, der Funktionstren-
  nung sowie marktgerechter Transaktionsbedingungen bezogen
  (Risikohaftigkeit, Wirtschaftlichkeit, Ordnungsmäßigkeit).
- **Prüfung im Rechnungswesen**
  Hierunter wird die vergangenheitsbezogene Prüfung hinsichtlich
  der Ordnungsmäßigkeit im Rechnungswesen und dem Schutz der
  Vermögenswerte gesehen sowie die implementierten Kontrollen
  (Ordnungsmäßigkeit, Risikohaftigkeit, Wirtschaftlichkeit).
- **Prüfung im organisatorischen und operationalen Bereich**
  Dieser Prüfungsbereich konzentriert sich neben der Beurteilung
  von organisatorischen Strukturen, Ablaufprozessen, der Einhal-
  tung von Richtlinien auch auf die Systemprüfungen im EDV-Sek-
  tor, wie der Erfassung und Verarbeitung von Datenbelegen, der
  Datensicherheit, der Zugriffsrechte und etwaiger »Notfallpläne«
  bei Systemausfällen und auf die Funktionsfähigkeit des internen
  Kontrollsystems.
  Darüber hinaus sind Kompetenzregelungen, deren Einhaltung
  wie auch Aufgabenbeschreibungen und deren Umsetzung Gegenstand der Prüfung (Risikohaftigkeit, Sicherheit, Wirtschaftlichkeit, Zweckmäßigkeit).

● **Prüfung des Managements bzw. dessen Leistungen**
Vornehmlich sind hier die in der Vergangenheit liegenden Entscheidungen und daraus resultierenden Ergebnisse, die Zukunftschancen, das künftige Unternehmenswachstum, bestehende Risikofaktoren und Schwachstellen im Unternehmen zu verstehen. Es sei jedoch bemerkt, dass gewisse Überwachungsfunktionen im unternehmensstrategischen Bereich letztendlich nur durch die Aufsichtsorgane wahrgenommen werden (Wirtschaftlichkeit, Risikohaftigkeit).

10.1   Aufgaben der internen Revision

Die Revision hat hinsichtlich ihrer durchgeführten Prüfung einen Bericht mit entsprechenden Empfehlungen zur Mängelbeseitigung zu erstellen und der Geschäftsleitung vorzulegen.

Über noch nicht beseitigte Schwachstellen bzw. noch nicht erfolgte Umsetzung der Revisionsempfehlungen ist die Geschäftsleitung regelmäßig zu informieren.

Revision als Managementinformation

Der zuletzt erwähnte Prüfungsbereich hat sich allerdings noch nicht durchgängig etabliert und es wird sicherlich noch einige Zeit dauern, bis dies als Selbstverständlichkeit angesehen wird.

Schließlich könnte die »Prüfung« oder »Überwachung« der Managementleistungen durch die interne Revision seitens der Geschäftsführung häufig als nicht berechtigte Kritik durch die eigenen Mitarbeiter und damit als eine gewisse Konfrontation interpretiert werden, zumal die Rechenschaftslegung des Managements vom Verständnis her nur gegenüber den Anteilseignern abzulegen sei, die in vielen Mittelstandsunternehmen aber selber in der Geschäftsleitung tätig sind.

Revision als Konflikt

Daher ist seitens der Geschäftsführung eher die Neigung gegeben, lieber auf externe Berater zurückzugreifen, als sich auf eine »interne Meinung« und Empfehlung »einzulassen«, weil in den externen Beratern eine größere Objektivität und Neutralität gesehen wird.

Andererseits wird in den Unternehmen die Managementleistung im Rahmen eines Controlling – wie dieses auch immer aufgestellt sein mag – kontinuierlich durch betriebswirtschaftliche Kennzahlen begleitet, woraus sich ein enges Zusammenspiel von interner Revision und dem Controlling zu ergeben hat.

Der Schwerpunkt in diesem Zusammenspiel liegt dabei in der Überwachung der im Controlling verwandten Messmethoden, Bewertungsansätzen, Analysen wie auch dem Berichtswesen, durch die interne Revision.

10.2   Die interne Revision als Überwachungssystem

Die neuerliche Ausrichtung einer internen Revision   Revision als Berater

- weg vom vergangenheitlichen Suchen nach Fehlern, Mängeln, Missständen und einem daraus resultierenden »Tadeln« in Form von skalierten Revisionsergebnisnoten und
- hin zum Aufzeigen von Risikofaktoren und Schwachstellen unter Ordnungsmäßigkeits-,Wirtschaftlichkeits-, Sicherheits- und Zweckmäßigkeitsaspekten mit entsprechender Beratung,

dem »Internal Consulting« – verstanden als ausgesprochene Empfehlung –, wird zunehmend mehr und mehr neben der eigentlichen Prüfung zur begleitenden Aufgabe der internen Revision und zeigt deutlich eine quasi Symbiose von Controlling und Revision im unternehmerischen Risikomanagementprozess.

Gleichzeitig führt es zu einer verstärkten Zusammenarbeit mit den unternehmerischen Aufsichtsorganen und den externen Wirtschaftsprüfern,

- weil durch das KonTraG die Aufsichtsorgane eng in den Risikomanagementprozess eingebunden sind und
- die interne Revision selbst als Überwachungsinstanz Bestandteil des Risikomanagementsystems ist.

Um der internen Revision als Überwachungsinstanz die erforder-   Neutralität
liche **Objektivität** und **Neutralität** zukommen zu lassen, ist es un-   als Revision
abdingbar, ihr

- die grundsätzliche Urteilsfreiheit,
- eine freizügig ausübbare Kritik,
- eine absolute Unabhängigkeit in ihrer Aufgabe zu gewährleisten und
- sie keinerlei Weisungen durch die Unternehmensorgane zu unterwerfen.

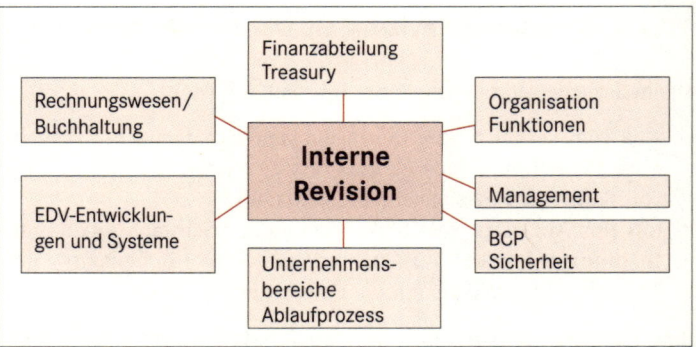

Abb. 46: Interne Revision als »Überwachungssystem« im Rahmen eines
Risikomanagementsystems nach dem KonTraG

Wenn diese Voraussetzungen gegeben sind, wächst gleichzeitig das
Verständnis, die interne Revision als »Partner«, der seinen Beitrag
zur Sicherung des Fortbestandes des Unternehmens liefert, anzusehen und nicht mehr, wie oftmals anzutreffen, als »Schreckgespenst«
vieler Mitarbeiter.

**IT im
Prüfungsfocus**

Abgesehen von Revisonsfeststellungen (Revisionsmoniten) im
Finanzbereich, wo die Ordnungsmäßigkeit, gesetzliche Anforderungen, Grenzen der Auslegung – wie Abschreibungsmethoden und
deren Wechsel – tangiert werden, die seitens der Wirtschaftsprüfer
zu beanstanden sind, wird künftig immer mehr der IT-Bereich und
die Prozessabläufe in den Fokus der Revision rücken und Schwachstellen wie fehlende EDV-Zugangsberechtigungen und damit Zugriff
auf sensible Unternehmensdaten durch Unberechtigte, Manipulati-
onsmöglichkeiten, fehlende Kontrollen aufdecken. Risiken, die sich
hieraus ergeben, betreffen den gesamten Ablauf von Geschäftsprozessen. Diese Risiken zu unterschätzen ist beinahe gleichzusetzen
mit der Einstellung und Hoffnung: es wird schon gut gehen.

Gerade im IT-Bereich ist die enge Verbindung von Risikohaftigkeit, Wirtschaftlichkeit, Zweckmäßigkeit und Sicherheit gegeneinander auszuloten, wobei der Fokus auf der Risikohaftigkeit und damit Sicherheit liegen sollte. Die Beseitigung »aufgedeckter« (besser:
erkannter) Schwachstellen ist unter genauer Abwägung von Kosten
und Risiko zu untersuchen und zu dokumentieren – der Frage folgend, bin ich bereit, das Risiko unter Kostengesichtspunkten einer
Beseitigung zu akzeptieren.

Diese Überlegungen sind anzustellen, weil häufig extern ent-
wickelte Systemanwendungen eingesetzt werden, die sicherlich
nicht immer den eigenen Ansprüchen zu hundert Prozent entsprechen, aber dennoch zu effizienteren Abläufen im Unternehmen führen. Schnelligkeit ist heute gefragt und damit wird häufig der eine

oder andere Mangel in Kauf genommen. Vor- und Nachteile – Risiko und Nutzen – sollten daher abgewogen und das akzeptierte Risiko in einem Risikohandbuch dokumentiert werden.

Bei manchen Lesern mag auf den ersten Blick der Eindruck entstehen, dies sei alles zu bürokratisch. Doch letztendlich geht es um die Erfassung der Risiken und die Vermeidung und Eingrenzung »gefährdender Entwicklungen«. Dieses sollte ganz besonders von den neuen »Start-up-Unternehmen« ins Kalkül gezogen werden.

Erfassung von Risiken

An dieser Stelle sei abschließend die kritische Frage erlaubt, ob, aufgrund der Anforderungen durch das KonTraG an die Wirtschaftsprüfer, eine nicht im Unternehmen vorhandene interne Revision als »Überwachungssystem« durch die jährliche Abschlussprüfung quasi »ersetzt« werden können?

Für einige Unternehmen mag dies zutreffen und es liegt an den Geschäftsleitungen und Aufsichtsorganen zu prüfen und zu entscheiden, inwieweit damit dem KonTraG Genüge getan wird oder ob nicht in Form einer zu »installierenden« Überwachungsinstanz ein internes Kontroll-/Revisionswesen einzuführen ist.

Dieses vor allem vor dem Hintergrund, dass die internen Ablaufprozesse immer mehr EDV gesteuert und von dieser abhängig werden und das rasant zunehmende »E-Commerce« via Internet zusätzliche Anforderungen stellt, was für den Überwachungsprozess besondere Qualifikationen erfordert. Sicherlich kann auch nicht erwartet werden, dass viele auf dem Gebiet der Wirtschaftsprüfung tätigen Personen, diese zusätzlich hierfür erforderliche Qualifikation mitbringen.

10.3   Self-Audit

Unter Self-Audit wird die regelmäßig durchgeführte Selbstkontrolle der einzelnen Fachabteilungen eines Unternehmens verstanden. Zielsetzung ist, Risiken in den Geschäftsprozessen aufzudecken. Das Self-Audit dient dabei der Analyse, Bewertung und Verbesserung des Internen Kontrollsystems (IKS) durch die operativen Abteilungen. Schwachstellen und Kontrollmängel werden somit von den Fachabteilungen selbst aufgedeckt und führen zu einer erhöhten Effizienz der Überwachungsfunktion und Kontrollmaßnahmen in den Geschäftsprozessen. Gleichzeitig wird die Arbeit der internen Revision ergänzt und unterstützt und Informationen für die Geschäftsleitung entscheidend verbessert.

Selbstkontrolle der einzelnen Fachabteilungen

Der Vorteil eines Self-Audit liegt darin, dass aufgedeckte Mängel durch die Fachabteilung vorab eigenständig behoben werden können.

Zwar kann ein Self-Audit die interne Revision nicht ersetzen, aber wie bereits Eingangs zum Kapitel »Interne Revision« erwähnt, bietet das Self-Audit den KMU's, die keine etablierte Revisionsabteilung haben, immerhin die Möglichkeit regelmäßig die Geschäftsabläufe und -prozesse auf Mängel zu durchleuchten.

Self-Audits sollten prozessorientiert in Form von vorgegebenen Fragebögen (erstellt unter Mitwirkung der Geschäftsleitung) regelmäßig durchgeführt und dokumentiert werden. Die Fragebögen selber sind dabei klar zu strukturieren und so zu gestalten, dass eine klare Beantwortung mit »Ja/Nein« zu erfolgen hat. Ein »Nein« zeigt dabei jeweils einen Schwachpunkt auf. Darüber hinaus kann zusätzlich jeder Frage noch eine Risikopunktzahl zugeordnet werden unter Berücksichtigung der Eintrittswahrscheinlichkeit einer Fehlentwicklung sowie einer daraus zu erwartenden Schadenshöhe.

Das Self-Audit unterstützt die Geschäftsleitung von KMU's bei der selbstkritischen Beurteilung eines quasi eigenen IKS, auch in Hinsicht auf das Rating und einer Corporate Governance.

Checkliste

✔ Werden außer der vorgeschriebenen jährlichen Abschlussprüfung regelmäßig unabhängige interne/externe Revisionskontrollen vorgenommen?

✔ Ist die Revision als neutrale Funktion im Unternehmen etabliert?

✔ Werden die Geschäftsleitung und die Aufsichtsgremien über die im Rahmen der Revision festgestellten »Schwachstellen« informiert?

Zusammenfassung

1. Der Gesetzgeber fordert mit dem KonTraG ein internes Überwachungssystem.

2. Die absolute Existenz einer eigenen Revision ist nicht entscheidend, sondern die Erfüllung der geforderten Überwachungsfunktion.

3. Idealerweise nimmt eine zu etablierende interne Revision die vom KonTraG geforderte Überwachungsfunktion wahr, um Schwachstellen hinsichtlich Ordnungsmäßigkeit, Zweckmäßigkeit, Wirtschaftlichkeit, Risikohaftigkeit und Sicherheit sowohl im Finanzbereich als auch im operationalen Bereich des Unternehmens aufzuzeigen.

4. Die Revision ist als eine absolut neutrale Funktion zu verstehen, die beratend zwecks Behebung der Schwachstellen im Rahmen des Risikomanagementsystems agiert. Hierzu ist es erforderlich, der internen Revision Urteilsfreiheit, ausübbare Kritik sowie unabhängiges Arbeiten zu ermöglichen und sie keinerlei Weisungen durch die Unternehmensleitung zu unterwerfen.

5. Die Revisionsprüfungen sollten risiko- und prozessorientiert durchgeführt werden, um die Risikosituation im operativen Bereich besser darzustellen.
6. Die Revision wird sich künftig schwerpunktmäßig verstärkt auch auf den IT-Bereich und die Geschäftsablaufprozesse konzentrieren.

Fragen zur Revision

	Ja	Nein
Besteht eine interne Revisionsabteilung?	☐	☐
Wenn ja:		
Ist die Revision eindeutig als neutrale Instanz etabliert?	☐	☐
Wo liegen die Prüfungsschwerpunkte?		
Finanzbereich	☐	☐
in den Abläufen und Strukturen	☐	☐
im IT/EDV-Bereich	☐	☐
Controlling	☐	☐
Fachabteilungen	☐	☐
Risikomanagement	☐	☐
gesetzliche Vorschriften	☐	☐
In welchen Intervallen erfolgt die Prüfung?		
....		
Wird die Revision bei Einführung/Entwicklung von Softwareanwendungen einbezogen?	☐	☐
»Gegen« welche Standards – außer bestehender externer Richtlinien – wird die Prüfung vorgenommen?		
....		
....		
Bestehen eindeutige Richtlinien, Anweisungen und Prozessbeschreibungen, um im organisatorischen Rahmen dem Überwachungssystem gerecht zu werden?	☐	☐

	Ja	Nein
Erfüllen diese Anweisungen, Richtlinien und Beschreibungen den Anforderungen eines Risikomanagements und sind diese von externen Prüfern beurteilt worden?	☐	☐
Wird im Rahmen der Revisionstätigkeit (vor allem im IT-/EDV-Bereich)		
prozessorientiert	☐	☐
risikoorientiert	☐	☐
geprüft?		
Werden Prozessabläufe risikoorientiert geprüft?	☐	☐
Werden festgestellte Mängel zwecks Behebung »verfolgt«?	☐	☐
Erfolgt ein entsprechendes Berichtswesen an die		
Geschäftsleitung	☐	☐
Aufsichtsorgane	☐	☐
Sind die in der Revision tätigen Mitarbeiter entsprechende qualifiziert? (EDV, Derivate, Geschäftsprozesse etc.)	☐	☐
Versteht sich die Revision im Rahmen ihrer Tätigkeit auch als Berater zwecks Risikominimierung, Prozessoptimierung etc.?	☐	☐
Wird das Risikomanagement in die Prüfung einbezogen?	☐	☐

Fragen zur Revision

	Ja	Nein
Wird die Revision selbst durch unabhängige Prüfer einer Prüfung unterzogen?	☐	☐

Werden die Revisionsfeststellungen hinsichtlich ihres Risikos unter einer Prozessbetrachtung nach

hoch	☐
mittel	☐
gering	☐

klassifiziert?

	Ja	Nein
Wird im Rahmen der Revision auch hinsichtlich Umweltbelastungen (Einhaltung von vorgegebenen Werten etc.) **geprüft?**	☐	☐
Produktionsbereich (Emissionen)	☐	☐
Beschaffung (Materialien)	☐	☐
Vertrieb (Produkte)	☐	☐
Werden interne Projekte von der Revision begleitet?	☐	☐
Werden diese Projekte einer Prüfung unterzogen?	☐	☐
Besteht eine interne Revisionsabteilung?	☐	☐

Wenn nein:

Wie wird dem Anspruch nach einem Überwachungssystem im Unternehmen nachgekommen?

	Ja	Nein
durch eine regelmäßige externe Revision (unabhängig von der Jahresabschlussprüfung)	☐	☐
durch eine sporadische, der Notwendigkeit entsprechende externe Prüfung (gelegentlich)	☐	☐
durch gelegentliche Prüfung seitens qualifizierter Mitarbeiter	☐	☐
gar nicht	☐	☐

	Ja	Nein
Wenn eine Prüfung erfolgt, wo liegt der Prüfungsschwerpunkt?		
– Finanzbereich	☐	☐
– in den Abläufen und Strukturen	☐	☐
– im IT/EDV-Bereich	☐	☐
– Controlling	☐	☐
– Fachabteilungen	☐	☐
– bei Bedarf im Rahmen von Sonderprüfungen	☐	☐
Wird das Risikomanagement in die Prüfung einbezogen?	☐	☐
Bestehen eindeutige Richtlinien, Anweisungen und Prozessbeschreibungen, um im organisatorischen Rahmen dem Überwachungssystem gerecht zu werden?	☐	☐
Erfüllen diese Anweisungen, Richtlinien und Beschreibungen den Anforderungen eines Risikomanagements und sind diese von externen Prüfern beurteilt worden?	☐	☐

Wer überprüft die Einhaltung dieser Richtlinien?

....

	Ja	Nein
Wird regelmäßig eine Risikoeigenbeurteilung (Self Assessment) in den Unternehmensbereichen vorgenommen?	☐	☐

An wen werden die Resultate berichtet?

....
....
....
....

11 Systemumwelt und Systemunterstützung

Ein übersichtliches, effizientes Risikomanagement, als innerbetrieblicher Prozess, stellt bei der Implementierung im Unternehmen hohe Anforderungen an das unternehmenseigene EDV-System.

Anforderungen an das EDV-System

Es sollte so ausgelegt sein, dass alle Geschäfts-, Finanz- und Marktdaten nicht nur erfasst, sondern auch entsprechend aufbereitet werden können, um nicht nur die Finanzstruktur, die Liquiditätsströme, sondern auch alle anderen für das Unternehmen wichtigen Daten aus dem operativen Bereich zur Früherkennung von Risiken jederzeit übersichtlich abbilden zu können.

Ein System sollte in der Lage sein anhand von Kennziffern aus den unterschiedlichen Unternehmensbereichen Auswertungen und Analysen zu erstellen, die Entwicklungen und Tendenzen (Risiken) transparent aufzeigen, ganz besonders auch unter dem Aspekt einer umfangreichen Informationsgrundlage für ein Rating.

Auch sollte die Nachvollziehbarkeit der eingespeisten Daten und somit eine lückenlose Dokumentation gewährleistet sein.

Das stellt die Unternehmen vor das Problem, geeignete Softwareanwendungen für ein Risikomanagement zu suchen, was gerade in mittelständischen Betrieben Kostengesichtspunkte in den Vordergrund rücken lässt. Es sollte aber nicht übersehen werden, dass den Kostengrößen enorme Nutzengrößen bei bereits minimalen Verbesserungen im Informationsfluss gegenüberstehen.

Hierzu gehören neben einer verbesserten Steuerungs- und Entscheidungsgrundlage durch Analyse-, Simulations- und Kontrollmöglichkeiten und daraus resultierend einem »sichtbar« gemachten Risiko, auch die Effizienzsteigerung und die Arbeitszeiteinsparung.

Geeignete Software einsetzen

Das Marktangebot an Softwarelösungen ist wenig transparent und ein Überblick wird zusätzlich durch die häufig falsch verwandten bzw. vermarkteten Begriffe der angebotenen Systeme erschwert. Es bleibt fraglich, ob letztendlich dem geforderten Anspruch auch Rechnung getragen wird. So werden oftmals einfache Cash-Management-Systeme fälschlicherweise als Risikomanagement-Tools angepriesen. Andere Systeme decken lediglich nur einzelne Bereiche ab oder lassen Analyse und Auswertungsfunktionen vermissen. Wieder andere Systeme stellen sich als für das Unternehmen überdimensioniert heraus. Vor allem wird bis heute mit den meisten Systemen nur der Finanzbereich abgedeckt und damit die operationalen Risiken vernachlässigt.

Tipp

> Nehmen Sie eine umfassende Analyse der angebotenen EDV-Systeme in Bezug auf ein Risikomanagement vor und gleichen Sie diese mit den vom Unternehmen an sie gestellten Anforderungen ab.

Die ideale Systemlösung für den **Finanzbereich** sollte folgende Komponenten aufweisen:

- Multibankfähigkeit,
- Real-Time-Betrieb,
- Transaktions-Bestandsführung;
- Finanzplanung und Liquiditätsdarstellung,
- Möglichkeit, Finanzderivate zu verarbeiten,
- Darstellung des gesamten Finanzexposures nach verschiedenen Kriterien,
- Analyse-, Simulations- und Bewertungsmöglichkeiten der verschiedenen Finanzpositionen und deren impliziten Risiken;
- Schnittstelle für eine Marktdatenversorgung,
- Limitkontrollsystem,
- Bilanzkennzahlenanalyse-Funktion.

Eine Systemanwendung für den **operativen Bereich** sollte in der Lage sein

- die für das Unternehmen wichtigsten in- wie externen wirtschaftlichen und operativen Frühwarnindikatoren,
- Daten der Lieferanten und Kunden und deren Bonität,
- Auftragsvolumen, Entwicklung und »Verteilung« nach Kontrahenten,
- Kundenreklamationen und deren Häufigkeit und die gesamte unternehmerische Kostenstruktur,
- die einzelnen Unternehmensbereiche,
- Beschaffung,
- Absatz,
- Produktion,
- EDV,
- Personal,
- Verwaltung,
- Prozesse

in Form von aussagefähigen Kennzahlen abzubilden.

Darüber hinaus sollten

- ein Reportgenerator für Auswertungen sorgen,
- die notwendigen Sicherheitsstandards implementiert und
- die Integrationsmöglichkeiten in die bestehende Unternehmens-EDV-Umwelt gegeben sein.

Gerade der letzte Punkt ist von besonderer Wichtigkeit, können doch so die relevanten Daten für Analysen und Auswertungen miteinander »verknüpft« werden und es müssen nicht erst aufgrund bestehender »Insellösungen« die Daten aus den verschiedensten Systemen gesammelt und manuell zusammengestellt werden, was letztendlich auch einem zeitnahen unternehmensinternen Berichtswesen nicht entgegenkommt.

Zu ergänzen ist die Systemanwendung um den unternehmensinternen **Risikomanagementprozess in Form eines EDV-unterstützten Risk-Assessment-Prozesses** analog der vorgestellten Risiko-Matrix oder einer Risiko-Punkte-Tafel, die aufgrund ihrer Indikatoren – je nach Ausgestaltung – auch gleichzeitig als Basis eines Controlling- und Steuerungsinstrumentes dienen kann. Um vor allem die operativen Risiken künftig nicht mehr nur auf subjektive Schätzgrößen zu basieren, sollte gleichzeitig eine Risikoereignisdatenbank zur Erfassung eingetretener Risiken (Schäden) implementiert werden, aus der dann die künftige Risikoeintrittswahrscheinlichkeit operativer Risiken mathematisch objektiv für das Unternehmen ermittelt werden kann.

Wünschenswert wäre darüber hinaus für diese Anwendungen ein Systemtestat oder eine »Abnahme« oder Empfehlung einer anerkannten Wirtschaftsprüfungsgesellschaft.

Risk-Assessment und Risikoereignisdatenbank

12   Risikomanagement in der Zusammenfassung

Der gestellte Anspruch an ein Risikomanagementsystem als ein interner Prozess wird sich sicherlich von Unternehmen zu Unternehmen generell unterscheiden.

Es steht außer Frage, dass die Einführung eines Risikomanagementsystems in vielen Unternehmen aufgrund eines bisher nicht ausreichend vorhandenen Berichtswesens und entsprechender Zusammenführung des Informations- und Datenmaterials zur Risikobeurteilung mit entsprechendem Aufwand verbunden ist.

Die Umsatzgröße, bezogen auf die Grundgeschäfte (Originärgeschäfte) und deren Anzahl, die Prozesskomplexität, die von der Geschäftsleitung verfolgte Risikostrategie, die Mitarbeiteranzahl und deren Qualifikation, die Breite der Produktpalette und des Kundensegmentes, wie auch bereits vorhandene EDV-Systeme bzw. -Lösungen sind nur einige wesentlich mitbestimmende Faktoren zur Ausrichtung.

Die Ausgestaltung eines derartigen »Systems« oder Prozesses ist daher an die jeweilige Größe des Unternehmens und dessen Bedarf »anzupassen« bzw. für das Unternehmen »Maß zu schneidern«.

Ob letztendlich der eingeführte Risikomanagementprozess auch von der Wirtschaftsprüfung anerkannt und testiert wird, muss zunächst offen bleiben, weil genaue Vorgaben zur Ausgestaltung vom Gesetzgeber, an denen sich die Unternehmen und die Wirtschaftsprüfer orientieren können, nicht gemacht wurden.

Hier werden über die nächsten Jahre erst noch praktische Erfahrungen zu sammeln sein und es wird darüber hinaus noch viel Diskussionsstoff bei der externen Prüfung geben, zumal auch auf der Wirtschaftsprüferseite immer noch gewisses »Neuland« betreten wird. Ganz besonders werden sich die Steuerberater, die für kleine und mittelständische Unternehmen, teils auch als deren Berater, tätig sind, mit dem Risikomanagement auseinander setzen müssen.

Zwar ist und wird in vielen Beiträgen und Veröffentlichungen dieses Thema verstärkt aufgegriffen und Stellung dazu bezogen, jedoch lassen diese konkrete, in die Praxis umzusetzende Empfehlungen in Form von absoluten Mindeststandards oder Mininimalanforderungen vermissen.

Die aus dem Gesetz (KonTraG) teils theoretisch-wissenschaftlich abgeleiteten Anforderungen als Idealanspruch eines Risikomanagementsystems auf seiten der Wirtschaftsprüfer werden sich mit dem in die Praxis Umsetzbarem messen lassen müssen.

Eine »Kluft« ist daher bereits vorbestimmt, die es gilt auf eine gemeinsame praxisorientierte Plattform zu bringen.

Es wäre sicherlich sinnvoll und hilfreich, aufgrund der bereits bisher gewonnenen Erfahrungen und der künftig auftretenden Fragestellungen gewisse, an Beispielen zu formulierende Orientierungshilfen zu erstellen.

> Nehmen Sie eine regelmäßige Überprüfung der kritischen Risikofaktoren vor und erstellen Sie in ausreichender Form die Risikoprofile Ihres Unternehmens.

Tipp

12.1 Minimalanforderungen an ein Risikomanagement

Da das KonTraG keine konkret formulierten Anforderungen hinsichtlich des geforderten Risikomanagement- und Überwachungssystems liefert, sollten im Rahmen eines Risikomanagementprozesses eines Unternehmens, entsprechend dessen Größe, nachstehende, praktikable Minimalanforderungen erfüllt werden:

- **klar definierte Anweisungen für bestehende Risikofelder**
  - Unternehmensstrategie und eine daraus abgeleitete Risikostrategie,
  - handelbare Finanzprodukte,
  - Handelsbefugnisse der Mitarbeiter,
  - Verlustbegrenzung im Finanzbereich durch klare Limite,
  - zeitnahe Erfassung aller abgeschlossenen Finanzgeschäfte,
- **fortlaufende Überprüfung der künftigen Liquiditätsentwicklung mit regelmäßigem Vergleich der Soll/Ist-Werte-Situation,**
- **Liste für die offenen Währungspositionen (Währungs- und Wechselkursrisiko)**
  - nach Fälligkeit,
  - mit Durchschnittskurs,
  - Vergleich mit aktuellen Marktkursen,
- **Zinsbindungsbilanz für die offenen Zinspositionen (Zinsänderungsrisiko)**
  - nach Fälligkeit,
  - mit Durchschnittskurs,
  - Vergleich mit aktuellen Marktkursen,

- **Volumensdokumentation**
  - zur Prüfung der Verhältnismäßigkeit von Finanzumsatz und dem Ergebnis,
- **Erstellen der wichtigsten Bilanz- und Finanzkennzahlen,**
- **regelmäßige Bonitätsüberwachung der Kontrahenten,**
- **eindeutige Trennung der Funktionsbereiche,**
- **eindeutige Kompetenzenregelung,**
- **Sachkenntnis der Entscheidungsträger,**
- **klar definierte innerbetriebliche Ablaufprozesse,**
- **Erstellen der wichtigsten Kennzahlen der operativen Bereiche,**
- **regelmäßiger Vergleich von Risikosituation und Risikostrategie,**
- **Strategieanpassung an das veränderte Gesamtumfeld,**
- **regelmäßige Kontrolle und Berichterstattung an die Geschäftsleitung durch eine nicht in den Geschäftsprozess eingebundene neutrale »Instanz«.**

12.2 Das Risikomanagement in seinen Kernelementen

Das vom KonTraG geforderte Risikomanagementsystem basiert auf drei Säulen:
- dem Frühwarnsystem,
- dem Überwachungssystem und
- dem Controlling.

Zwar wurden in einer Verlautbarung des Instituts der Wirtschaftsprüfer (IDW) indirekt Mindestanforderungen an ein Überwachungssystem formuliert:

1. vollständige Erfassung aller wesentlichen Risiken,
2. Errichtung eines permanenten Prozesses,
3. Berichterstattung der wesentlichen Risiken an die Geschäftsleitung/den Vorstand,
4. Dokumentation des Risikomanagements,
5. Überwachung des Risikomanagementsystems,

doch für einen praktischen Leitfaden und als Hilfsmittel zur Implementierung eines Risikomanagementsystems sind sie m.E. auch in ihrer weiteren Erklärung viel zu generell gefasst.

Um der Praxis einen Orientierungsrahmen zu geben – und hier sei besonders an die mittelständischen Unternehmen gedacht – sollen nachstehend für die drei Säulen **Minimalanforderungen** formuliert werden.

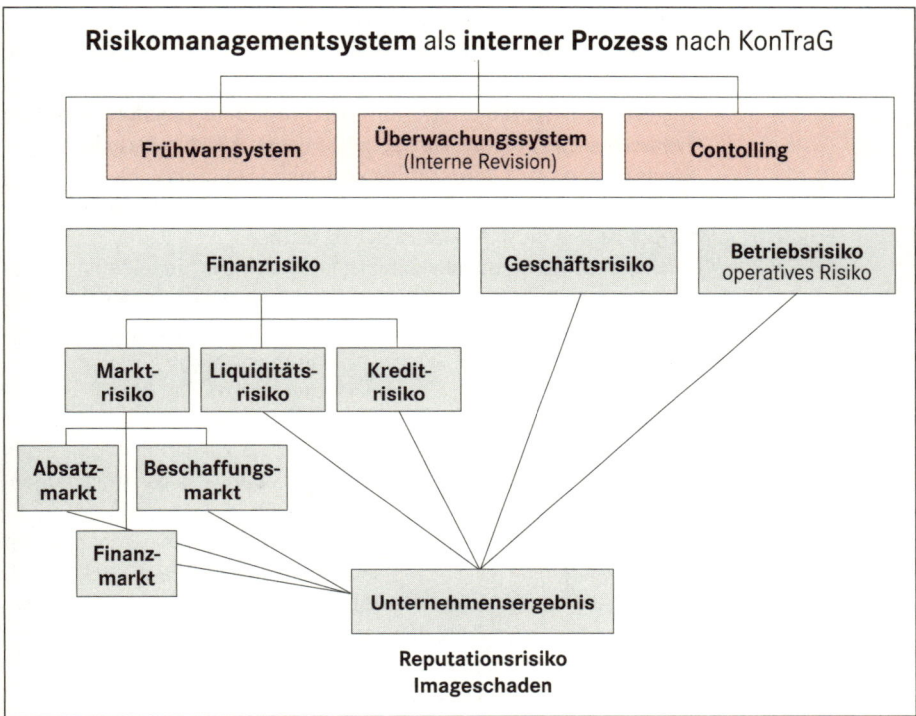

Abb. 47: Die drei Säulen des Risikomanagementsystems

12.2.1   Frühwarnsystem

Was soll erreicht werden?

Durch das Frühwarnsystem sollen zum einen Entwicklungen und daraus abzuleitende Risiken außerhalb des Unternehmens recht- zeitig erkannt werden, die auf das Unternehmen Einfluss nehmen können (externer Bereich) und zum anderen die Risiken im Unter- nehmen selbst aufgezeigt werden, die frühzeitig Aufschluss über die künftige Unternehmensentwicklung und deren Fortbestand geben können (interner Bereich). Hierfür bedarf es Informationen der Be- reiche, aus denen Risiken oder Gefahren erwachsen können, sowohl intern als auch extern.

Externe und interne Risiken erkennen

Reine Bilanz- und Finanzkennzahlen reichen in der heutigen Zeit bei Weitem nicht mehr aus, geben sie doch keine Auskunft darüber, wohin das Unternehmen im Umfeld sich rasant ändernder ökono- misch-politischer und technologischer Rahmenbedingungen »treibt«, sondern stellen nur die Vergangenheit dar.

Es ist nicht die Fokussierung auf momentane Umsatz- und Kapital-
renditen, sondern die Herausforderung diese auch künftig zu erreichen, zu steigern und abzusichern.

»Frühwarnindikatoren«, die Aufschluss über mögliche künftige
Tendenzen und Entwicklungen geben liegen meist außerhalb der aus
den Bilanzen und Finanzzahlen abzuleitenden Kennzahlen.

Daher sind Indikatoren notwendig, die über eine »**Ursachen-Wirkungs-Kette**« diese Auskunft geben können.

Dabei ist nicht entscheidend möglichst viele Einzeldaten zu haben, sondern **Schlüsseldaten**, die einen komplexen Zusammenhang
darstellen und in Bezug zu den Unternehmenszielen gebracht werden können.

Dieses kann geschehen über:

Indikatoren und ihre
Aussagekraft

- **absolute Indikatoren**, die sich ohne zusätzliche Berechnung aus
  den Unternehmensdaten entnehmen lassen (Preise, Stückzahlen,
  Ausschussmengen etc.),
- **Verhältnisindikatoren**, die verschiedene Unternehmensdaten
  zueinander ins Verhältnis setzen (Absatzzahlen zu Reklamationen, und diese gegebenenfalls wieder in Relation zum Verhältnis Produktionsstückzahlen zu Ausschussmengen, Neuabschlüs-
  se zu Stornierungen etc.)
- **Indexindikatoren** wie beispielsweise Inflation zu Produktprei-
  sen,
- **Benchmarkindikatoren**, die die gesetzten Unternehmensziele
  mit den tatsächlich erreichten Ergebnissen darstellen.

Indikatoren sollten darüber hinaus zielgerichtet entwickelt werden,
um genauere Aussagen zu erhalten über:

- Kundenzufriedenheit,
- Produktqualität,
- Serviceleistungen,
- Mitarbeiterzufriedenheit,
- Effizienz der betriebliche Ablaufprozesse,
- Positionierung gegenüber Mitbewerbern und innerhalb der Branche,

um daraus wiederum Informationen zu erhalten über:

- Schwächen und Stärken des Unternehmens oder einzelner
  Bereiche,
- Fehlentwicklungen,
- die wirtschaftliche Lage zu einem bestimmten Zeitpunkt oder
  über einen längeren Zeitraum.

Um relevante Indikatoren zu entwickeln, sollten folgende Anforderungen erfüllt werden:

Keine
Indikatoreninflation

- jeder Indikator ist mit einem Vorgabeziel zu verbinden,
- Indikatoren müssen messbar sein,
- Indikatoren müssen vergleichbar sein,
- Indikatoren müssen die »Ursache-Wirkungs-Kette« darstellen,
- Indikatoren müssen verständlich und übersichtlich aufbereitet sein,
- sie sollten ferner die kurzfristige und langfristige Situation widerspiegeln,
- sie sollten dazu führen, Prioritäten setzen zu können,
- sie sollten sowohl die Vergangenheit, Gegenwart als auch die künftige Entwicklung darstellen bzw. berücksichtigen.

Hierzu ist es notwendig festzulegen und zu klären,
- welche Daten erforderlich sind, um die Unternehmensziele zu erfassen,
- wo die Daten zu erhalten sind,
- wie Daten zu ermitteln und zu errechnen sind (Methodik, Systematik),
- welche Daten zur Kontrolle und Steuerung relevant sind,
- wie Daten zu interpretieren sind,
- welche Unternehmensbereiche benötigen welche Daten und in welcher zeitlichen Frequenz, sind die Daten mittels der EDV zur Verfügung zu stellen.

Es sollte stets darauf geachtet werden, dass die Menge an verfügbaren Informationen überschaubar und verständlich bleibt, oftmals ist **Weniger = Mehr.**

Die Entwicklung derartiger Frühwarnindikatoren sollte in Zusammenarbeit mit dem Controlling erfolgen. Für viele mittelständische Unternehmen mag dies mangels eines fehlenden Controllings eine besondere, im ersten Moment beinahe unmögliche, Herausforderung darstellen. Es sollte jedoch bedacht werden, dass dieses nicht als absolute Bedingung für ein Frühwarnsystem zu verstehen ist. Vielmehr sollen die aufgezeigten Anregungen dazu dienen, den **Blickwinkel auf die »Ursachen-Wirkungs-Kette«** zu legen, um daraus Erkenntnisse zu gewinnen und diese in die Entscheidungen für zu treffende Maßnahmen einbeziehen zu können.

Mitarbeitermotivation → Mitarbeiterfehlzeiten → Fehlerquoten → Ausschussquote

Reklamationen → Qualität → Image → Preis/Leistung

Neuaufträge → Stornierungen → Absatzentwicklung

Marktanteil → Anteil der Substitutionsprodukte → Wettbewerbssituation

Marketingkosten → Umsatzsteigerung → Ertragssteigerung → Marktanteil

eigener Umsatz → Branchendurchschnitt → Konkurrenz → etc.

Zu den **Minimalanforderungen** an das »Frühwarnsystem« **im externen Bereich** zählen zusammenfassend Indikatoren und Informationen über

Externe Indikatoren

1. die Bonität der Kontrahenten	Kontrahenten-, Ausfallrisiko
2. die Entwicklungen in den Ländern und Regionen mit denen Geschäftsbeziehungen bestehen	Länderrisiko, Kontrahenten- und Ausfallrisiko
3. die Entwicklungen der Märkte, auf denen das Unternehmen agiert ● Finanzmärkte, ● Absatzmärkte, ● Beschaffungsmärkte, ● Rohstoffmärkte.	Marktrisiko, indirekt: Kontrahenten- und länderrisiko

Die **Minimalanforderungen im internen Bereich** sollten sich in betriebs- und finanzwirtschaftlichen Kennziffern wiederfinden, die Aufschluss geben hinsichtlich

Interne Indikatoren

1. Rentabilitätsentwicklung 2. Wirtschaftlichkeit	gesamt und in den Unternehmenseinheiten
3. Kostenentwicklung 4. Liquiditätsentwicklung 5. Entwicklung des Auftragsbestandes	unter Berücksichtigung der Risikohaftigkeit
6. Termingerechter Zahlungseingänge	indirekt: Kontrahentenrisiko, Ausfallrisiko

Diese sind zu ergänzen um die Analyse

7. der operativen Bereiche
  – Beschaffung
  – Produktion
  – Vertrieb
  – EDV
  – Personal
  – Verwaltung
8. der Prozesseffizienz
  (Zweckmäßigkeit, Qualität,
  Ausschuss etc.)
	Betriebsrisiko

Nicht zu unterschätzen sind die im Unternehmen beschäftigten Mitarbeiter. Von ihrer Zufriedenheit und ihrem Engagement hängt der Erfolg der zukünftigen Unternehmensausrichtung ab. Die Mitarbeitermotivation kann gleichsam als ein Frühwarnindikator betrachtet werden.

Darüber hinaus ist es für den **Finanzbereich** als ein »Muss« anzusehen, dass

• ein regelmäßiger Vergleich
  aller Finanzpositionen mit
  den aktuellen Marktkurse
  (Bewertung)
	Marktrisiko
	Kontrahentenrisiko
	Ausfallrisiko

• die kontinuierliche Über-
  prüfung der Limite und die
  regelmäßige Überprüfung der
  künftigen Finanz- und Liquidi-
  tätslage
	Liquiditätsrisiko

erfolgt.

Damit wird das »Frühwarnsystem« im Hinblick auf gefährdende Entwicklungen zum wichtigsten Instrument innerhalb des Risikomanagements. Eine permanente Überprüfung der Methoden und Aussagekraft von Indikatoren sollte daher im Vordergrund stehen und durch das Controlling vorgenommen werden.

Risikofrühwarnindikatoren

	Ja	Nein
Welche der nachfolgenden Indikatoren werden genutzt?		
Externer Bereich		
Allgemeine Wirtschaftsindikatoren		
– amtliche Auftragseingänge	☐	☐
– amtliche Auftragsbestände	☐	☐
– Geschäftsklimaindex	☐	☐
– Investitionsneigung	☐	☐
– industrielle Kapazitätsauslastung	☐	☐
– Konsumentenverhalten	☐	☐
– Einkaufsmanagerindex	☐	☐
– Zahl der Baugenehmigungen	☐	☐
– Preisklimaindex	☐	☐
– Bruttosozialprodukt	☐	☐
– Arbeitsmarktzahlen	☐	☐
– Geldmengenwachstum	☐	☐
– Inflationsentwicklung	☐	☐
– Wechselkursentwicklung	☐	☐
– Zinsentwicklung	☐	☐
Allgemeine Wirtschaftsinformationen		
– aus Parteien	☐	☐
– aus Verbänden	☐	☐
– aus Ministerien	☐	☐

	Ja	Nein
– Gewerkschaftsforderungen	☐	☐
– Ergebnisse aus Forschung & Entwicklung	☐	☐
Informationen über Wettbewerber		
– Konkurrenzprodukte	☐	☐
– Produkt-/Programmpolitik	☐	☐
– Produktqualität	☐	☐
– Investitionen	☐	☐
– Konzentrationstendenzen	☐	☐
– Marketingmaßnahmen	☐	☐
– Jahresabschlusskennzahlen	☐	☐
– Marktanteilsentwicklung	☐	☐
– Änderungen in Verfahrenstechniken	☐	☐
– Neue Materialien	☐	☐
Informationen über eigene Kunden/ Lieferanten		
– Investitionen	☐	☐
– Auftragseingänge	☐	☐
– Nachfragevolumen	☐	☐
– Angebotsvolumen	☐	☐
– Preise/Konditionen	☐	☐
– Qualitätsniveau	☐	☐
– Bestell-/Einkaufsverhalten	☐	☐
– Sonderwünsche (Trends)	☐	☐

Risikofrühwarnindikatoren

	Ja	Nein
– Jahresabschlusskennzahlen	☐	☐
– Bonität	☐	☐

Welche der nachfolgenden Indikatoren werden genutzt?

Für den Absatz-/Beschaffungsmarkt ☐ ☐

Absatz-/Beschaffungsmarkt allgemein

	Ja	Nein
– Witterungseinflüsse	☐	☐
– saisonale Abhängigkeiten	☐	☐
– logistische Engpässe	☐	☐
– Kontrahentenabhängigkeit	☐	☐
– Währungsabhängigkeit	☐	☐
– Länderabhängigkeit	☐	☐

Beschaffungsmarkt

	Ja	Nein
– Beschaffungs-/Lieferengpass	☐	☐
– Preisentwicklung – Rohstoffpreise	☐	☐
– Beschaffungshäufigkeit	☐	☐
– durchschnittliche Wieder- beschaffungszeit	☐	☐
– Mindestbestellmengen	☐	☐
– Bestellstruktur	☐	☐
– durchschnittliche Rabattsätze	☐	☐
– durchschnittlicher Bestellwert	☐	☐
– durchschnittliche Beschaffungskosten	☐	☐
– durchschnittliche Lieferungs- verzögerungsquote	☐	☐

Absatzmarkt

	Ja	Nein
– Umsatzstruktur	☐	☐
– Exportquote	☐	☐
– abnehmende Nachfrage	☐	☐
– Reklamations-/Beschwerdequote	☐	☐
– Auftragsstornierungen	☐	☐
– Kundenzufriedenheitsquote	☐	☐
– Kundenstruktur	☐	☐
– Marktanteil	☐	☐
– Produktalter	☐	☐
– Produktersatz/neues Produkt	☐	☐
– Produktgewichtung/-abhängigkeit	☐	☐
– Produkthaftung/-garantie	☐	☐

	Ja	Nein
– Produktimage	☐	☐
– Konkurrenzprodukte	☐	☐
– Preisentwicklung	☐	☐
– Produktpreise	☐	
– Immobilien/Mietpreise	☐	
– Transportkosten	☐	
– Werbeaufwandsquote	☐	☐
– Vertriebsaufwandsquote	☐	☐

Welche der nachfolgenden Indikatoren werden genutzt?
Im Personalbereich

Mitarbeiter

	Ja	Nein
– Motivation	☐	☐
– Krankenstand	☐	☐
– Gehaltsstruktur	☐	☐
– Karrierechancen	☐	☐
– Weiterbildungsmöglichkeiten	☐	☐
– Corporate Identy	☐	☐
– Incentives	☐	☐
– Risikobewusstsein	☐	☐
– Arbeitszeiten	☐	☐
– Mitarbeiterzufriedenheit	☐	☐
– Altersstruktur	☐	☐
– Betriebszugehörigkeit	☐	☐
– Personalzugang	☐	☐
– Personalabgang (Fluktuationsquote)	☐	☐
– durchschnittlicher Personalaufwand	☐	☐
– Struktur des Personalaufwands	☐	☐
– Mitarbeiterleistung	☐	☐
– Cash-Flow pro Mitarbeiter	☐	☐
– Mitarbeitereffektivität		
– Verfügbarkeit	☐	
– Leerzeiten	☐	
– Fehlzeiten	☐	
– Leistung	☐	
– Qualifikation	☐	
– Leistungsbereitschaft	☐	
– Arbeitsqualität	☐	
– Fehlzeitenquote	☐	☐
– Leerzeitenquote	☐	☐
– Mitarbeiterverfügbarkeit	☐	☐

Risikofrühwarnindikatoren

	Ja	Nein
Welche der nachfolgenden Indikatoren werden genutzt?		
In der Produktion		
Produktion		
– Kapazitätsauslastungsquote	☐	☐
– Fertigungsdurchlaufzeit	☐	☐
– Ausschussquote	☐	☐
– Produkt-Rückruf	☐	☐
– Produkt-Qualität	☐	☐
– Umweltschutzauflagen	☐	☐
– Maschinenausfallzeitenquote	☐	☐
– Maschinenleerzeitenquote	☐	☐
In der Lagerwirtschaft		
– Lagerumschlagsquote	☐	☐
– Lagerdauer	☐	☐
– durchschnittliche Lagerbestandsquote	☐	☐
– Lagermindestbestandquote (Meldebestand)	☐	☐
– Lagerkosten	☐	☐
– Kapitalbindungskosten	☐	☐
EDV-Bereich		
– Systemverfügbarkeit	☐	☐
– Ausfallzeit	☐	☐
– Datenverfügbarkeit	☐	☐
– Zugriffszeit	☐	☐
– Datensicherheit	☐	☐
– Datenbankabgleich	☐	☐
– Wiederanlaufzeit nach Ausfall	☐	☐
– Zugriffrechte	☐	☐
– Systeme	☐	☐
– Daten	☐	☐
In den Prozessen		
– Durchlaufzeiten	☐	☐
– Reklamationen	☐	☐
– Antwortzeiten	☐	☐
– Bearbeitungszeit zur Behebung	☐	☐
– Funktionstrennungen	☐	☐
– Schnittstellen EDV	☐	☐
– Kommunikationszeit	☐	☐

	Ja	Nein
– Kontrollen	☐	☐
– manuell	☐	☐
– systemseitig	☐	☐
Welche der nachstehenden Indikatoren werden genutzt?		
Im Finanzbereich		
– Währungseinflüsse	☐	☐
– Zinsveränderungen	☐	☐
– Relation Eigenkapital/ Fremdkapital	☐	☐
– Liquiditätsfluss	☐	☐
– Liquiditätsreserve	☐	☐
– flüssige Mittel/kurzfristige Verbindlichkeiten	☐	☐
– Kreditrahmen/Kredit- konditionen	☐	☐
– Tilgungsquote	☐	☐
– Zinsdeckungfaktor	☐	☐
– Eigenkapitalquote	☐	☐
– Verschuldungsgrad	☐	☐
– Verschuldungsintensität (kurzfristig)	☐	☐
– Investitionsquote	☐	☐
– Eigenkapitalrendite	☐	☐
– Gesamtkapitalrendite	☐	☐
– Return on Equity	☐	☐
– Return on Investment	☐	☐
– Produktrentabilität	☐	☐
– Cash-Flow/Umsatzrentabilität	☐	☐
– Cash-Flow/Kapitalrentabilität	☐	☐
– Rohertragsquote	☐	☐
– Nettoertragsquote	☐	☐
– EBIT	☐	☐
– EBITDA	☐	☐
– Deckungsbeitragsquoten	☐	☐
– je Produkt	☐	☐
– je Produktgruppe	☐	☐
– je Unternehmensbereich (Unter- nehmensbereichsrechnung)	☐	☐
– Wirtschaftlichkeitsquote	☐	☐

12.2.2   Überwachungssystem

Grundsätzlich sollen alle Unternehmensrisiken überwacht werden. Hier haben die Aufsichtsorgane im Rahmen der strategischen Unternehmensausrichtung eine der Geschäftsleitung übergeordnete, den Anteilseignern verpflichtende Überwachungsfunktion. Auch liegt es in ihrem Aufgabengebiet in Zusammenarbeit mit der Geschäftsleitung dafür Sorge zu tragen, dass mittels eines Überwachungssystems die Zuverlässigkeit der betrieblichen Ablaufprozesse, unter Beachtung der Wirtschaftlichkeit, Zweckmäßigkeit, Ordnungsmäßigkeit, Sicherheit und Risikohaftigkeit sichergestellt und gewährleistet werden.

Diese Überwachung wird unternehmensintern durch die interne Revision vorgenommen. Da jedoch nicht davon auszugehen ist, dass alle Unternehmen, vor allem im mittelständischen Bereich, über eine interne Revision verfügen, wie bereits an anderer Stelle erwähnt, so sollten **mindestens Überwachungsmechanismen** eingeführt werden in Bezug auf

Überwachungs-mechanismen

- **organisatorische Maßnahmen** wie
  - strikte Funktionstrennungen
    - Treasury/Abwicklung,
    - Einkauf–Verkauf/Zahlungsverkehr,
    - EDV-Systemadministration/PC-Applikationsanwender,
  - Organisationsdiagramme (Org-Charts) für Verantwortung und Kompetenzen,
  - klares, durchgängiges Belegwesen,
  - Arbeitsanweisungen für Prozessabläufe,
  - Datensicherheit im EDV-Bereich,
  - Richtlinien für den Zahlungsverkehr, Auftragsbearbeitung, Geschäftsreisen etc.,
  - Einhaltung vorgegebener Standards,
  - Verhaltenskodex für Mitarbeiter,
- **interne Kontrollen in den Geschäftsablaufprozessen** wie
  - Vier-Augen-Prinzip bei manuellen Ablaufprozessen,
  - Abstimmung von Konten,
  - Positionsabstimmungen (Finanzpositionen, Lagerbestandspositionen usw.),
  - Überwachung des Limitsystems im Finanzbereich,
  - programmseitige Überwachungsmechanismen im EDV-Ablaufprozess,
  - Einhaltung interner Richtlinien und Anweisungen,
- **Kontrollen externer Vorgaben**, wie Einhaltung gesetzlicher Vorschriften, Regularien und Verordnungen.

Eigenüberwachung   Das wirkungsvollste Überwachungssystem liegt in der Eigenüberwachung, dem so genannten »Self Assessment Process«, welche sich immer mehr durchsetzt. Bedingung für das Funktionieren ist allerdings eine proklamierte Risikopolitik und ein damit verkündetes Unternehmensziel, die Unternehmensbereiche und -einheiten in die Selbstverantwortung zu nehmen.

Tipp

> Achten Sie darauf, dass Ablaufprozesse, Funktionsbeschreibungen und Kompetenzen klar formuliert und hinreichend dokumentiert sind und klar definierte, jederzeit nachvollziehbare Vorgaben für die Risikostrategie und deren Umsetzung bestehen.

12.2.3   Controlling

Zunächst ist noch einmal klar zu stellen, dass »Controlling« nicht mit dem Begriff »Kontrolle« gleichzusetzen ist.

Durch das Controlling soll sichergestellt werden, dass die verantwortlichen Entscheidungsträger jederzeit über die aktuelle Risikosituation des Unternehmens informiert werden, um entsprechende Gegensteuerungsmaßnahmen einleiten zu können.

Das dabei dem Controlling die Aufgabe zufällt ein entsprechendes Risiko Controlling zu etablieren wurde bereits zu Beginn des Buches erwähnt.

Auch sollte es in den Aufgabenbereich des Controllings fallen, die notwendigen Frühwarnindikatoren zu entwickeln und nach Einführung zu beobachten und zu analysieren.

Auch hier muss davon ausgegangen werden, dass längst nicht überall in mittelständischen Unternehmen ein internes Controlling eingeführt ist, so dass sich das Controlling häufig in der Geschäftsleitung quasi selbst wiederfindet oder im Rechnungswesen in »abgespeckter« Form angesiedelt ist .

Das Rechnungswesen selbst kann allerdings nur in sehr begrenztem Umfang aussagekräftige Auswertungen erarbeiten, die hier aufgrund des vorhandenen Datenbestandes stets nur vergangenheitsorientiert möglich sind.

Berichtswesen   Aus diesem Grunde sollten die nachfolgenden **Minimalanforderungen als Mindeststandard** im Rahmen **eines zeitnahen Berichtswesens** formuliert werden, die sich auf **die Entwicklung**

- der Liquidität,
- der Rentabilität,
- der Finanzpositionen,
- der Veränderungen der Refinanzierungskosten und -möglichkeiten,
- der Auftragseingänge, Stornierungen,

- der Absatz- und Beschaffungsmärkte, Kundenzufriedenheit, Reklamationen,
- des Konkurrenzverhaltens,
- der Bonität der Kontrahenten,
- der Kosten,
- der Limitauslastung,
- der Veränderung der Marktverhältnisse und Kundenwünsche,
- der Veränderung der Geschäftspartner,
- der Produktionsprozesse hinsichtlich deren Effizienz und Durchlaufzeiten
- neuer Technologien,
- der wichtigsten Unternehmenskennzahlen

konzentrieren.

Das Berichtswesen sollte sich jedoch nicht nur auf die rein betriebswirtschaftlichen Kennzahlen und deren Entwicklung beschränken. Eine Auswertung der wesentlichsten Frühwarnindikatoren ist dem Berichtswesen anzufügen, die bei einem nicht vorhandenen Controlling durch die operativen Bereiche vorzunehmen ist.

Darüber hinaus sollten in regelmäßigen Abständen vor allem für die bestehenden Finanzpositionen so genannte »Stresstests« durchgeführt werden, was gleichzeitig bedingt, dass über die angewandten Bewertungsmethoden hinsichtlich ihrer Verwertbarkeit nachzudenken ist und diese gegebenenfalls anzupassen sind.

Auch sollte in regelmäßigen Abständen die Entwicklung der Unternehmensbranche im Vergleich zum eigenen Unternehmen in das Berichtswesen einfließen.

Da nicht grundsätzlich davon auszugehen ist, dass vor allem in den mittelständischen Unternehmen ein Überwachungssystem in Gestalt einer internen Revision und ein Controlling existent ist, was sich durchaus aus Kostenerwägungen erklärt, werden neben den Geschäftsleitungen die unternehmerischen Aufsichtsorgane um so mehr gefordert sein, durch entsprechende Aktivitäten dazu beizutragen, dass dem geforderten Anspruch eines Risikomanagementsystems Rechnung getragen wird.

Die Aufsichtsorgane sollten daher durch das Einfordern von regelmäßigen Informationen über die Entwicklung des Unternehmens den Risikomanagementprozess von »außen« flankieren und begleiten (Aufsicht = Beratung, kritische Bewertung und Kontrolle) ohne sich dabei bewusst selbst in die tägliche Geschäftsführung einzubringen, sie sollten aber im Rahmen ihrer Aufsichtspflicht gewissermaßen »eingreifen«, ehe es zu spät ist. Schließlich haben auch sie die Entwicklung und den Fortbestand des Unternehmens mit zu verantworten.

Anforderungen an die Aufsichtsorgane

Für die Aufstellung des Unternehmenslagebericht empfiehlt es sich, die IDW-Stellungnahme zur Rechnungslegung als Grundlage zu nehmen, die dort angesprochenen Bereiche wie eine Checkliste Punkt für Punkt auf ihre Relevanz für das eigene Unternehmen durchzugehen:

Zur Aufstellung des Unternehmenslageberichtes
(in Anlehnung an die IDW-Stellungnahme zur Rechnungslegung (IDW RS HFA 1)

A. Darstellung des Geschäftsverlaufs

1. Branchenentwicklung und Entwicklung der Gesamtwirtschaft

Branchensituation

- Branchenstruktur
  - Wettbewerbsverhältnisse
  - Markverhältnisse
- Branchenkonjunktur
  - Branchenumsatz
  - Rentabilität
  - Produktionsleistung
  - Preisentwicklung
  - Lohnentwicklung
- Position des Unternehmens
  - Marktanteil
  - Marktstrategie
- Auswirkungen auf
  - die Unternehmenspolitik
  - die Unternehmensstrategie

Gesamtwirtschaftliche Situation

- konjunkturelle Entwicklung
- konjunkturpolitische Entwicklung
- gesellschaftspolitische Ereignisse
- Wechselkursentwicklung
  - Auswirkungen auf das Unternehmen
- Zinsentwicklung
  - Auswirkungen auf das Unternehmen

2. Umsatz- und Auftragsentwicklung
ggf. Segmentierung

- Umsatz des Geschäftsjahres
- preisbereinigter Umsatz
- geschätzte Umsatzentwicklung

- Export- oder Marktanteile
- Absatzpreisentwicklung
- Absatzmengenentwicklung
- Ursachen für Preis- und Mengenveränderungen
- Preis- und Absatzpolitik des Unternehmens
- Preis- und Mengenveränderungen für
  - Produktgruppen
  - Marktsegmente
- Auftragsbestand
- Auftragseingänge
- Auftragsreichweite

3. Produktion
Im Geschäftsjahr hergestellte Produkte

- mengenmäßige Angaben
  - Produkte
  - Produktgruppen
- Veränderungen zum Vorjahr

Produkt- und Sortimentspolitik

- Marktchancen
- Marktposition
- Investitionen in neue Produkte
- Investitionen für die Markteinführung
- produktpolitische Handlungsparameter
  - neue Produkte
  - Produktvariation
  - Produktdifferenzierung
  - Produktstandardisierung
  - Sortimentsbereinigung
  - Altersstruktur der Produkte

Zur Aufstellung des Unternehmenslageberichtes
(in Anlehnung an die IDW-Stellungnahme zur Rechnungslegung (IDW RS HFA 1)

Wirtschaftlichkeit der Produkte

- Verhältnis von periodischer Leistung/Kosten
- Altersaufbau der Produktionsanlagen
- Veränderungen des Beschäftigungsgrades
  - Schichtbetrieb
  - Überstunden/Kurzarbeit
- Produktionsausfälle
  - technische Störungen
  - Unglücksfälle
  - Streiks
- Inbetriebnahme/ Stilllegung von Produktionsanlagen
- Einführung von Qualitätsstandards (DIN, ISO)
- Entwicklung der Fertigungskosten
  - Materialkosten
  - Personalkosten
  - Sonderkosten
- Substitutionsmöglichkeiten von Einsatzfaktoren
- Rationalisierungsmaßnahmen
  - Zweck
  - Umfang
  - Konsequenzen
  - Einsparungspotenzial

4. Beschaffung

- Maßnahmen zur Sicherung von Ersatzgütern
- Lagerwesen
  - Lagerdauer
  - Beschaffungs- und Vorratspolitik
- Lieferantenabhängigkeit
- Struktur der Beschaffungsmärkte
  - Preise
  - Konditionen
- Versorgungslage bei Roh-, Hilfs- und Betriebsstoffen
- Energiekosten
  - Entwicklung

- Auswirkungen
- langfristige Beschaffungsdispositionen

5. Investitionen

Sachinvestitionen

- wesentliche Investitionsprojekte
  - Zweck
  - Sachstand
  - Gesamtvolumen
  - Investitionshemmnisse
- Aufgliederung der Investitionen nach
  - Investitionszweck
  - Ersatzinvestition
  - Erweiterungsinvestition
  - Automatisierungsinvestition
  - Rationalisierungsinvestition
  - Umweltschutzinvestitionen
  - Bilanzposten
  - immaterielle Vermögensgegenstände
  - Grundstücke/Gebäude
  - Anlagen/Maschinen
  - Betriebs-/Geschäftsausstattung
  - Standorten
  - Unternehmensbereichen
  - abgeschlossenen/laufenden Investitionsvorhaben

Finanzinvestitionen

- Beteiligungen
  - Name und Gegenstand der Beteiligung
  - wesentliche Eckdaten
  - Erläuterungen zu Erfolgsfaktoren
  - beabsichtigte Integrationsmaßnahmen
- andere Finanzinvestitionen
  - Art und Zweck
  - Volumen
  - erwartete Rendite, Synergien, Risiko

Zur Aufstellung des Unternehmenslageberichtes
(in Anlehnung an die IDW-Stellungnahme zur Rechnungslegung (IDW RS HFA 1)

6. Finanzierungsmaßnahmen und Finanzierungs-vorhaben

- Höhe des Kapitalbedarfs
- Herkunft
- Volumen
- Fristigkeit des Kapitals
- voraussichtliche Kosten des Kapitalbedarfs
- Darstellung und Begründung besonderer Finanzierungsmaßnahmen
- Finanzierungsstrategie
  - Entwicklung der Kreditpolitik / Verschuldung
- Platzierung von Aktien
  - in- und ausländische Börsen
  - Aktienverteilung
  - Kursentwicklung
- Art und Umfang von Subventionen und deren Auflagen
- Art und Umfang von Leasingverpflichtungen
- Strategien von Absicherungen gegen
  - Preisrisiken
  - Währungsrisiken
  - Zinsrisiken
- Einsatz von Finanzderivaten
  - Risikopotenzial

7. Umweltschutz

- getroffene Maßnahmen
- Umweltschutzpolitik
- Altlasten und deren Beseitigung
  - damit verbundene Kosten
- Rekultivierungsmaßnahmen
- Verwertung und Beseitigung von Abfällen
- Demontage von Anlagen
- Gewässerschutzmaßnahmen
- produktbezogener Umweltschutz

- Art und Umfang von Umweltrisiken
  - Haftungsgefahren
  - Schadensersatzansprüche
  - Kostensteigerungen aufgrund von
    - Umweltschutzauflagen
    - Stilllegungen von Produktionsanlagen
    - Verlagerungen von Produktionsanlagen
    - veränderten Anforderungen an die Produkte
- Hinweis auf betriebliches Umweltschutz-management

8. Personal- und Sozialbereich

Angaben zur Belegschaft

- Mitarbeiteranzahl
- Qualifikation
- Altersstruktur
- Fluktuation
- Arbeitszeitregelung
- Arbeitsbedingungen
- Mitbestimmung

Struktur des Personalaufwands

- gesetzliche, tarifliche, freiwillige Bestandteile
- Entlohnungssysteme
  - Akkordlohn
  - Monatslohn
  - Prämienlohn
  - Erfolgsbeteiligungsprogramme

Betriebliche Sozialleistungen

- Betriebliche Altersversorgung
- Betriebskrankenkasse
- Fürsorgeeinrichtungen
- Werkswohnungen
- Erholungsheime

Zur Aufstellung des Unternehmenslageberichtes
(in Anlehnung an die IDW-Stellungnahme zur Rechnungslegung (IDW RS HFA 1)

- Betriebskindergärten
- Werksverpflegung
- Sonderzuschüsse

Aus- und Weiterbildung

- betriebliches Angebot
- Ausgaben und Kosten
- Teilnahme der Belegschaft

Gesundheits- und Arbeitsschutz

- Unfallschutz
- Berufsunfälle
- Berufskrankheiten
- Schutzmaßnahmen
  - Kosten der Maßnahmen

9. Wichtige Ereignisse des Geschäftsjahres

- Abschluss oder Beendigung von
  - Kooperationsvereinbarungen
  - Dauerschuldverhältnissen
  - Lizenzverträge
  - Betriebspachtverträgen
  - Gewinnabführungsverträgen
  - bedeutende Neukundengewinnung

- abgeschlossene Rechtsstreitigkeiten
- Erwerb und Veräußerung von Beteiligungen
- wettbewerbsrechtlich etc. bedeutsame Fragen für das Unternehmen
- Änderungen in der Gesellschafterstruktur oder Rechtsform
- besondere Unfälle, Katastrophen
- Personalveränderungen
- Streiks
- Umstrukturierungs-, Rationalisierungs-maßnahmen
- Entlassungen, Abfindungen und Vorruhestands-regelungen
- Ausgliederungen von Unternehmensteilen
- wesentliche Veränderungen der Markt-bedingungen
- Währungskrisen
- politische, rechtliche und wirtschaftliche Veränderungen
- damit verbundene finanzielle Sonderbelastungen

Zur Aufstellung des Unternehmenslageberichtes
(in Anlehnung an die IDW-Stellungnahme zur Rechnungslegung (IDW RS HFA 1)

B. Darstellung der Unternehmenslage

1. Vermögenslage

- Vermögensintensität
- Umsatzrelationen
- Investitions- und Abschreibungspolitik
- betriebsindividuell begründete Abweichungen von branchenüblichen Werten
- Angaben zum nicht ausgewiesenen Vermögen
  - bilanzunwirksame Finanzinstrumente
- nicht betriebsnotwendiges Vermögen

2. Finanzlage

- Überschuldung
  (§ 92 Abs. 2 AktG, § 64 Abs. 1 GmbHG)
  - Deckungsgrade
  - horizontale Bilanzstrukturkennzahlen
- Liquiditätsgrade
  - Liquidität 1., 2., 3. Grades
- Finanzierungsrechnungen
  - Cash-Flow-Rechnungen
  - Cash-Flow-Rentabilitäten
- Kapitalflussrechnungen

3. Ertragslage

- Darstellung der Erfolgsrechnung
- Analyse der Ergebnisstruktur und Ergebnisquellen
  - Strukturkennzahlen
- Rentabilitätskennzahlen
  - Gesamtkapitalrentabilität
  - Eigenkapitalrentabilität
  - Umsatzrentabilität
- Prognose der künftigen Entwicklung

4. Besondere Darstellung zur Entwicklung und Lage des Unternehmens
  Aufgliederung nach Segmenten/Sparten

- Bereiche der Segmentierung

- mengenmäßige Spezifizierung der Umsatzerlöse
- intersegmentäre Umsätze
- Segmentergebnisse
- Anteil der Segmente am Unternehmensvermögen
- Investitionen
- Abschreibungen
- Zahl der Beschäftigten
- Kriterien der Segmente
  - Technologiebereiche
  - Kundengruppen
  - Weiterverarbeiter
  - Endverbraucher
  - Abnehmer
  - öffentliche Hand
  - Privatabnehmer
  - Groß-/Kleinabnehmer
  - Produktionsstätten

Mehrperiodendarstellung (Mehrjahresübersichten) **von**

- Bilanz- und Ergebnisdaten
- Kennzahlen (inkl. deren Zusammensetzung von
  - Vermögenslage
  - Finanzlage
  - Ertragslage
- Entwicklung von
  - Dividenden
  - Kosten
  - Rücklagenbildung und -auflösung
- Entwicklung der Aktie
  - Börsenumsatz
  - Volatilität
  - gesamter Aktienmarkt

Zur Aufstellung des Unternehmenslageberichtes
(in Anlehnung an die IDW-Stellungnahme zur Rechnungslegung (IDW RS HFA 1)

C. Hinweise auf wesentliche Risiken der künftigen Entwicklung (Risikobericht)

1. Wirtschaftliche Bestandsgefährdungspotenziale

- Angaben über die voraussichtliche Entwicklung der Zahlungsfähigkeit

- langfristig sich abzeichnende Vermögensverluste

- konkretisierte Überlegungen zu einer offenen oder stillen Liquidation des Unternehmens (§§ 264 ff. AktG, §§ 60 ff. GmbHG)

- langfristig nicht mehr gegebene Ertragsperspektiven

2. Rechtliche Bestandsgefährungspotenziale

- Überschuldung (§ 92 Abs. 2 AktG, § 64 Abs. 1 GmbHG)

- Zahlungsunfähigkeit

- Rücknahme von Bestands- oder Ertragsgarantien
  - Patronatserklärungen
  - Unternehmensverträge

3. Sonstige Risiken mit besonderem Einfluss auf die Vermögens-, Finanz- und Ertragslage des Unternehmens

- Verlust von wichtigen Kunden

- erheblicher Imageschaden

- Schäden durch »höhere Gewalt«
  - längerer Produktionsausfall

- erhebliche Haftungsansprüche Dritter

- Ausfall wichtiger Lieferanten
  - durch Konkurs
  - durch »höhere Gewalt« (Witterung, Streik etc.)

- Streiks

- sonstige gravierende wirtschaftspolitische oder rechtliche Einflüsse

- falsche Einschätzung von
  - Marktentwicklungen
  - Tendenzen

Zur Aufstellung des Unternehmenslageberichtes
(in Anlehnung an die IDW-Stellungnahme zur Rechnungslegung (IDW RS HFA 1)

D. Sonstige Angaben (§ 289 Abs. 2 HGB)

1. Vorgänge von besonderer Bedeutung nach dem Schluss des zu berichtenden Geschäftsjahres (§ 289 Abs. 2 Nr. 1 HGB)

- Bedeutsame Ereignisse bzw. Entwicklungen, die im neuen Geschäftsjahr bis zur Aufstellung des Lageberichtes eingetreten sind
  - positive und negative Gegebenheiten
- Art der Ereignisse
- Einfluss der Ereignisse auf das Unternehmen

2. Voraussichtliche Entwicklungen (§ 289 Abs. 2 Nr. 2 HGB), die nicht bereits im Risikobericht enthalten sind

- Angaben zu noch nicht abgeschlossenen Verträgen
  - Großaufträge
  - Umwandlungen (Verschmelzungen, Spaltungen)
  - Unternehmensbeteiligungen
- Angaben zur Umsatz- und Ergebnisentwicklung
  - komparative Angaben
  - Angaben von Bandbreiten
- Investitions- und Finanzplanung
- Entwicklung einzelner Geschäftsfelder

3. Forschung und Entwicklung (§ 289 Abs. 2 Nr. 3 HGB)

- Berichterstattung nach den wesentlichen Tätigkeitsschwerpunkten und Ergebnissen
  - Patente
  - neue Produkte
  - neue Verfahren

- Angaben zu den Gesamtaufwendungen
  - Vergleich zu den Gesamtaufwendungen
  - relativ und absolut
  - Mehrperiodenvergleich
- Anzahl der im Forschungs- und Entwicklungsbereich tätigen Mitarbeiter
- Angaben zu erhaltenen Zuwendungen von Dritten oder staatlichen Stellen
- Lizenzeinnahmen
- Kooperationsprojekte
- überbetriebliche Forschungs- und Entwicklungsprojekte

4. Bestehende Zweigniederlassungen (§ 289 Abs. 2 Nr. 4 HGB)

- wesentliche in- und ausländische Zweigniederlassungen
  - Erläuterungen von verdeckenden Firmierungen
- wesentliche Veränderungen gegenüber dem Vorjahr
  - Neugründungen, Schließungen, Verlegungen
- wirtschaftliche Eckdaten wesentlicher Zweigniederlassungen
  - Umsatz
  - Aufträge
  - Investitionen
  - Mitarbeiter

5. Spezialgesetzliche Angabepflichten

- Schlusserklärung zum Abhängigkeitsbericht
- Angabepflichten bei Eigenbetrieben und branchenspezifischen Angabepflichten

13   Implementierung eines Risikomanagementsystems

Basel II und das Rating fordern von den Unternehmen Offenlegung und mehr Transparenz von Unternehmensdaten. Das vom KonTraG geforderte Risikomanagement schafft hierfür die erforderliche Informationsgrundlage. Allerdings scheitert die Einführung eines Risikomanagements häufig an der praktischen Umsetzung. Dabei wird oft übersehen, dass in fast allen Unternehmen bereits die erforderliche Basis existent ist.

Viele der für ein Risikomanagement relevanten Informationen und Daten sind bereits im Unternehmen vorhanden. Angefangen bei den Informationen und Daten des Auftragsbestands, den zu erwartenden Zahlungsein- und -ausgängen, den Personal-, Sach- und Materialkosten, den Kapitalkosten wie auch den Zins- und Wechselkursschwankungen mit ihren Auswirkungen auf die Ertragssituation, bis hin zu den Kunden einschließlich deren Zahlungsverhalten. Diese Daten müssen nur strukturiert und zusammengeführt werden.

Gründe für die Einführung von Risikomanagement-Systemen

Auch für den operativen Bereich sind fast immer Informationen vorhanden. Auch sie müssen nur deutlich gemacht – analysiert – und erfasst werden.

Fehlbearbeitungen oder Kundenreklamationen, Produktionsausschuss, Leerlaufzeiten sowie fehlende Kontrollen in den Betriebsabläufen oder mangelnde Sicherheit in der eingesetzten Informationstechnologie – sie mögen nur als Beispiele dienen. Nicht zu vergessen die Abhängigkeiten von Lieferanten, Kunden oder Schlüsselpersonal (Wissensträger), deren plötzlicher Ausfall für das Unternehmen sehr schnell zu Problemen führen kann. Sie alle stellen Risiken im Sinne eines Risikomanagements dar und werden im Rahmen des Ratings als »Schwachstellen« gesehen. Diesem Tatbestand wird in vielen Fällen allerdings bisher zu wenig Bedeutung beigemessen.

Erst ein systematisches Management ermöglicht es, rechtzeitig die bestandsgefährdenden Risiken wie auch die Risiken, die Einfluss auf die Ertrags-, Finanz- und Vermögenslage haben, zu erkennen und entsprechende Maßnahmen einzuleiten.

Die Einführung eines Risikomanagements im Unternehmen bedarf aufgrund des zunächst abstrakt wirkenden Charakters unbedingt der

Unterstützung sowie der Verantwortung der Geschäftsleitung und verlangt ein strukturiertes Vorgehen, um im Ergebnis und damit auch künftig für das Unternehmen erfolgreich und von Nutzen zu sein.

Idealerweise sollte die Einführung im Rahmen eines Projektes erfolgen, um auch die notwendige Signalwirkung, Bedeutung und Akzeptanz für das gesamte Unternehmen zu vermitteln, mit dem Ziel von Beginn an alle im Unternehmen Verantwortlichen und Beschäftigten effektiv einzubeziehen.

Tipp

> Das Risikomanagement sollte mittels einer Aufbau- und Ablauforganisation im Unternehmen fest verankert werden.

Aufbauorganisation

Risikokultur und risikopolitische Grundsätze

Ausgangspunkt für die Aufbauorganisation sind festzulegende risikopolitische Grundsätze, die sich an der unternehmensinternen Risikokultur ausrichten.

- Die **Risikokultur** schafft als grundlegendes Werte- und Normengerüst die Basis für Einzelmaßnahmen und bestimmt wie mit Risiken umzugehen ist.
- Die **risikopolitischen Grundsätze** bilden die Eckpfeiler für die Ausgestaltung der Risikomanagementorganisation. Diese Grundsätze sind dokumentierte Verhaltensregeln, die die Mitarbeiter auf allen Hierarchieebenen zu einem angemessenen Umgang mit Risiken anleiten.

Beispiele risikopolitischer Grundsätze:

- Ausgangspunkt eines Risikomanagements ist die unternehmensstrategische Planung,
- das Risikomanagement soll die Geschäftsleitung und die Verantwortlichen in die Lage versetzen, risikobehaftete Entwicklungen und Sachverhalte rechtzeitig zu erkennen, so dass entsprechende adäquate Maßnahmen zur Risikosteuerung eingeleitet werden können,
- Risikoinformationen müssen auf allen Ebenen zeitnah und vollständig zur Verfügung stehen und zum Bestandteil von Entscheidungsgrundlagen werden,
- alle Mitarbeiter sind verpflichtet sich aktiv am Risikomanagementprozess im Rahmen ihres Verantwortungsbereiches zu beteiligen,
- das Risikomanagement ist in die jeweiligen Unternehmensbereiche »vor Ort« zu delegieren. Eine direkte und zeitnahe Berichterstattung der Risikolage an die Geschäftsleitung ist regelmäßig vorzunehmen. Dieses unterstreicht gleichzeitig die Gesamtverantwortung,

- die Einhaltung der risikopolitischen Grundsätze ist kontinuierlich zu überprüfen,
- das Risikomanagementsystem ist auf seine Zuverlässigkeit einer regelmäßigen Überprüfung zu unterziehen,
- in einem **Risiko Controlling** werden sämtliche Risikoinformationen zusammengeführt. Gleichzeitig unterstützt das Risiko Controlling die verantwortlichen Risikomanagemententscheidungsträger »vor Ort«,
- die **Risikoidentifikation** und deren zeitnahe **Kommunikation** kann nur »vor Ort« erfolgen, Insofern tragen auch die »vor Ort« Bereichsverantwortlichen die Verantwortung für das Risikomanagement und dessen Qualität,
- mittels einer **Kontrollfunktion**, möglichst angesiedelt im Risiko Controlling, ist in regelmäßigen Zeitabständen die Wirksamkeit des Risikomanagementprozesses zu überprüfen.

Ablauforganisation

- Ziel der **Risikoidentifikation** ist, die Gesamtunternehmenssicht widerzuspiegeln. Daher sollte die Risikoidentifikation auf unterster Ebene erfolgen,
- die **Risikoanalyse** ist die qualitative und quantitative **Bewertung** der Risiken und deren **Auswirkungen**, sowohl hinsichtlich der Eintrittswahrscheinlichkeit als auch der Schadenshöhe. Hierbei sollte der Bezug hinsichtlich der Wirkung auf die Vermögens-, Ertrags- und Finanzlage des Unternehmens hergestellt werden,
- mittels der **Risikosteuerung** ist die aktive »Beeinflussung« der identifizierten, analysierten und bewerteten Risiken zu verstehen, die unmittelbar mit den Unternehmenszielen im Einklang steht. Im Vordergrund steht dabei die Reduzierung der Risikoeintrittswahrscheinlichkeit und damit dessen Schadenshöhe, d.h. Risikovermeidung bzw. –verringerung auf ein für das Unternehmen akzeptables Maß,
- im Rahmen des **Risiko Controlling** ist zu gewährleisten, dass die tatsächliche Risikolage auch im Einklang mit der »»gewollten« Risikolage steht und dem unternehmerischen »Risiko Appetit« entspricht (Soll-Ist Vergleich). Ein notwendiger Handlungsbedarf in den jeweiligen Unternehmensbereichen ist unverzüglich zu kommunizieren und entsprechende Entscheidungen herbeizuführen,
- in einem **Risikohandbuch** werden die identifizierten Risiken, die Analyseergebnisse, die Bewertung und Wirkungen sowie die Maßnahmen zur Risikoreduzierung (Risikosteuerung) dokumentiert und im Risiko Controlling hinsichtlich eines Handlungsbedarfes in das Berichtswesen aufgenommen und an die Verantwortlichen kommuniziert,

● durch ein rollierendes (Regelkreislauf) **Prüfungs- und Überwa-chungssystem** (Revision und Abschlussprüfung) wird die Funktionsfähigkeit des gesamten Risikomanagementprozesses festgestellt.

Es ist zu empfehlen, zur Umsetzung des Risikomanagementprozesses eine verbindliche »Rahmenrichtlinie für das Risikomanagement« im Unternehmen zu veröffentlichen.

Tipp

> Mit der Einführung eines unternehmensweiten Risikomanagementprozesses wird die Informationsgrundlage dafür geschaffen, auch das Rating als Prozess im Unternehmen zu instrumentalisieren.

Die praktische Umsetzung erfolgt in fünf Schritten:
1. Analyse der Momentansituation des Unternehmens,
2. Analyse und Bewertung der Unternehmensrisiken,
3. Organisatorische Struktur des Risikomanagements,
4. Einführung des Risikomanagements im Unternehmen,
5. Regelmäßige Überprüfung und Anpassung.

1. Analyse der Momentansituation des Unternehmens

Strategische Risiken

Dieser Schritt konzentriert sich vornehmlich auf die strategischen Unternehmensrisiken und sollte sich daher im Rahmen der Führungskräfte und Verantwortlichen des Unternehmens vollziehen. Ziel ist es eine dokumentierte Risikostrategie festzulegen.

Ausgangspunkt ist dabei die momentane Situation des Unternehmens und nachstehende Checkliste soll eine Bestandsaufnahme dieser Situation ermöglichen:

Checkliste

> ✔ Wo steht mein Unternehmen derzeit?
> ✔ Wie ist meine Marktposition?
> ✔ Welche Abhängigkeiten bestehen für das Unternehmen?
> ✔ Welche internen Prozesse und Strukturen sind zu verbessern?
> ✔ Wie sieht die Eigenkapitalstruktur aus?
> ✔ Wie stellt sich die derzeitige und künftige Finanzlage dar?
> ✔ Wie sieht die Personalsituation aus?
> ✔ Welche Schwierigkeiten werden künftig erwartet?
> ✔ Wie soll das Unternehmen künftig aufgestellt sein?

Hieraus ergeben sich drei wesentliche Risikofelder:

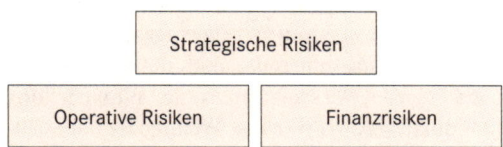

Im Vordergrund stehen die strategischen Risiken, die die Unternehmensziele gefährden können, d. h. die Positionierung des Unternehmens selbst, und zwar unter externer wie auch interner Betrachtung.

In Form eines »Top Down«-Ansatzes ist der Prozess der Risiko-Identifizierung im Unternehmen hierarchisch von »oben« nach »unten« zu tragen und dieser Prozess anschließend auf die einzelnen Unternehmensbereiche auszuweiten.

Daraus erfolgt die Analyse und Bewertung:

- des Marktumfeldes,
- des eigenen Marktauftritts,
- des Kundensegmentes,
- der Produktpalette,
- der Finanzlage und Eigenkapitalstruktur,
- der Eigentümerstruktur und einer eventuellen Nachfolgeregelung,
- der internen Prozesse einschließlich der Informationstechnologie und Organisationsstruktur,
- der Personalsituation,
- der internen Kontrollmechanismen.

2. Analyse und Bewertung der Unternehmensrisiken

Diese Risikobereiche sind auf die operative Ebene zu übertragen und dort in ihrer Breite zu analysieren, zu bewerten und zu dokumentieren.

Hierbei sind bereits vorhandene Kontrollmechanismen wie auch bereits existierende Risiko-Steuerungsmaßnahmen zu betrachten und auf deren Risiko-Wirkungsgrad auf das Unternehmen zu untersuchen.

Dieses Vorgehen geschieht systematisch und prozessorientiert entlang der unternehmerischen Wertschöpfungskette bzw. bei projektorientiert ausgerichteten Unternehmen entlang der einzelnen Projektschritte sowie Finanzen, Personal, Informationstechnologie, Stabs- und Verwaltungsabteilungen.

Es ist zu empfehlen hierzu strukturierte Fragebögen in den einzelnen operativen Bereichen und für die Geschäftsprozesse zu verwenden (Risk-Flow-Analyse).

Übertragung der Risikobereiche auf die operative Ebene

Idealerweise sind die Fragebögen entsprechend der Unternehmens-prozesse/Projektschritte zu gliedern, um die Auswertungen der Risikoanalyse und Risikobewertung zu erleichtern.

In den Unternehmenseinheiten sollten die Befragungen mit den im Prozess involvierten Personen und unter Einbeziehung der Verantwortlichen durchgeführt werden. Wichtig ist dabei eine absolut offene Mitarbeiter-Kommunikation über alle Hierarchieebenen. Gerade sie ist geeignet bisher nicht wahrgenommene Risiken zu erfahren und gegebenenfalls auch bereits Lösungsansätze durch die Mitarbeiter geliefert zu bekommen. Jedem Mitarbeiter muss es möglich sein, offen über bekannte Schwachstellen und deren mögliche Auswirkungen zu berichten, die aus der jeweiligen individuellen Betrachtung gesehen werden. Sie sollten unbedingt in die Analyse zwecks Bewertung einfließen.

3. Organisatorische Struktur des Risikomanagements

Ausgestaltung des Risikomanagement-prozesses

Das weitere Vorgehen bei der Implementierung eines Risikomanagementsystems liegt in der Ausgestaltung des Risikomanagementprozesses selbst:

- Festlegung der Verantwortungen (Risikoträger) und Aufgaben für den Risikomanagementprozess,
- Festlegung von aussagekräftigen Frühwarnindikatoren für das Unternehmen,
- Festlegung von Risikokategorien, in denen die Einzelrisiken aggregiert werden,
- Festlegung von künftigen Risikomessmethoden für
  - strategische Risiken,
  - operative Risiken,
  - Finanzrisiken,
- Ausgestaltung eines Risikohandbuchs,
- Verantwortung für das Risikocontrolling,
- Festlegung eines durchgängigen Berichtswesens,
  - Berichtsintervalle,
  - Berichtsumfang,
  - Berichtsinhalte,
  - Berichtsadressaten.

Die zentralen Fragen sollten sein:

✔ Welche Frühwarnindikatoren sind für das Unternehmen von Bedeutung und aussagefähig?

✔ Wie oft und in welchem Umfang werden welche Informationen benötigt?

✔ Wo sollen die Informationen zusammenfließen?

✔ Wie sollen Risiken gesteuert werden?

✔ Wie sollen die Risiken überwacht werden?

Integration des Risikomanagements in die EDV

Gleichzeitig ist eine Entscheidung zu treffen, wie das Risikomanagement in die bestehende EDV-Landschaft zu integrieren ist, um die erforderlichen Berichtsdaten effizient zusammen zu führen und zeitnah liefern zu können.

Für diese Phase ist eine kleine Arbeitsgruppe – idealer weise unter der Regie des Controllers und der internen Revision, wenn diese Funktionen im Unternehmen vorhanden sind – zu bilden, die von den EDV-Fachkräften unterstützt wird und entsprechend die Verantwortlichen der einzelnen Unternehmensbereiche hinzuzieht.

Sollte die Controllerfunktion und/oder Revision im Unternehmen nicht existent sein, kann auch ein von der Geschäftsleitung beauftragter kompetenter Mitarbeiter zur Moderation für diese zeitlich begrenzte Aufgabe benannt werden.

Auch der Rückgriff auf eine externe Beratungsunterstützung ist zu empfehlen, dies vor allem unter dem Aspekt der Expertise und Neutralität.

4. Einführung des Risikomanagements im Unternehmen

Die Einführung des Risikomanagements im gesamten Unternehmen erfolgt mittels Schulungen und Einweisungen und einer »offiziellen Verkündung« einer für das Unternehmen festgelegten **Risikokultur** und entsprechender **Risikogrundsätze** durch die Geschäftsleitung.

Dabei sollte nicht vergessen werden zu verkünden (und vor allem auch als Geschäftsleitung sich entsprechend zu bekennen und vorzuleben), **dass Risikomanagement ein kontinuierlicher, (Risiko-) Kulturell getriebener, kommunikativer Prozess ist, der sich in Form eines (Risikofrühwarn-)indikativen Berichtswesens über alle Unternehmensbereiche hinweg erstreckt.**

Hierbei muss allen Mitarbeitern deutlich und klar kommuniziert werden, dass das Unternehmen im Interesse aller Beteiligten sich einer **Risikokultur** und daraus abgeleiteten **Risikogrundsätzen** unterwirft, die verhindern sollen, das Unternehmen in eine schwer zu meisternde Risikolage geraten zu lassen. Wichtig ist hierbei eine (eventuell noch zu schaffende) **Kommunikationsstruktur**, die offen in beide Richtungen (von »oben« nach »unten« wie auch umgekehrt) praktiziert wird, d.h. risikokritischen Hinweisen/Bemerkungen auch entsprechend Gehör zu verleihen.

Darüber hinaus sollten die Risikogrundsätze allen Beschäftigten in schriftlicher Form bekannt gegeben werden.

Tipp

> Erst eine über alle Hierarchieebenen kommunikativ gelebte Risiko-kultur anhand festgelegter Risikogrundsätzen sichert den Erfolg eines zu implementierenden Risikomanagementprozesses.

5. Regelmäßige Überprüfung und Anpassung

Überprüfung und Anpassung des Risikomanagement-prozesses

Der Abschluss der Implementierung ist zugleich der Beginn eines »zu lebenden und laufend zu praktizierenden Risikomanagementpro-zesses über alle Unternehmens- und Hierarchieebenen hinweg« und bedeutet: aus den Risiken auch die Chancen zu erkennen und ab-zuwägen, vor allem aber identifizierte Schwachstellen zu beseitigen und sich somit für ein besseres Rating vorzubereiten.

Eine kontinuierliche Überprüfung des Risikomanagementpro-zesses und dessen eventueller Anpassungen an die veränderten ex-ternen und internen Rahmenbedingungen, gegebenenfalls verbun-den mit Anpassungen der Unternehmensorganisation, -struktur und -prozesse formt das Risikomanagement zu einem Regelkreislauf.

Tipp

> 1. Nehmen Sie sich ausreichend Zeit für die Risikoidentifizierung, -analyse und -bewertung.
> 2. Bringen Sie die erforderliche Distanz zum Tagesgeschäft in diesen Prozess.
> 3. Beziehen Sie die Verantwortlichen für den späteren Prozess der Umsetzung des Risikomanagements mit ein.
> 4. Führen Sie eine Kontrolle für die (schrittweise) Umsetzung des Risikomanagements ein.
> 5. Erhöhen Sie durch eine klare unternehmensweite Kommunikati-on die Wirksamkeit der Risikosteuerungsmaßnahmen. Vor allem die interne Kommunikation und hier besonders der regelmäßige Informationsaustausch mit den Beschäftigten führt zu einer das gesamte Unternehmen fördernden Risikokultur und sichert und fördert die künftige Unternehmensentwicklung.

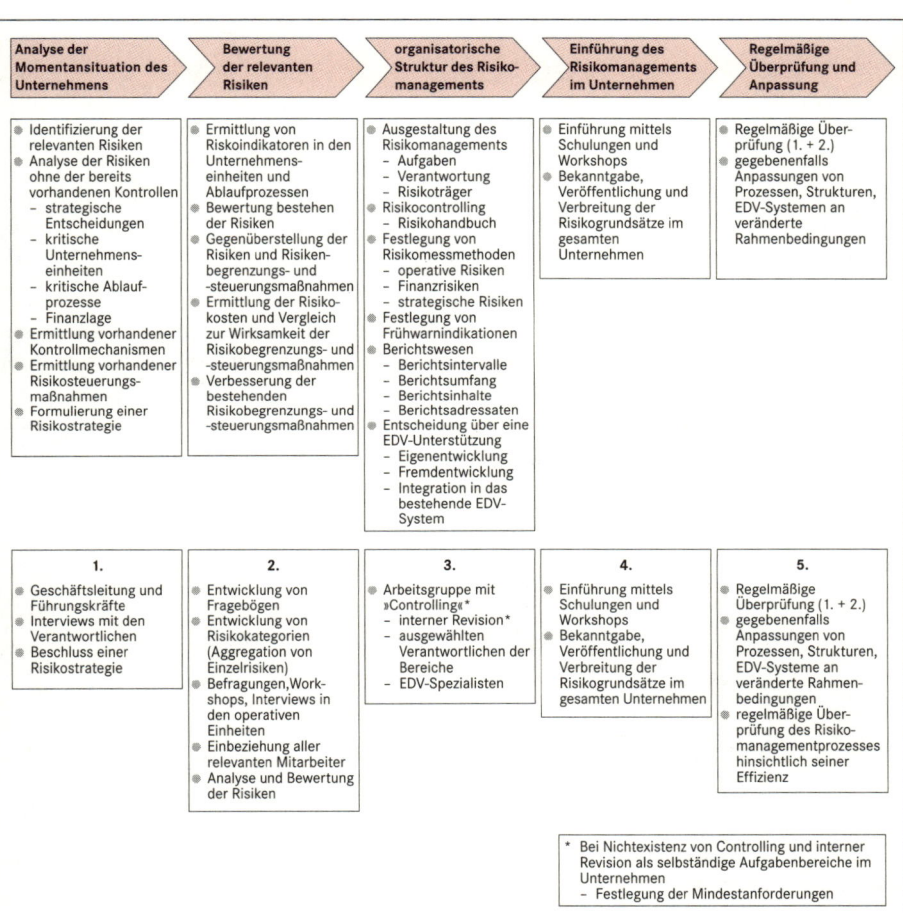

Analyse der Momentansituation des Unternehmens	Bewertung der relevanten Risiken	organisatorische Struktur des Risikomanagements	Einführung des Risikomanagements im Unternehmen	Regelmäßige Überprüfung und Anpassung

• Identifizierung der relevanten Risiken
• Analyse der Risiken ohne der bereits vorhandenen Kontrollen
  – strategische Entscheidungen
  – kritische Unternehmenseinheiten
  – kritische Ablaufprozesse
  – Finanzlage
• Ermittlung vorhandener Kontrollmechanismen
• Ermittlung vorhandener Risikosteuerungsmaßnahmen
• Formulierung einer Risikostrategie
	• Ermittlung von Risikoindikatoren in den Unternehmenseinheiten und Ablaufprozessen
	• Bewertung bestehen der Risiken
	• Gegenüberstellung der Risiken und Risikobegrenzungs- und -steuerungsmaßnahmen
	• Ermittlung der Risikokosten und Vergleich zur Wirksamkeit der Risikobegrenzungs- und -steuerungsmaßnahmen
	• Verbesserung der bestehenden Risikobegrenzungs- und -steuerungsmaßnahmen
		• Ausgestaltung des Risikomanagements
		  – Aufgaben
		  – Verantwortung
		  – Risikoträger
		• Risikocontrolling
		  – Risikohandbuch
		• Festlegung von Risikomessmethoden
		  – operative Risiken
		  – Finanzrisiken
		  – strategische Risiken
		• Festlegung von Frühwarnindikationen
		• Berichtswesen
		  – Berichtsintervalle
		  – Berichtsumfang
		  – Berichtsinhalte
		  – Berichtsadressaten
		• Entscheidung über eine EDV-Unterstützung
		  – Eigenentwicklung
		  – Fremdentwicklung
		  – Integration in das bestehende EDV-System
			• Einführung mittels Schulungen und Workshops
			• Bekanntgabe, Veröffentlichung und Verbreitung der Risikogrundsätze im gesamten Unternehmen
				• Regelmäßige Überprüfung (1. + 2.)
				• gegebenenfalls Anpassungen von Prozessen, Strukturen, EDV-Systemen an veränderte Rahmenbedingungen

1.	**2.**	**3.**	**4.**	**5.**

• Geschäftsleitung und Führungskräfte
• Interviews mit den Verantwortlichen
• Beschluss einer Risikostrategie
	• Entwicklung von Fragebögen
	• Entwicklung von Risikokategorien (Aggregation von Einzelrisiken)
	• Befragungen, Workshops, Interviews in den operativen Einheiten
	• Einbeziehung aller relevanten Mitarbeiter
	• Analyse und Bewertung der Risiken
		• Arbeitsgruppe mit »Controlling«*
		  – interner Revision*
		  – ausgewählten Verantwortlichen der Bereiche
		  – EDV-Spezialisten
			• Einführung mittels Schulungen und Workshops
			• Bekanntgabe, Veröffentlichung und Verbreitung der Risikogrundsätze im gesamten Unternehmen
				• Regelmäßige Überprüfung (1. + 2.)
				• gegebenenfalls Anpassungen von Prozessen, Strukturen, EDV-Systeme an veränderte Rahmenbedingungen
				• regelmäßige Überprüfung des Risikomanagementprozesses hinsichtlich seiner Effizienz

			* Bei Nichtexistenz von Controlling und interner Revision als selbständige Aufgabenbereiche im Unternehmen – Festlegung der Mindestanforderungen	

Abb. 48: Risikomanagement: Implementierung in fünf Schritten

14   Den Weg in die Krise rechtzeitig erkennen

Die Insolvenzzahlen der letzten Jahre haben ständig zugenommen. Dafür werden zwei Gründe angeführt: die schlechte Konjunktur und fehlendes Kapital.

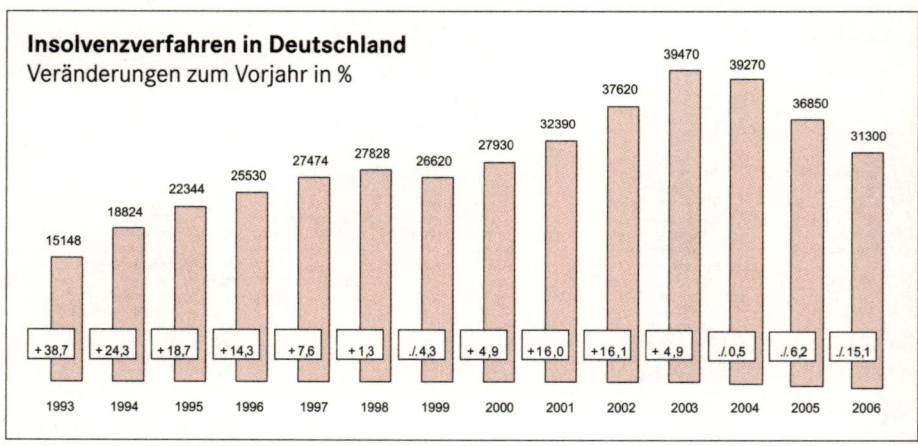

Abb. 49: Entwicklung der Insolvenzverfahren in Deutschland

Der Weg in die Insolvenz

Diese Argumente sind jedoch zu einfach. Unternehmenskrisen haben andere Ursachen, oft ist es ein schleichender nicht recht zeitig wahrgenommener Prozess, der in die Insolvenz führt. Unternehmenskrisen finden ihren Ursprung meist in einer strategischen Krise. Eine strategische Krise mündet mit einer zeitlichen Verzögerung in einer Ertragskrise, wenn nicht frühzeitig und erfolgreich Maßnahmen ergriffen werden. In einer Ertragskrise erwirtschaftet das Unternehmen bereits operative Verluste. Meist versucht dann die Geschäftsleitung die Situation mittels Hebung »stiller Reserven« – wenn noch vorhanden – zu retten oder gar zu vertuschen. Der Ertragskrise folgt schließlich die Liquiditätskrise, d. h. die Unternehmenssituation verschlechtert sich zunehmend, so dass nach und nach die Zahlungsfähigkeit nicht mehr jederzeit gewährleistet werden kann, mit dem bekannten Resultat der Insolvenz.

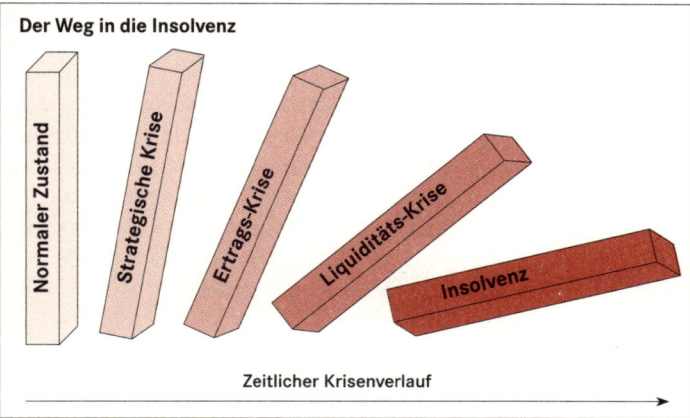

Abb. 50: Die Stufen in die Insolvenz

Die wesentlichen Ursachen einer Krise können zurück geführt werden auf:

- das Produkt bzw. die Produktpalette,
- Forderungsausfälle,
- falsches Umsatzdenken,
- fehlende Reservebildung,
- Führungsprobleme.

Die daraus resultierenden Risiken lassen sich unter dem strategischen Risiko zusammenfassen und dann auf den darunter liegenden Unternehmensebenen untersuchen.

14.1 Das Produkt

Im marktfähigen Produkt oder Produktsortiment liegt die wesentliche Leistung eines Unternehmens. Dabei bedeutet marktfähig, mit den erzielten Verkaufserlösen die betrieblichen Kosten zu decken und darüber hinaus einen entsprechenden Gewinn zu erzielen, der es erlaubt Reserven zu bilden. Dieses gilt für alle Unternehmen einschließlich der konventionellen Handwerksbetriebe.

Grundsätzlich entscheidet der Markt über das Produkt. Selbst der Einsatz von Millionenbeträgen für Marketing ist kein Garant dafür, dass der Markt das Produkt aufnimmt. Beispiele für diese Fehleinschätzung gibt es genug, nicht nur bei den High-Tech-Unternehmen am ehemaligen Neuen Markt, sondern ist in allen Branchen zu finden. Marktfähig bedeutet aber auch, bestehende Produkte durch stetige Weiterentwicklung wettbewerbsfähig zu halten (Kundenbedürfnisse, neue Trends, neue Materialien, neue Techniken, aufkommende

Produktrisiken

Substitutionsprodukte etc.). Ist die Marktfähigkeit nicht mehr gegeben oder zeichnet sich dies ab, kann nur ein rechtzeitiger Rückzug Verluste minimieren (Risiken vermeiden).

Auch bei einem unerwarteten Absatzrückgang sollte eine Entscheidung erfolgen, die Produktion und Beschaffung nicht planmäßig weiterlaufen zu lassen. Eine Kapazitätsabstimmung ist erforderlich, ansonsten werden Halden von Rohstoffen und Produkten aufgebaut, die zu einer höheren kurzfristigen Verschuldung führen (Kapitalbindung).

Als Frühwarnindikatoren sollten genutzt werden:
- Absatzentwicklung des Produktes,
- Kostenentwicklung des Produktes,
- Gewinnentwicklung des Produktes,
- Konkurrenzprodukte und technische Neuerungen,
- Stornoquote,
- Reklamationsquote,
- Kundenzufriedenheit,
- Veränderung der Kundenstruktur,
- Nachfrageverhalten.

14.2   Forderungsausfälle

Zahlungsschwierig-keiten von Kunden

Forderungsausfälle werden häufig unterschätzt und als »Schicksal« hingenommen, in der Hoffnung, dass sich die Situation der Schuldner wieder bessern wird. Übersehen wird jedoch, dass die zur Insolvenz führenden Forderungsausfälle auf die eigene unternehmerische Fehlentscheidung zurück zu führen sind. Es wurden keine ausreichenden Informationen hinsichtlich der Bonität bei der Auftragsannahme eingeholt, trotz oder bereits sich abzeichnender Zahlungsschwierigkeiten der Kunden wird weiter geliefert (... den Kunden will ich nicht verlieren, wenn es ihm wieder besser geht). Auf risikoreiche Großaufträge wird ohne Forderungsversicherung eingegangen. Übersehen wird, dass durch ein »vielversprechenden« Großauftrag ein »Klumpenrisiko« eingegangen wird und dass es viel einfacher ist, Umsatz zu machen, als später das Geld aus dem Auftrag zu erhalten. Unternehmen mit geringen Forderungsausfällen beschäftigen sich intensiv mit der Zahlungsfähigkeit des Auftraggebers und verzichten lieber auf einen Auftrag als das Risiko des Zahlungsausfalles einzugehen.

Als Frühwarnindikatoren sollten genutzt werden:
- Veränderung des Zahlungsverhaltens der Abnehmer,
- Veränderung der Bestellmengen,
- Veränderung der Bonität.

Mögliche Insolvenzanzeichen der Geschäftspartner* sind:

- **Zahlungsverhalten**
  Hinauszögern von Zahlungen bei Kunden, die bisher immer
  pünktlich gezahlt haben. Ausdehnung der Zahlungsziele, Rücklast-
  schriften, Ratenzahlung.

- **Schutzbehauptungen**
  Schwer nachprüfbare Mängelrügen, Vorschieben interner, perso-
  neller Schwierigkeiten, wie Erkrankungen oder Wechsel bewährter
  Mitarbeiter, interne organisatorische Veränderungen, Einführung
  einer neuen EDV. Sie sollen dazu dienen, fällige Zahlungen hinaus-
  zuzögern.

- **Betriebsänderungen**
  Entlassungen, Einschränkungen des Angebotes, Filialschließungen –
  aber auch Erweiterungen, wie beispielsweise die Aufnahme neuer
  Produkte als letzter »Rettungsversuch«.

- **Finanzierungsverhalten**
  Rückläufiges Eigenkapital wird durch Darlehen ersetzt, Betriebs-
  ausstattung wird verstärkt geleast statt gekauft, verstärkte ding-
  liche Sicherung von Vermögenswerten.

- **Änderung der Unternehmensrechtsform und/oder
  des Gesellschafterkreises**
  Wechsel von Gesellschaftern, Suche nach Teilhabern, Suche nach
  Beteiligungen.

- **Wechsel der Geschäftsleitung, der Bankverbindungen, der
  Berater, Lieferanten usw.**
  Naturgemäß belasten Zahlungsschwierigkeiten die Geschäfts-
  beziehungen.

- **Änderungen in der Bilanzierung**
  Veräußerungen von Vermögenswerten, Bewertungsänderungen in
  der Bilanz zum Ausweis eines höheren Ergebnisses, Aufdeckung
  stiller Reserven, hohe buchmäßige Inventurbestände und teilfertige
  Arbeiten, unterdurchschnittliche Rückstellungen, Auflösung von
  Rücklagen.

- **Mahnbescheide, Zahlungsklagen, Zwangsvollstreckungen,
  Einleitung eines Verfahrens auf Abgabe einer eidesstatt-
  lichen Versicherung über den Vermögensstand**
  Meistens ist es in diesem Stadium bereits zu spät. Jetzt gilt es
  selbst zu prüfen, entsprechende Schritte einzuleiten.

* Es soll nicht darüber hinwegtäuschen, dass genau diese Anzeichen
auch für das eigene Unternehmen gelten und die Geschäftspartner
ebenfalls auf derartige Veränderungen blicken.

14.3   Falsches Umsatzdenken

Ziel eines jeden Unternehmens ist der Gewinn, nicht der Umsatz – so sollte es zumindest sein. Sicherlich kann ohne Umsatz kein Gewinn erzielt werden. Zu bedenken ist allerdings, dass eine angestrebte Unternehmensexpansion durch die Hereinnahme von Großaufträgen auch unternehmensintern, d.h. auch führungsmäßig bewältigt werden muss. Zugleich begibt sich das Unternehmen in eine gewisse Abhängigkeit vom Großkunden. Bei Zahlungsausfall stehen vermutlich nicht genügend andere (kleinere, solide) Aufträge zum Ausgleich zur Verfügung. Umsatzsteigerungen müssen grundsätzlich auch mit Gewinnsteigerungen einhergehen, ansonsten ist es nur eine Frage der Zeit, bis die zunehmenden Kosten der Umsatzexpansion das Unternehmen der Insolvenz entgegen treibt. Auch die eilige Unternehmensexpansion durch Firmenakquisitonen birgt Gefahren. Entsprechendes Eigenkapital sollte zur Verfügung stehen – oftmals ein Mangel in den mittelständischen Unternehmen.

Due Diligence vornehmen

Eine umfangreiche Due Diligence ist vor jeder Unternehmensübernahme Voraussetzung, um Überraschungen zu vermeiden. Vermeintliche »Schnäppchen« stellen sich schnell als Flop heraus, wenn zugekaufte Unternehmen sich nicht in die eigene Organisation integrieren lassen und die erhofften Synergie-Effekte (Optimierung von Beschaffung, Produktion, Vertrieb usw.) ausbleiben. Das »Freisetzen« von Mitarbeitern der durch die Übernahme und/oder des Zusammenschlusses entstandenen doppelten Unternehmensbereiche (Personal, EDV, Vertrieb, usw.) wird durch die Arbeitsgesetze erschwert und führt zu hohen, oftmals unterschätzten Restrukturierungskosten.

Als Indikatoren sollten genutzt werden:
- Verhältnis der Umsatzentwicklung zur Gewinnentwicklung,
- Verhältnis der Kostenentwicklung zur Umsatzentwicklung,
- Verhältnis der Personalentwicklung zur Umsatzentwicklung,
- Entwicklung des Personalkostenanteils zu den Gesamtkosten.

14.4   Fehlende Reservebildung

Finanzpolster bilden

In der heutigen sich rasant wandelnden Wirtschaftswelt ist kein Unternehmen vor Fehlentwicklungen geschützt. Um so wichtiger ist es, aus dem laufenden Geschäftsbetrieb kontinuierlich entsprechende Reserven zu bilden, um auch Durststrecken zu überstehen. Dieser Aspekt wird häufig vernachlässigt, vor allem in den Boomjahren. Insbesondere sind es die laufenden Zins- und Tilgungsraten wie auch die

Steuerzahlungen, die zu bedienen sind. Hier zeigt sich die zukünftige Zahlungsfähigkeit des Unternehmens (Rating), auch schwierige Zeiten überstehen zu können. (»Spare in der Zeit, dann hast du in der Not«.)

Es sollte ständig ein Blick geworfen werden auf:
- den Anteil der Rücklagenbildung zum Gewinn,
- eine detaillierte Kostenentwicklung,
- Sicherheiten und deren Bewertung,
- Eigenkapitalentwicklung.

Tipp

14.5 Führungsprobleme

Führungsprobleme (Führung heißt auch strategische Ausrichtung) sind in der Regel dafür verantwortlich, dass Unternehmen in die Krise geraten. Oftmals haben Unternehmen umfangreiche Strukturen aufgebaut. Die notwendigen Verantwortlichkeiten sind nicht mehr überschneidungsfrei und führen zu langwierigen Entscheidungsprozessen und hohen Abstimmungsbedarf. Das ursprüngliche Unternehmensziel, die Produkte und die Kunden, wird zunehmend aus den Augen verloren, weil ein sich entwickelnder »Selbstbeschäftigungsgrad« in der Führung in den Vordergrund rückt. Darüber hinaus ist ein viel zu hoher Fixkostenblock entstanden.

Gleichzeitig zeigen Unternehmen Schwächen in ihrem Controlling, in der Planung (Liquiditäts- und Finanzplanung) und in ihrem Berichtswesen. Diese wichtigen Steuerungs-Instrumente, die es ermöglichen, jederzeit die Unternehmenssituation zu beobachten, werden sträflich durch das Management vernachlässigt.

In den mittelständischen Unternehmen führt darüber hinaus die Gesellschafterstruktur zu weiteren Schwierigkeiten. In vielen dieser Unternehmen ist der Einfluss der Gesellschafter auf das operative Geschäft zu groß und blockiert wichtige Entscheidungen. Gesellschafterzwistigkeiten sind Ursache für den Weg in die Krise, genauso wie eine häufig unterbliebene rechtzeitige Unternehmens-Nachfolgeregelung.

Als Indikatoren können
- Mitarbeitermotivation,
- Fehlzeiten,
- Betriebsklima,
- Kommunikation,
- Fixkostenblock,
- interne Strukturen

dienen. Viel wichtiger jedoch ist eine Analyse der vorhandenen Planungsinstrumente wie auch der bestehenden Strukturen und Ablaufprozesse einschließlich der Entscheidungskompetenzen. Ein regelmäßiges Gespräch der Führungsverantwortlichen mit den Mitarbeitern (Kommunikation) ist und bleibt unersetzlich.

Eine »Krise« entsteht, wenn die Unternehmensplanungsinstrumente (soweit sie dazu in der Lage sind) signalisieren, dass das Unternehmen bei unveränderter Fortführung in seinem Bestand gefährdet ist. Dieser Tatbestand entspricht der Risikovorstellung des Gesetzes zur Kontrolle und Transparenz im Unternehmensbereich (KonTraG). Doch ohne Instrumente – keine Signale.

Hier liegt auch die fundamentale Bedeutung mittels des Instrumentes »Risikomanagement«, ständig das Unternehmen darauf zu »durchleuchten«, ob sich erste Hinweise auf bestandsgefährdende Risiken zeigen oder die Ertrags-, Finanz- oder Vermögenslage beeinträchtigen.

Es zeigt sich ganz deutlich, dass ein eingeführtes Risikomanagement mit seinen Frühwarnindikatoren eben nicht nur der Erfüllung gesetzlicher Anforderungen dient. Es ist das wichtigste Steuerungs-Instrument der zukünftigen Unternehmenssicherung.

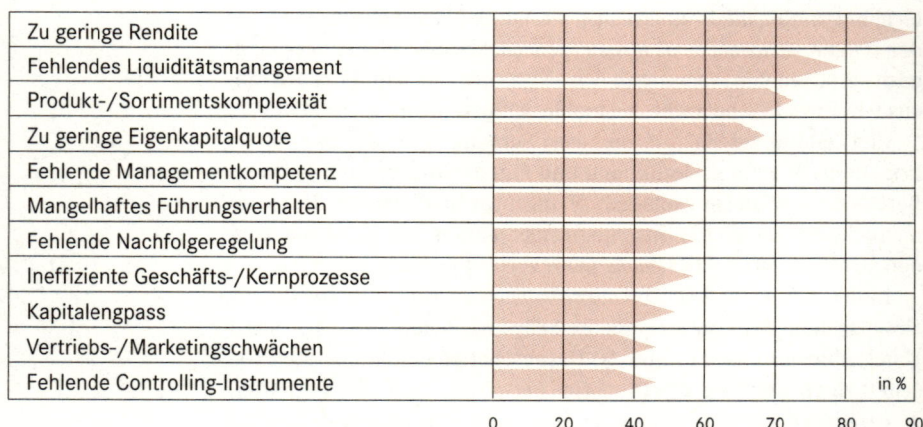

Abb. 51: Ursachen von Unternehmenskrisen

15   Rating

Basel II und Rating sind die derzeit meist diskutierten Themen in den Unternehmen, vor allem bei den kleinen und mittelständischen Unternehmen, den so genannten KMU. Sie alle sind konfrontiert mit veränderten Finanzierungsbedingungen und neuen Anforderungen an die Offenlegung und Transparenz von Unternehmensdaten. Das vom KonTraG geforderte Risikomanagement schafft hierfür die erforderliche Informationsgrundlage.

15.1   Was bedeutet Rating?

Rating wird in den unterschiedlichsten Bereichen angewandt. Am bekanntesten dürfte wohl sicherlich die »Sterne-Bewertung« in der Gastronomiebranche sein. Nach einem einheitlichen Schema werden dabei die Restaurants und Hotels den fünf Sterneklassen zugeordnet und sollen dem Gast Auskunft über Komfort und Qualität geben. Rating ist also als eine Bewertung oder Beurteilung zu verstehen.

Für Unternehmen heißt dies im weitesten Sinne die Bewertung wirtschaftlicher Sachverhalte, wobei sich in Anlehnung an die internationalen Ratingagenturen das Ratingverständnis meist auf das unternehmerische Fremdkapital bezieht (Kreditrating, Emissionsrating) und Auskunft über die Bonität des Schuldners gibt. **Bonität des Schuldners**

Rating für die Unternehmen bedeutet:
- die Bewertung der zukünftig zu erwartenden wirtschaftlichen Entwicklung eines Unternehmens,
- die Einschätzung der Fähigkeit eines Kreditnehmers auch künftig seinen Zahlungsverpflichtungen nachkommen zu können,
- die Einstufung der Kreditnehmer hinsichtlich deren »Zahlungsausfallwahrscheinlichkeit« in unterschiedliche Risiko(Rating)klassen.

Bislang sind Ratings hauptsächlich für internationale Großunternehmen üblich und wurden im Rahmen der Fremdkapitalaufnahme am Kapitalmarkt durchgeführt.

Durch Basel II sind Ratings auch für die KMU unumgänglich, denn künftig wird dem jeweiligen individuellen Kreditrisiko mehr Rechnung beigemessen und somit zum ausschlaggebenden Faktor für die Kreditpreiskalkulation. Das Risiko der (Zahlungs-)Ausfallwahrscheinlichkeit eines Kreditnehmers wird in den Vordergrund gestellt. D.h. neben der traditionellen bilanzorientierten Kreditwürdigkeitsprüfung werden künftig in einem viel stärkeren Maße auch die qualitativen Aspekte wie das Unternehmensmanagement, die Unternehmensorganisation, die unternehmerischen Steuerungsinstrumente und die Unternehmenstransparenz sowie die Zukunftsfähigkeit des Unternehmens in den Kreditentscheidungsprozess mit einbezogen.

15.2   Was bedeutet Rating für die Unternehmen?

Bisher waren die Banken verpflichtet, ihre ausgeliehenen Kredite generell zu 100% als Risikoaktiva der Bank mit 8% ihres Eigenkapitals zu unterlegen, d.h. für einen gewährten Kredit von 100.000 € werden 8.000 € des Eigenkapitals gebunden und damit hat jedes Kreditrisiko den gleichen Preis. Eine Kreditpreisdifferenzierung erfolgt nur über die vorhandenen Kreditsicherheiten des Kreditnehmers.

Ausfallwahrscheinlichkeit als ausschlaggebender Faktor

Seit 2007 jedoch ist dem jeweiligen individuellen Kreditrisiko mehr Rechnung zu tragen, mit der Folge, dass Kredite an Kreditnehmer mit einer hohen Bonität mit weniger Eigenkapital zu unterlegen sind, während Kredite an Schuldner mit geringerer Bonität mehr Eigenkapitalhinterlegung von den Banken verlangen. **Damit wird das individuelle Kreditrisiko zum ausschlaggebenden Faktor für die Kreditpreiskalkulation der Banken, da die Ausfallwahrscheinlichkeit des Kreditnehmers in den Vordergrund gestellt wird.**

In der Konsequenz kommt es zu einer differenzierten, am jeweiligen Risiko orientierten Konditionsgestaltung der Banken. Bonitätsstarke Unternehmen haben mit sinkenden Kreditkosten zu rechnen, während die bonitätsschwächeren Unternehmen mit höheren Finanzierungskosten für Darlehen konfrontiert sind.

Vor allem wird es diejenigen Unternehmen besonders treffen, die darüber hinaus in Branchen tätig sind, deren Zukunftsfähigkeit und Zahlungsfähigkeit ohnehin schon schlechter beurteilt werden, da sich allein aus der Branche heraus schon eine Ratingobergrenze ergibt, die für alle Unternehmen dieser Branche Geltung erlangt.

Bei der Bonitätsprüfung wird gleichzeitig die Kreditsicherheitenstellung eine höhere Bedeutung erfahren. Zwar werden die gestellten Sicherheiten nicht direkt in das Ratingergebnis einfließen, bankintern allerdings die Eigenkapitalbindung beeinflussen und somit indirekt die Kreditkosten.

Das Ratingergebnis und die Sicherheiten stellen künftig die entscheidenden Parameter der Kreditgewährung und deren Konditionen.

Entgegen der ursprünglichen Forderung nur externe Ratings anzuerkennen, sieht der Basel-II-Akkord auch bankinterne Ratings für die Einschätzung der Ausfallwahrscheinlichkeit vor.

Damit das bankinterne Rating eine zu den extern vorgenommenen Ratings internationale Vergleichbarkeit erhält, müssen die Banken bestimmte Rating-Mindestanforderungen für die Risikoeinschätzung des Kreditnehmers berücksichtigen:

Checkliste

✔ Vergangene und prognostizierte Fähigkeit, Erträge zu erwirtschaften, um Kredite zurückzuzahlen und anderen Finanzbedarf zu decken, wie z.B. Kapitalaufwand für das laufende Geschäft und zur Erhaltung des Cash-Flows,

✔ Kapitalstruktur und die Wahrscheinlichkeit, dass unvorhergesehene Umstände die Kapitaldecke aufzehren könnten und dies zur Zahlungsunfähigkeit führt,

✔ finanzielle Flexibilität in Abhängigkeit vom Zugang zu Fremd- und Eigenkapitalmärkten, um zusätzliche Mittel erlangen zu können,

✔ Grad der Fremdfinanzierung und die Auswirkungen von Nachfrageschwankungen auf Rentabilität und Cash-Flow,

✔ Qualität der Einkünfte, d.h. der Grad, zu dem die Einkünfte und der Cash-Flow des Kreditnehmers aus dem Kerngeschäft und nicht aus einmaligen nicht wiederkehrenden Quellen stammen,

✔ Position innerhalb der Industrie und zukünftige Aussichten,

✔ Risikocharakteristik des Landes, in dem ein Unternehmen seine Geschäfte betreibt, und deren Auswirkungen auf die Schuldendienstfähigkeit des Kreditnehmers einschließlich des Transferrisikos, wenn sich der Sitz des Kreditnehmers in einem anderen Land befindet und er eventuell keine Fremdwährung zur Bedienung seiner Verbindlichkeiten beschaffen kann,

✔ Qualität und rechtzeitige Verfügbarkeit von Informationen über den Kreditnehmer, einschließlich Verfügbarkeit testierter Jahresabschlüsse, die anzuwendenden Rechnungslegungsstandards und Einhaltung dieser Standards,

✔ Stärke und Fähigkeit des Managements, auf veränderte Bedingungen effektiv zu reagieren und Resourcen einzusetzen, sowie der Grad der Risikobereitschaft versus Konservativität.

(Quelle: Die neue Baseler Eigenkapitalvereinbarung, Übersetzung der Deutschen Bundesbank, Januar 2001, Seite 54)

An dieser Stelle sei allerdings die Frage erlaubt, in wieweit die Banken bereit sein werden, im Vergleich zu extern durchgeführten Ratings ihr Ratingresultat auch dem Kreditnehmer mitzuteilen, vor allem wenn es zu einem Ergebnis einer höheren/besseren Ratingklasse führt. Nur ungern werden die Banken hierzu bereit sein, müssten sie doch die Forderung nach besseren Kreditkonditionen befürchten.

Ratingergebnis im Vergleich

Aber auch wenn die Kreditinstitute das Ratingergebnis mitteilten, blieben die Details die zu einer derartigen Einstufung führen, den Unternehmen wahrscheinlich meistens verborgen.

Gerade weil es sich um ein internes Rating handelt, muss die Praxis erst zeigen inwieweit für die Banken gegenüber den Unternehmen eine Offenlegung verpflichtend wird.

Hinzu kommt, dass die Kreditinstitute eine unterschiedliche Anzahl von Ratingklassen benutzen und allein daher schon eine Vergleichbarkeit kaum möglich ist. Jeder Ratingklasse wird dabei in der Regel die aus den Klassengrenzen resultierende mittlere Ein-Jahres-Ausfallwahrscheinlichkeit zugeordnet.

Die unterschiedlichen Ratingklassen können daher auch nur über diese mittlere Ein-Jahres-Ausfallwahrscheinlichkeit bzw. über die dahinter stehende Bandbreite der Ausfallwahrscheinlichkeit miteinander verglichen werden.

Die Initiative Finanzstandort Deutschland (IFD) hat sich zwischenzeitlich darauf verständigt, die Ratings künftig bilateral zwischen den Bankhäusern offen zu legen und anhand vergleichbarer Kriterien auf einer sechsstufigen Skala abzubilden. Diese sechs Ratingstufen sind durch Bandbreiten von Ein-Jahres-Ausfallwahrscheinlichkeiten definiert. Es bleibt nur die Frage inwieweit auch das Ratingergebnis den Unternehmen gegenüber offen gelegt wird.

15.3   Was wird »geratet«?

In der modernen Risikobeurteilung gestützt durch das KonTraG in Verbindung mit § 18 KWG und durch den Basel-II-Akkord kann die vergangenheitsorientierte Bilanzanalyse nur ein Teilaspekt sein. Die Banken sind bereits dazu übergegangen, das gesamte Unternehmen in die Bonitätsbetrachtung und -beurteilung einzubeziehen und die Kreditwürdigkeit/Bonität mit der unternehmerischen Zukunftsfähigkeit zu verbinden. Bilanzzahlen allein sind heute kein Maß mehr die Zukunftsfähigkeit eines Unternehmens einzuschätzen.

Viel wesentlicher ist die Beurteilung der Branche, des Wettbewerbsumfelds und der Fähigkeit des Unternehmens auf Veränderungen der Rahmenbedingungen angemessen zu reagieren.

Offenlegung von Informationen

Die für ein Rating notwendigen Informationen sind Informationen über mögliche oder bestehende Risiken, die Auswirkungen auf die wirt-

Ratingskala der »Initiative Finanzstandort Deutschland« (IFD)

Rating stufen Commerzbank	durchschnittliche Ausfallwahrscheinlichkeit in %	Standard & Poors	IFD	PD Bereich (Probability of Default)	Commerzbank	Deutsche Bank	Dresdner Bank	Hypo Vereins Bank	KfW **	Sparkassen Finanzgruppe	BV Risk Solutions	Postbank	Volksbanken Gruppe	Beschreibung	Definition
1,0	0	AAA	I	bis 0,3%	1,0 - 2,4	iAAA bis iBBB	1 bis 5	1+ bis 3-	BK1	1 bis 3	1 bis 5	pAAA - pBBB	0+ - 1d	Für den Mittelstand kaum von Bedeutung. Hauptsächlich für Großunternehmen und kapitalmarktaffine Multinationals, Banken und Sovereigns	Unternehmen mit sehr guter bis guter Bonität
1,2	0,01	AA													
1,4	0,02	AA+, AA, AA-													
1,6	0,04	A													
1,8	0,07	A+, A, A-													
2,0	0,11	BBB+													
2,2	0,17														
2,4	0,26	BBB													
2,6	0,39	BBB-	II	0,3 - 0,7%	2,6 - 2,8	iBBB- bis iBB+	6, 7	3- bis 4-	BK2	3 bis 6	5 bis 7	pBBB - pBB+	1e - 2a	Überdurchschnittlich gute MidCaps	Unternehmen mit guter bis zufriedenstellender Bonität
2,8	0,57														
3,0	0,81	BB+	III	0,7 - 1,5%	3,0 - 3,4	iBB+ bis iBB-	8	4- bis 5-	BK2 bis BK3	6 bis 8	7 bis 9	pBB+ bis pBB	2b - 2c	Typisches mittelständisches Unternehmen KMU/ MidCaps	Unternehmen mit befriedigender bzw. noch guter Bonität
3,2	1,14	BB													
3,4	1,56	BB-													
3,6	2,10	B+	IV	1,5 - 3,0%	3,6 - 3,8	iBB- bis iB+	9 (ggf.10)	5- bis 6	BK4 bis BK5	8 bis 10	9 bis 11	pBB - pB+	2d - 2e		
3,8	2,74														
4,0	3,50		V	3 - 8%	4,0 - 4,8	iB+ bis iB-	(ggf.10) 11	6 bis 7	BK5 bis BK6	10 bis 12	11 bis 13	pB+ pB	3a - 3b	Schwächere KMUs und MidCaps, teilweise mit Neuausrichtungs- bzw. Restrukturierungsbedarf	Unternehmen mit überdurchschnittlichem bis erhöhtem Risiko
4,2	4,35														
4,4	5,42														
4,6	6,74	B													
4,8	8,39	B-													
5,0	10,43	CCC+	VI	ab 8%	ab 5.0	ab iB-	12 bis 14	> 7	BK6	12 bis 18	13 bis 15	ab pB-	3c - 3e	Mittelständler in Krise: Turnaround Management bzw. Sanierungsnotwendigkeit	Unternehmen mit sehr hohem Risiko
5,2	12,98	CCC bis CC													
5,4	16,15														
5,6	20,09														
5,8	25,00														
6,1 - 6,5	bis 100	C, D-I, D-II			Insolvenz (Default)										

schaftliche Entwicklung des Unternehmens haben. Sie beschränken sich nicht ausschließlich und allein auf die reinen finanzwirtschaftlichen Kennzahlen, sondern umfassen alle Informationen bzw. Risiken die Einfluss auf die Vermögens-, Finanz- und Ertragslage eines Unternehmens haben oder gar bestandsgefährdenden Charakter besitzen.

In die Risikobeurteilung wird das gesamte Unternehmen einbezogen und die Kreditwürdigkeit mit der unternehmerischen Zukunftsfähigkeit verbunden. Dieses schließt ebenso Informationen über die internen Prozesse, Strukturen und Organisation wie auch das Personal und die Informationstechnologie ein.

Als **wesentliche Bewertungsfelder eines Ratings** gelten:
- **die wirtschaftlichen Verhältnisse**
  - Kapitalstruktur,
  - Liquiditätsentwicklung,
  - Ertragsentwicklung,
  - Kostenentwicklung,
  - Vermögensverhältnisse,
  - Finanzierungsstruktur,
- **die Unternehmensbranche und das Marktumfeld**
  - Abhängigkeiten von und zu
    - Kunden (Kunden-Bonität),
    - Lieferanten,
    - Produkten, Produktgruppen,
    - Konjunktur,
    - politisch-rechtliche Risiken,
    - das eigene Produkt (Dienstleistung),
    - Alter,
    - Preis/Kosten,
    - Entwicklung, Trends,
    - Qualität,
    - Substitutsprodukte,
  - die Konkurrenz,
  - Marketing und Vertrieb,
  - Produktions- und Leistungsprozess
  - das Umweltverhalten/-bewusstsein,
- **die unternehmerischen Zukunftschancen**
  - Unternehmensziele,
  - Produktchancen,
  - interne Verbesserungen,
    - Prozesse und Abläufe,
    - Informationstechnologie,
  - Expansionsmöglichkeiten,
  - Abhängigkeiten von
    - Subventionen,
    - Forschung & Entwicklung,

● **die Unternehmensentwicklung**
  - Unternehmensplanung,
  - Finanz- und Liquiditätsplanung,
  - Investitionsplanung,
  - Kosten/Ertragsrelation,
  - Umsatzentwicklung,
  - Investitionsfähigkeit.

Hierzu gehören auch interne Optimierungsmöglichkeiten, die Wettbewerbsposition und die Bonitätsentwicklung.

● **das Management sowie die Unternehmensorganisation und Struktur**
  - Erfahrung,
  - Strategie,
  - Nachfolgeregelung,
  - Rechnungswesen,
  - Controlling,
  - Dokumentationen,
  - Transparenz,
  - Kompetenzen,
  - Personal,
    - Qualifizierung,
    - Abhängigkeit von Schlüsselpositionen (Wissensträger),
    - Fluktuation,
    - Mitarbeiterstruktur,
    - Mitarbeiterförderung,

● **das interne Risikomanagement**
  - Ausgestaltung des »Systems«,
  - Frühwarnsystem mit Indikatoren,
  - Überwachungssystem (interne Revision),
  - Risikocontrolling,
  - Berichtswesen,

● **die Bankverbindungen**
  - Kontobewegungen,
  - Bankverbindungen,
    - Schufa, Creditreform,

● **die Kreditsicherheiten**
  - Risikodeckung,
  - Bewertung,
  - freie Sicherheiten.

Die bisherige Kreditwürdigkeitsprüfung anhand von vergangenheitsorientierten Bilanzkennzahlen wird durch ein zukunftsorientiertes Rating zur Beurteilung von Bonität, Risiko, Sicherheit und zukünftiges unternehmerisches Chancenpotential ersetzt, um in Form von Cash-Flow-Projektionen die künftige Kapitaldienstfähigkeit des Kreditnehmers abschätzen zu können.

Neben der Beurteilung der Branche, des Wettbewerbsumfeldes und der Fähigkeit des Unternehmens auf Veränderungen der Rahmenbedingungen angemessen reagieren zu können, werden künftig in einem viel stärkeren Maße auch die qualitativen Aspekte wie das Unternehmensmanagement, die Unternehmensorganisation und -struktur, die unternehmerischen Steuerungsinstrumente – wie Risikomanagement, Controlling, Unternehmensplanung und Berichtswesen – in den Kreditentscheidungsprozess mit einbezogen.

Es darf nicht übersehen werden, dass neben Basel II und dem daraus resultierenden Rating auch die verschärften Auslegungsbestimmungen des § 18 KWG von den Banken die regelmäßige Überprüfung und Beurteilung der wirtschaftlichen Verhältnisse und Entwicklungen ihrer Kreditnehmer verlangen.

Mindestanforderungen an das Kreditgeschäft

Hinzu kommt ergänzend, dass durch die neuen MaK (Mindestanforderungen an das Kreditgeschäft) in Bezug auf die Kreditengagements – nunmehr gesetzlich definierte – Mindestanforderungen an die Kreditinstitute gestellt werden:

- Zur Risikofrüherkennung (hinsichtlich negativer Entwicklungen auf Seiten der Kreditnehmer) muss durch Maßnahmen sichergestellt sein, dass Risiken zuverlässig und rechtzeitig identifiziert, klassifiziert, gesteuert und überwacht werden.
- Es ist auf Seiten der Banken ein System einzuführen, dass nach Art, Umfang und Risikogehalt die frühzeitige Identifizierung von Risiken, die Steuerung der Risiken und die Überwachung der Risiken gewährleistet.

Dieser Teilbereich des Risikomanagementsystems auf Seiten der Banken soll die Kreditinstitute in die Lage versetzen, bereits in einem sehr frühen Stadium einer negativen Entwicklung ihrer Kreditkunden Gegenmaßnahmen einleiten zu können.

Dieses Risikomanagement auf Seiten der Banken in Bezug auf ihre Kreditnehmer ist analog dem Risikomanagement auf Seiten der Unternehmen in Bezug auf deren Kunden und Lieferanten zu sehen – es konzentriert sich auf die jeweilige Bonität und zukünftige Entwicklung der Geschäftspartner.

Abb. 52: Rating – Teil des bankseitigen Risikomanagements

Die Konsequenz ist, dass von den Unternehmen, vor allem von den KMU mehr Transparenz in Bezug auf betriebswirtschaftliche Daten erwartet wird und die Kreditinstitute diese Informationen stärker und nachhaltiger einfordern. Damit steigen die Anforderungen an mittelständische Unternehmen in Sachen Unternehmensplanung, Controlling, Berichtswesen und Transparenz.

Um die für das Rating notwendige Informationstransparenz zu schaffen, erfordert es seitens der Unternehmen ein geeignetes Instrument zu implementieren, das die benötigten Informationen zeitnah und vollständig liefert und die Anforderung nach Qualität und rechtzeitiger Verfügbarkeit gegenüber dem Kreditgeber erfüllt. **Informationstransparenz**

Da das von Basel II geforderte Rating zur Voraussetzung für die Kreditvergabe gemacht wird, gewinnt das Risikomanagement wie vom KonTraG gefordert, zusätzlich an Bedeutung und wird gleichzeitig ein unverzichtbares Instrument zur Sicherung der Unternehmensexistenz.

15.4 Risikomanagement und Rating

Ein (sich über die oben aufgeführten Bewertungsfelder erstreckendes) implementiertes Risikomanagement bildet nicht nur die Grundlage der unternehmerischen Risikodarstellung, -information und -transparenz aller Unternehmensbereiche, sondern wird zum zentralen Bestandteil jeder wertorientierten Unternehmenssteuerung und trägt darüber hinaus zu einer Verbesserung des Ratings bei.

Externe wie interne negative Entwicklungen, die Einfluss auf die wirtschaftliche Lage des Unternehmens haben, werden mit diesem Instrument frühzeitig erkannt, mit der Chance rechtzeitig entsprechende Maßnahmen einleiten zu können.

Risikomanagement bedeutet daher auch Chancenmanagement. Gerade das Erkennen von Risiken sowie deren Bewertung und Steuerung stehen im Mittelpunkt des Ratingprozesses. Risikomanagement mit seinem Berichtswesen schafft aber nicht nur die Informationsgrundlage für das Rating – Risikomanagement nützt vor allem dem Unternehmen selbst, in dem das Risiko-/Chancenpotential als Basis künftiger Entscheidungen herangezogen werden kann. **Risikomanagement als Grundlage des Marketings**

Bei genauerer Betrachtung wird deutlich, dass das Risikomanagement inhaltlich nichts Anderes ist, als ein permanent selbst durchgeführter Ratingprozess – eine Analyse der unternehmerischen Stärken und Schwächen (Risiken).

Die nachstehende Abb. 53 soll dies verdeutlichen:

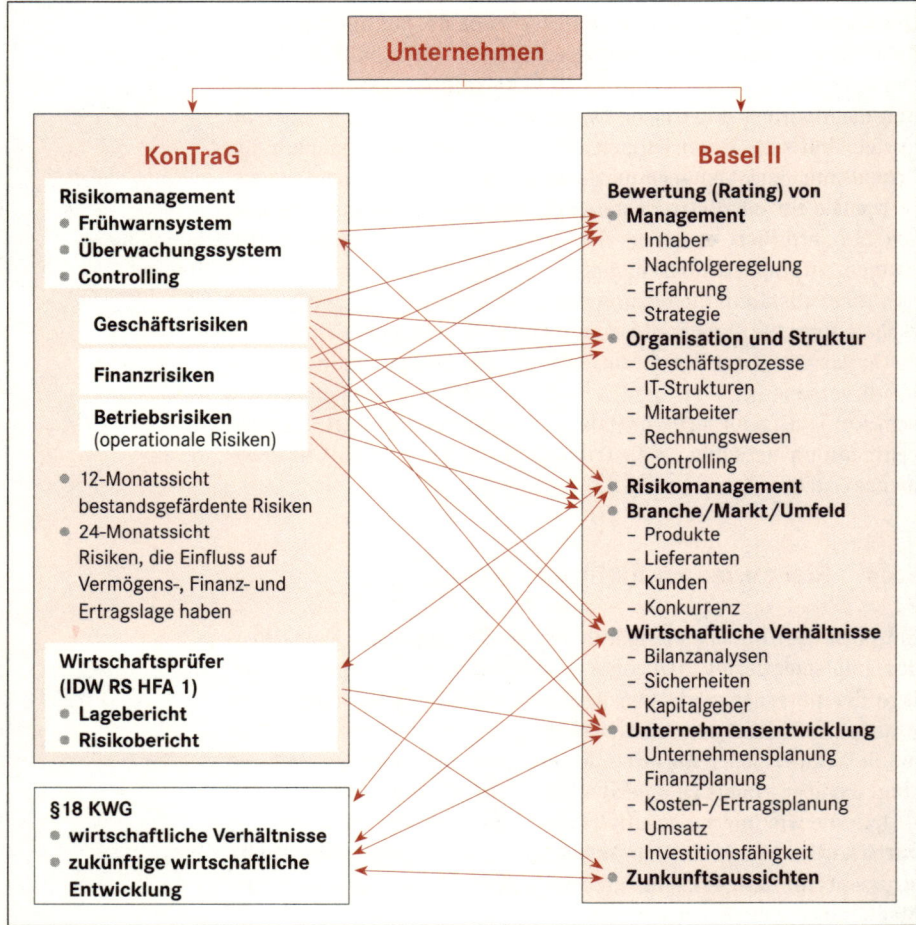

Abb. 53: Risikomanagement und Rating

Die beiden Begriffe sollen hier noch einmal kurz definiert und gegenüber gestellt werden:

- **Rating** ist eine durch Dritte anhand von verfügbaren Informationen vorgenommene **Bewertung der momentanen Risikolage** eines Unternehmens sowie die Einschätzung und Beurteilung zukünftiger Entwicklungspotentiale. Das Ratingergebnis ist eine entsprechende Risikoeinstufung in die von Basel II vorgegebenen Risikoklassen. Analog eines »Schulzeugnisses« verleiht das Rating dem Unternehmen eine »Risikonote«.

Risikomanagement und Rating im Vergleich

- **Risikomanagement** ist ein **kontinuierlicher, unternehmensinterner Prozess** der Risikoidentifizierung, -analyse, -bewertung und -beurteilung. Dieser regelmäßige Risikoinformationsprozess ermöglicht es, Entwicklungstendenzen frühzeitig auszumachen und den identifizierten Risiken mit entsprechenden Maßnahmen entgegen zu wirken – gleichzeitig aber auch entsprechende Chancen zu erkennen. Statt einer »Risikonote« als Ergebnis wird **jederzeit** – durch ein Benchmarking – ein Vergleich der wichtigsten Risikoindikatoren und deren Entwicklung ermöglicht, um so die eigene Unternehmensposition einzuordnen bzw. die kontinuierliche Entwicklung der eigenen Risikosituation im Zeitverlauf als Soll/Ist-Vergleich aufzuzeigen und zu dokumentieren. Diese Dokumentation dient nicht nur einer erhöhten Transparenz gegenüber den kreditgebenden Instituten sondern unterstützt vor allem die eigenen unternehmerischen Managemententscheidungen in Bezug auf die Verbesserung der Risikolage.

Auf Grund der inhaltlichen Parallelen von Rating und Risikomanagement kann daher allen Unternehmen nur empfohlen werden, ein für die jeweilige Unternehmensgröße entsprechendes Risikomanagement zu implementieren. Schließlich wird die unternehmerische Risikolage zum Schlüssel jeglicher Fremdfinanzierung, Investition und künftiger Unternehmensentwicklung.

Mit der Implementierung eines Risikomanagementsystems wird neben der Erfüllung gesetzlicher Anforderungen (KonTraG) zugleich eine erhöhte Informationstransparenz und ein verbessertes Berichtswesen erreicht. Die Dokumentation der Risiken und ihrer Bewertung in einem Risikohandbuch ist zudem Grundlage des zu erstellenden Lage- und Risikoberichtes im Rahmen des Jahresabschlusses. Es sollte nicht übersehen werden, dass die laufende Risikobeurteilung durch ein implementiertes Risikomanagement selbst zu einem »unternehmensinternen Rating« wird.

Risikomanagement wird somit zu einem der wichtigsten Steuerungsinstrumente für das Unternehmen.

An dieser Stelle ergibt sich die Frage nach den zusätzlich anfallenden Ratingkosten für das jeweilige Unternehmen.

Risikomanagement als internes Rating

Prinzipiell dürften die bankinternen Ratings keine Zusatzkosten für das Unternehmen mit sich bringen, vor allem, wenn es sich um eine Finanzierung bei der Hausbank handelt und darüber hinaus kein expliziter Auftrag für ein Rating erteilt wird.

Anders könnte es aussehen, wenn noch nicht bestehende, neue Bank-/Finanzierungsverbindungen aufgesucht werden.

Allerdings sollte dann, nach Klärung eventueller zusätzlicher Kosten, auch eine komplette, detaillierte »Offenlegung« des Ratingergebnisses seitens der Bank erfolgen bzw. »eingefordert« werden. Dies sollte auch unter dem Gesichtspunkt einer »Unternehmenszertifizierung« – eines quasi TÜV-Checks – der nach außen zu nutzen wäre, angegangen werden, ansonsten bliebe es ja ohne zusätzlichen Mehrwert für das Unternehmen.

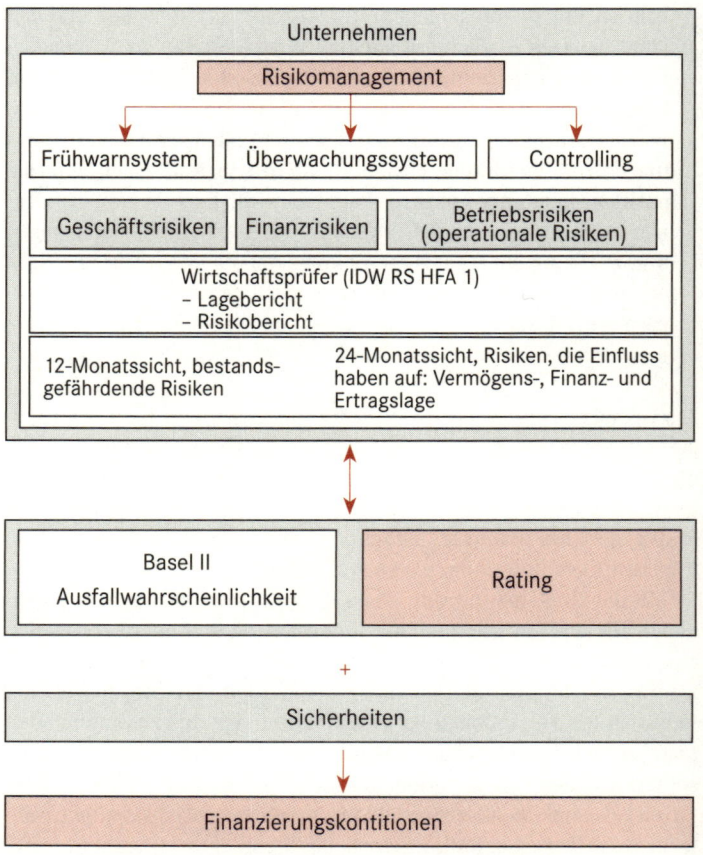

Abb. 54: Der Zusammenhang von Risikomanagement, Rating und
Finanzierungskonditionen

Bei externen Ratings würden sich die Kosten für ein Unternehmen mit
einem Umsatz von 50–100 Mio. € etwa auf 15.000–25.000 € belaufen
und stiegen bei einem Umsatz von ca. 0,5 Mrd. € auf ca. 50.000 €.

Eine Ratingentscheidung darf nicht nur an den Kosten festge-
macht werden, es sollte auch der weitere Nutzen eines externen
Ratings betrachtet werden. Ein wesentliches Kriterium für ein zu
befürwortendes externes Rating liegt in der Entscheidung, ob ein
Unternehmen beabsichtigt zwecks Finanzierung den internationalen
Kapitalmarkt in Anspruch zu nehmen. Die Finanzierung über den
Kapitalmarkt wird zunehmend auch für die mittelständischen Unternehmen wichtig und immer mehr die klassische Kreditfinanzierung
an Bedeutung verlieren lassen. Dieser Weg der Unternehmensfinanzierung erwartet fast automatisch ein extern vorgenommenes Ra-

ting, schließlich dient es den internationalen Kapitalgebern in Form eines allgemein als gültig akzeptierten Orientierungsrahmens hinsichtlich des Risikos bei der »Bereitstellung« des Kapitals.

Hier können sicherlich die sich auf den Mittelstand spezialisierenden Ratingagenturen die Lücke schließen, zumal diese den Ratingprozess wesentlich kostengünstiger anbieten als die international agierenden Agenturen.

Checkliste

Sie sollten sich auf das Bankengespräch gut vorbereiten:

✔ Legen Sie vorher fest
  – welche Planungsunterlagen Sie vorlegen können
  – welche Sicherheiten Sie anbieten können
  – mit welchen Konditionen Sie zufrieden wären – kalkulieren Sie nicht zu knapp.

✔ Stellen Sie rechtzeitig alle Unterlagen zur Verfügung, die für eine Kreditentscheidung benötigt werden.

✔ Vermeiden Sie die Vorlage unzureichender Unterlagen, unrealistische Ziele und Zusagen, die Sie nicht einhalten können.

✔ Sorgen Sie für eine vertrauensvolle Zusammenarbeit, in dem Sie unaufgefordert aktuelle und zeitnahe Jahresabschlüsse, Finanzplanungen, Geschäftszahlen und wichtige Informationen liefern.

✔ Suchen Sie das laufende, regelmäßige Gespräch mit Ihrer Bank.

✔ Sorgen Sie für Klarheit und Offenheit in den Gesprächen – bedenken Sie, dass vor größeren Investitionen und strategischen Entscheidungen ein Bankgespräch immer sinnvoll ist und stattfinden sollte. Damit erhöhen Sie das gegenseitige Vertrauen.

✔ Stellen Sie die Bank nicht vor vollendete Tatsachen – sprechen Sie Kontoüberziehungen vorher ab und planen Sie gemeinsam, wenn Abweichungen von Ihrer Planung ersichtlich werden.

✔ Vertuschen Sie keine schlechten Geschäftszahlen bzw. -ergebnisse.

✔ Denken Sie daran, dass nicht die Konditionen allein, sondern das Gesamtkonzept entscheidend ist.

Zusammenfassung

1. Rating ist die Bewertung der zu erwartenden wirtschaftlichen Entwicklung eines Unternehmens sowie dessen Einschätzung auch künftig den Zahlungsverpflichtungen nachkommen zu können.
2. Risikomanagement schafft die Informationsgrundlage für das Rating.
3. Rating ist als das Risikomanagement der Banken in Bezug auf ihre Kreditnehmer analog zum Risikomanagement auf Seiten der Unternehmen in Bezug auf deren Kunden und Lieferanten zu sehen.

Checklisten
zum Unternehmensrating

Unternehmensrating

Fragen zum Management

Ja   Nein

Unternehmenskonzept

Gibt es ein klar umschriebenes Unternehmenskonzept?   ☐ ☐

    Ist dieses nachvollziehbar?   ☐ ☐

    Entspricht es den künftigen Branchenerwartungen?   ☐ ☐

Gibt es klar umschriebene Unternehmensziele?   ☐ ☐

    Sind diese nachvollziehbar?   ☐ ☐

    Sind die Ziele hinsichtlich der aktuellen Unternehmens-
und Marktsituation realistisch?   ☐ ☐

Gibt es klar umrissene Unternehmensstrategien?   ☐ ☐

    Sind diese nachvollziehbar?   ☐ ☐

Unterzieht sich und entspricht das Unternehmen
den Anforderungen des KonTraG?   ☐ ☐

Gibt es eine klare Unternehmensplanung?   ☐ ☐

Ist diese Planung fortlaufend/rollierend?   ☐ ☐

Fließen die aktuellen konjunkturellen Veränderungen
in die Planung ein?   ☐ ☐

Konzentriert sich das Unternehmen auf die Kernkompetenzen?   ☐ ☐

Besteht eine enge (virtuelle) Verknüpfung zu den

    Lieferanten?   ☐ ☐

    Abnehmern?   ☐ ☐

Wenn nein, ist dieses geplant?   ☐ ☐

**Beurteilung
Rating**

1 2 3 4 5 6

Unternehmensführung/Unternehmenssteuerung

Besitzt das Management Erfahrung in der Unternehmensführung?

    Qualifikation ....   ☐ ☐

    Ausbildung ....   ☐ ☐

    Erfahrung (Lebenslauf) ....   ☐ ☐

Besteht eine klar formulierte Unternehmenskultur?   ☐ ☐

    Gibt es eine Differenzierung zu den Wettbewerbern?   ☐ ☐

    Welche? ....

....

**Beurteilung
Rating**

1 2 3 4 5 6

Unternehmensrating

Fragen zum Management

Ja   Nein

Unternehmensführung/-struktur

Wie wird das Betriebsklima eingeschätzt?

      sehr gut ☐

      gut ☐

      befriedigend ☐

      mangelhaft ☐

Wie wird das Führungsverhalten eingeschätzt?

      sehr gut ☐

      gut ☐

      befriedigend ☐

      mangelhaft ☐

	Ja	Nein
Ist das Unternehmen von einer hohen Fluktuation betroffen?	☐	☐
Ist die Fluktuationsrate branchenüblich?	☐	☐
Liegt sie über dem Branchendurchschnitt?	☐	☐
Ist das Unternehmen von einer hohen Fehlzeitenquote betroffen?	☐	☐
Verfügt das Unternehmen über eine zweite Führungsebene?	☐	☐
Verfügt die zweite Ebene über entsprechende Fach- und Führungskompetenz?	☐	☐
Sind die Verantwortungsfunktionen entsprechend festgelegt?	☐	☐

      Ziele ☐

      Aufgaben ☐

      hierarchische Einordnung ☐

	Ja	Nein
Bestehen Vertretungsregelungen für die Führungspositionen?	☐	☐
Ist eine hohe Fluktuation in der Führungsebene zu verzeichnen?	☐	☐
Verfügt das Unternehmen über geeignete Nachwuchskräfte?	☐	☐
Ist die Führungsnachfolge geregelt?		
Besteht innerhalb des Managements/Gesellschafterkreises Interessenidentität?	☐	☐
Existiert ein qualifizierter Beirat/Aufsichtsrat mit entsprechender Einflussmöglichkeit?	☐	☐

Beurteilung
Rating
1 2 3 4 5 6
☐☐☐☐☐☐

Unternehmenssteuerung

	Ja	Nein
Verfügt das Unternehmen über adäquate Steuerungssysteme?	☐	☐
Verfügt das Unternehmen über adäquate Kontrollsysteme?	☐	☐
Werden regelmäßig Soll-/Ist-Analysen durchgeführt?	☐	☐
Werden Ursachenanalysen durchgeführt?	☐	
Werden Maßnahmen bei entsprechender Abweichung umgehend umgesetzt?	☐	☐
Ist ein adäquates Risikomanagementsystem implementiert?	☐	☐

Beurteilung
Rating
1 2 3 4 5 6
☐☐☐☐☐☐

Unternehmensrating

Fragen zum Management

Rechnungs- und Planungswesen

	Ja	Nein
Verfügt das Unternehmen über ein adäquates Rechnungswesen?	☐	☐
Verfügt das Unternehmen über ein adäquates Planungswesen?	☐	☐
Verfügt das Unternehmen über eine aussagekräftige Investitionsplanung?	☐	☐
Verfügt das Unternehmen über eine aussagekräftige Finanzplanung?	☐	☐
Verfügt das Unternehmen über eine aussagekräftige Ertragsplanung?	☐	☐
Verfügt das Unternehmen über eine aussagekräftige Liquiditätsrechnung/-planung?	☐	☐
Verfügt das Unternehmen entsprechend der Struktur über eine aussagefähige Segmentberichterstattung, mit der obige Anforderungen erfüllt werden?	☐	☐
Werden zur Ertrags- und Liquiditätsentwicklung anhand der wichtigsten Einflussfaktoren Best/Worst-Szenarien durchgespielt?	☐	☐
Erfolgt eine kontinuierliche Fortschreibung und Anpassung der Ertrags- und Liquiditätsplanung anhand der laufenden Marktentwicklung?	☐	☐
Erfolgt eine zeitnahe Liquiditätsplanung unter Berücksichtigung von bestehenden Kreditlinien und liquiden Aktiva?	☐	☐
Ist die Liquiditätslage auf Grund ausreichend freier Linien/Guthaben für einen überschaubaren Zeitraum gesichert?	☐	☐
Können Investitionsentscheidungen auf Grund der Liquiditätslage nur in Abhängigkeiten von neuen Vollfinanzierungsmöglichkeiten getroffen werden?	☐	☐
Kam es in den letzten Jahren zu Störungen bei der Bedienung von Fremdverbindlichkeiten oder konnten diese nur durch Neukredite verhindert werden?	☐	☐
Existiert ein Debitorenmanagement?	☐	☐
Bonitätsprüfung?	☐	☐
Kontrolle der Zahlungsfristen?	☐	☐

Beurteilung
Rating

1	2	3	4	5	6

Unternehmensrating

Fragen zur Marktposition und zum wirtschaftlichen Umfeld

Produktqualität

	Ja	Nein
Trägt das Produktangebot den Faktoren des Marktes ausreichend Rechnung in Bezug auf	☐	☐
Qualität?	☐	☐
Kundendienst/Service?	☐	☐
technischer Stand?	☐	☐
Seit wann sind die Produkte auf dem Markt?	☐	☐
Wurden in den letzten Jahren erfolgreich neue Produkte eingeführt?	☐	☐
Sind die Produkte hinsichtlich des Preis-/Leistungsverhältnisses konkurrenzfähig?	☐	☐
Sind aufgrund des Alters Neuinvestitionen in die Produktions- anlagen erforderlich?	☐	☐
Sind die vorhandenen Produktionsanlagen ohne große Schwierigkeiten auf andere Produkte umzustellen?	☐	☐
Sind Rationalisierungen in den Produktionsabläufen erforderlich?	☐	☐
Besteht die Gefahr von Markteinbußen durch Substitutions- produkte?	☐	☐
Besteht die Gefahr von Markteinbußen durch neue Techniken, Verfahren, Werkstoffen?	☐	☐
Besteht ein Qualitätssicherungssystem zur Überwachung der eigenen Produktqualität? (Produkthaftungsrisiken)	☐	☐
Wird dem Umweltschutz im Rahmen der Produktion ausreichend Rechnung getragen?	☐	☐
Werden nur die Mindestanforderungen erfüllt oder findet der Umweltschutz vorausblickend Berücksichtigung?	☐	☐
Entsprechen die Produkte und deren Verpackung auch den künftigen Umweltschutzanforderungen?	☐	☐
Stehen erforderliche Patente/Lizenzen im Eigentum des Unternehmens oder hat das Unternehmen eine uneingeschränkte und »einredefreie« Nutzungsmöglichkeit?	☐	☐

Beurteilung
Rating

1	2	3	4	5	6

Unternehmensrating

Fragen zur Marktposition und zum wirtschaftlichen Umfeld

Vertriebspotenzial

	Ja	Nein
Besteht ein klares Vertriebskonzept?		
Vertriebswege	☐	☐
Vertriebsziele	☐	☐
Marketingziele	☐	☐
Entsprechen die Vertriebsressourcen den Marktgegebenheiten?	☐	☐
Finden regelmäßige Vertriebsschulungen statt?	☐	☐
Besteht ein angemessener Service?	☐	☐
Sind die Zahlungsbedingungen branchenkonform?	☐	☐
Sind die Lieferbedingungen brachenkonform?	☐	☐
Besteht ein ausreichendes Vertriebscontrolling und Berichtswesen?	☐	☐

Beurteilung Rating

1	2	3	4	5	6

Marktstellung/Konkurrenz

	Ja	Nein
Wie hoch ist der Marktanteil? .... %		
Sind die wichtigsten Wettbewerber ausreichend bekannt?		
Sind deren Schwächen und Stärken bekannt?	☐	☐
Durch was unterscheiden sich die eigenen Produkte von denen der Konkurrenten?	☐	☐

....

....

	Ja	Nein
Ist das Unternehmen in »wachsenden« Märkten tätig?	☐	☐
Besteht die Gefahr des Markteintritts neuer Wettbewerber?	☐	☐

Wie hoch wird diese Gefahr eingeschätzt?

gering	☐
mittel	☐
hoch	☐

Wie gliedert sich der Absatzmarkt?

	Ja	Nein
regional	☐	☐
national	☐	☐
international	☐	☐
Wie hoch ist der Exportanteil? .... %		
Ist das Unternehmen in den wesentlichen Wachstumsmärkten ausreichend vertreten?	☐	☐
Ist das Marktvolumen bekannt?	☐	☐
Sind die Markttrends bekannt?	☐	☐
Werden regelmäßige Marktbeobachtungen durchgeführt?	☐	☐

Unternehmensrating

Fragen zur Marktposition und zum wirtschaftlichen Umfeld

	Ja	Nein
Werden durch diese Beobachtungen frühzeitig Marktveränderungen, Konkurrenzveränderungen festgestellt?	☐	☐
Ist eine frühzeitige Anpassung des Unternehmens gewährleistet?	☐	☐
Ist die eigene Marktposition dauerhaft gegeben?	☐	☐
Ist die eigene Marktstellung gefährdet?	☐	☐

Beurteilung Rating
1 2 3 4 5 6
☐☐☐☐☐☐

Abhängigkeiten

Bestehen Abhängigkeiten zu den wichtigsten Lieferanten? ☐ ☐

Welche Risiken ergeben sich daraus? ....

....

Sind diese Risiken in der Beschaffungsstrategie berücksichtigt? ☐ ☐

Bestehen Abhängigkeiten zu den wichtigsten Kunden/Abnehmern? ☐ ☐

Welche Risiken ergeben sich daraus? ....

....

Sind diese Risiken in der Absatzstrategie berücksichtigt? ☐ ☐

Bestehen Abhängigkeiten zu bestimmten Branchen?

Welchen Anteil an der Beschaffung haben die drei wichtigsten Lieferanten? ☐ ☐

    1. .... %

    2. .... %

    3. .... %

Sind enge Kundenverbindungen zu den Abnehmern aufgebaut? (Stammkunden) ☐ ☐

Welchen Anteil am Gesamtumsatz haben die drei wichtigsten Kunden?

    1. .... %

    2. .... %

    3. .... %

Beurteilung Rating
1 2 3 4 5 6
☐☐☐☐☐☐

Unternehmensrating

Fragen zur Marktposition und zum wirtschaftlichen Umfeld

Branchenaussichten

Wie schätzen die Wettbewerber die Aussichten ein? ....

Wie schätzen die Verbände die Aussichten ein? ....

Bestehen Überkapazitäten am Markt?   ☐   ☐

Besteht ein Verdrängungswettbewerb?   ☐   ☐

Wie werden die zukünftigen Branchenaussichten eingeschätzt?

sehr gut	1	☐
gut	2	☐
durchschnittlich	3	☐
ausreichend	4	☐
abnehmend	5	☐
kritisch	6	☐

Wie schätzen die Wettbewerber die Aussichten ein?

sehr gut	1	☐
gut	2	☐
durchschnittlich	3	☐
ausreichend	4	☐
abnehmend	5	☐
kritisch	6	☐

Wie schätzen die Verbände die Aussichten ein?

sehr gut	1	☐
gut	2	☐
durchschnittlich	3	☐
ausreichend	4	☐
abnehmend	5	☐
kritisch	6	☐

Beurteilung
Rating

1	2	3	4	5	6

Unternehmensrating

Management

	Beurteilung Rating 1 2 3 4 5 6
Qualität der Geschäftsführung	☐☐☐☐☐☐
– Kontinuität	☐☐☐☐☐☐
– Aufgabenverteilung	☐☐☐☐☐☐
– Nachfolgeregelung	☐☐☐☐☐☐
Langfristiges Unternehmenskonzept	☐☐☐☐☐☐
Qualität der Unternehmensplanung	☐☐☐☐☐☐
Qualität der Unternehmensorganisation	☐☐☐☐☐☐
Qualität des Rechnungswesens	☐☐☐☐☐☐
Qualität des Controllings	☐☐☐☐☐☐
Qualität des Risikomanagementssystems	☐☐☐☐☐☐
– Frühwarnsystem	☐☐☐☐☐☐
– Überwachungssystem	☐☐☐☐☐☐
– Risikocontrolling	☐☐☐☐☐☐

arithmetisches Mittel

Management

Beurteilung Rating
1 2 3 4 5 6
☐☐☐☐☐☐

Unternehmensrating

Risikomanagement nach KonTraG
Qualität des Risikomanagementsystems

	Beurteilung Rating	Beurteilung Rating
	1 2 3 4 5 6	1 2 3 4 5 6
Frühwarnsystem		☐☐☐☐☐☐
– Externe Indikatoren	☐☐☐☐☐☐	
– Interne Indikatoren	☐☐☐☐☐☐	
Überwachungssystem		☐☐☐☐☐☐
– Dokumentation	☐☐☐☐☐☐	
– Ablaufprozesse	☐☐☐☐☐☐	
– EDV-Prozesse	☐☐☐☐☐☐	
– Kontrollen	☐☐☐☐☐☐	
– Funktionstrennung	☐☐☐☐☐☐	
– Manuelle Kontrollen	☐☐☐☐☐☐	
– Systemseitige Kontrollen	☐☐☐☐☐☐	
– Limitsysteme	☐☐☐☐☐☐	
Interne Revision		☐☐☐☐☐☐
Risikocontrolling		☐☐☐☐☐☐
– Berichtswesen	☐☐☐☐☐☐	

	Beurteilung Rating
	1 2 3 4 5 6
arithmetisches Mittel **Risikomanagement**	☐☐☐☐☐☐

Unternehmensrating

Unternehmensentwicklung

Beurteilung
Rating

1 2 3 4 5 6

Seit dem letzten Jahresabschluss

Unternehmensplanung

Finanzplanung

Ertragsplanung

Unternehmensrisiken

Künftige Aussichten

– Bestandsgefährdende Risiken

– Risiken der Vermögenslage

– Risiken der Finanzlage

– Risiken der Ertragslage

arithmetisches Mittel
Unternehmensentwicklung

Beurteilung
Rating

1 2 3 4 5 6

Unternehmensrating

Markt/Branche

	Beurteilung Rating					
	1	2	3	4	5	6
Branchenentwicklung						
Umsatz-/Marktentwicklung						
Konjunkturabhängigkeit						
Produkt/Sortiment						
Leistungsstandard/Qualität						
Lieferantenabhängigkeit						
Kundenabhängigkeit/Struktur						
Länderabhängigkeit						
Exportanteil						
Konkurrenzintensität						
Situation der Abnehmerbranche						
Auftragsbestand						
Marketing						

arithmetisches Mittel

Markt/Branche

	Beurteilung Rating					
	1	2	3	4	5	6

Unternehmensrating

Organisation

	Beurteilung Rating					
	1	2	3	4	5	6

Verantwortungsbereiche

Funktionstrennungen

Ablaufprozesse

EDV-Integration

Prozessdokumentation

EDV-Dokumentation

Arbeitsplatzbeschreibungen

Richtlinien/Anweisungen

Kommunikation

Risikobewusstsein

Umweltbewusstsein

arithmetisches Mittel

Organisation

	Beurteilung Rating					
	1	2	3	4	5	6

Unternehmensrating

Mitarbeiter

	Beurteilung Rating					
	1	2	3	4	5	6
Altersstruktur						
Qualifikation						
Zugehörigkeit						
Fluktuation						
Fehlzeiten						
Know-how-Träger						
Teamgeist						

arithmetisches Mittel
Mitarbeiter

Beurteilung Rating					
1	2	3	4	5	6

Unternehmensrating

Produkte

	Beurteilung Rating					
	1	2	3	4	5	6
Qualität						
Marke						
Sortiment						
Produkt-/Sortimentalter						
Produkt-/Sortimentabhängigkeit						
Reklamationsquote						
Kundenzufriedenheit						
Innovationsfähigkeit						
Konkurrenzprodukte						

arithmetisches Mittel

Produkte

	Beurteilung Rating					
	1	2	3	4	5	6

Unternehmensrating

Wirtschaftliche Verhältnisse

Bilanzanalyse

	Beurteilung Rating 1 2 3 4 5 6
Anlageintensität in %	
Anlagendeckung in %	
Cash-Flow/Umsatzrate	
Cash-Flow nach DVFA	
Free-Cash-Flow	
Kurzfristige Liquidität	
Eigenkapitalanteil in %	
Eigenkapitalrentabilität	
Fremdkapitalanteil in %	
Gesamtkapitalrentabilität	
Umschlagshäufigkeit des Gesamtvermögens	
Umsatzrentabilität	
Umlaufintensität in %	
Debitorenlaufzeit in Tagen	
Kreditorenlaufzeit in Tagen	
Lagerdauer	
Schuldentilgungsdauer in Jahren	
Dynamischer Verschuldungsgrad	
Liquidität 1. Grad	
2. Grad	
3. Grad	
Abschreibungsquote	
Personalaufwandsquote	
Materialaufwandsquote	
EBIT	
EBITDA	
Jahresüberschuss/Beschäftigter	
Umsatz/Beschäftigter	

arithmetisches Mittel
Bilanzanalyse

	Beurteilung Rating 1 2 3 4 5 6

Unternehmensrating

Gesamte Vermögensverhältnisse

Bankbeziehungen

Beurteilung
Rating
1 2 3 4 5 6

Kontoführung

Transparenz

Informationsverhalten

arithmetisches Mittel
Bankbeziehungen

Beurteilung
Rating
1 2 3 4 5 6

Sicherheiten

Beurteilung
Rating
1 2 3 4 5 6

volle Besicherung   100%

zwischen 75 % und   100%

zwischen 50 % und   75%

zwischen 25 % und   50%

unter   25%

keine Besicherung

arithmetisches Mittel
Sicherheiten

Beurteilung
Rating
1 2 3 4 5 6

Unternehmensrating

Gesamtübersicht Zusammenfassung

	Beurteilung Rating
	1 2 3 4 5 6
Management	☐☐☐☐☐☐
Risikomanagement	☐☐☐☐☐☐
Organisation	☐☐☐☐☐☐
Unternehmensentwicklung	☐☐☐☐☐☐
Markt-/Branchenaussichten	☐☐☐☐☐☐
Produkte	☐☐☐☐☐☐
Mitarbeiter	☐☐☐☐☐☐
Wirtschaftliche Verhältnisse	☐☐☐☐☐☐
Ergebnisbilanzanalyse	☐☐☐☐☐☐
Gesamte Vermögensverhältnisse	☐☐☐☐☐☐
Bankbeziehungen	☐☐☐☐☐☐

	Beurteilung Rating
	1 2 3 4 5 6
selbst ermitteltes Ratingergebnis*	☐☐☐☐☐☐
vorhandene Sicherheiten	☐☐☐☐☐☐
Branchenrating	☐☐☐☐☐☐

* Das Ratingergebnis der Ratingagenturen und/oder Banken ist abhängig von der jeweiligen Gewichtung der einzeln gerateten Bereiche. Von Institut zu Institut ist diese Gewichtung unterschiedlich. Es kann jedoch davon ausgegangen werden, dass die wirtschaftlichen Verhältnisse (als »harte Faktoren«) mit einem überproportionalen Anteil in das Ergebnis einfließen (siehe Beispiel).

Unternehmensrating

Gesamtübersicht Zusammenfassung

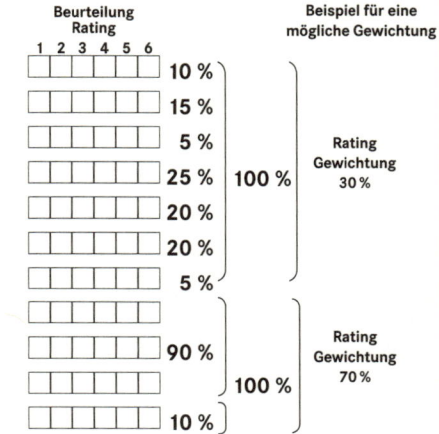

	Beurteilung Rating 1 2 3 4 5 6		Beispiel für eine mögliche Gewichtung
Management		10 %	
Risikomanagement		15 %	
Organisation		5 %	Rating Gewichtung 30 %
Unternehmensentwicklung		25 % 100 %	
Markt-/Branchenaussichten		20 %	
Produkte		20 %	
Mitarbeiter		5 %	
Wirtschaftliche Verhältnisse			
Ergebnis Bilanzanalyse		90 %	Rating Gewichtung 70 %
Gesamte Vermögensverhältnisse		100 %	
Bankbeziehungen		10 %	

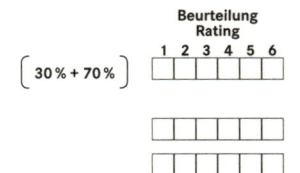

selbst ermitteltes Ratingergebnis*   [30 % + 70 %]   Beurteilung Rating 1 2 3 4 5 6

vorhandene Sicherheiten

Branchenrating

* Das Ratingergebnis der Ratingagenturen und/oder Banken ist abhängig von der jeweiligen Gewichtung der einzeln gerateten Bereiche. Von Institut zu Institut ist diese Gewichtung unterschiedlich. Es kann jedoch davon ausgegangen werden, dass die wirtschaftlichen Verhältnisse (als »harte Faktoren«) mit einem überproportionalen Anteil in das Ergebnis einfließen (siehe Beispiel).

Schlusswort

Obwohl das KonTraG seit 1998 in Kraft ist, bleibt die Frage zu stellen, ob mit den formulierten Minimalanforderungen dem Gesetz wirklich Genüge getan wird oder ob sich grundsätzlich eine Debatte darüber entfacht, was im Einzelnen unter einem adäquaten Risikomanagementsystem zu verstehen ist.

Die fehlende Konkretisierung im Gesetz lässt darüber hinaus den Ermessensspielraum hinsichtlich der Auslegung sehr groß werden, nach dem Motto »je enger die Auslegung, desto weniger kann erwartet werden«. Hier sind die Prüfer gefordert.

Beschränken sie sich auf die Risiken des Finanzbereiches so werden sich die Maßstäbe beispielsweise einer Prüfung der Managementleistungen – in Form deren Entscheidungen und Auswirkungen auf das Unternehmen – auch nur auf diesen Bereich hinsichtlich einer »Frühwarnung« ausrichten und konzentrieren.

Die durch das KonTraG bedingte Neuausrichtung der Prüfer stellt sie vor die Herausforderung, nicht mehr nur den Jahresabschluss zu prüfen und zu testieren, sondern selbst unternehmerisch zu denken oder dieses erst noch zu »erlernen«, um der gestellten Anforderung der Risikoeinschätzung und deren Auswirkungen auf das jeweilige Unternehmen und der formulierten Strategie nicht nur abschätzen, sondern auch beurteilen zu können.

Eine Vorausschau der Unternehmensentwicklung auf die nächsten zwölf respektive 24 Monate in Bezug auf bestandsgefährdende bzw. die Finanz-, Ertrags- und Vermögenslage beeinträchtigende Risiken mag auf den ersten Blick unter den sich rasant ändernden Rahmenbedingungen einer global verflochtenen Wirtschaft beinahe an »Hellseherei« grenzen. Das Institut der Wirtschaftsprüfer (IDW) hat einen Prüfungsstandard für Wirtschaftsprüfer ausgearbeitet, der die Anforderungen des KonTraG konkretisiert. Danach muss die Tragweite erkannter Risiken in Bezug auf deren Eintrittswahrscheinlichkeit und quantitative Auswirkungen einschließlich bestehender Wechselwirkungen beurteilt werden. Sicherlich eine subjektive Bewertung – denken wir doch an die unterschiedliche, individuelle Risikowahrnehmung und -einschätzung.

Erforderliche vertiefte Branchenkenntnisse, gekoppelt mit dem Verständnis für eine in der Praxis umzusetzende unternehmerische »Zukunftsvision«, werden den Prüfern abverlangt werden.

Hierzu gehören auch das Verständnis für das Erschließen neuer Märkte mit ihren jeweiligen, für ein Unternehmen neuen nationalen Gepflogenheiten und eigenen Spielregeln.

»Bakschisch-Gelder« sind oftmals erst der Eintrittspreis für neue Geschäftsbeziehungen und Aufträge und zeigen nur allzu deutlich die Gratwanderung unternehmerischen Handelns und der polit-ökonomischen Verpflechtung jeglicher Geschäftsaktivitäten auf.

Das unternehmerische Denken schließt auch die globale Ausrichtung mit ein ebenso wie das Wagnis oder Risiko in für ein Unternehmen neue »Dimensionen« vorzustoßen, wie die geschäftliche Nutzung der Internetmarktplätze, neue Technologien oder die Übernahme eines Konkurrenten mit all seinen nicht immer abzusehenden Konsequenzen.

Und was ist mit denen »den Fortbestand der Gesellschaft gefährdenden Entwicklungen« oder den negativen Entwicklungen, die sich auf »die Vermögens-, Ertrags- und Finanzlage« eines Unternehmens auswirken und sich in der Veruntreuung, im Betrug und der »Verschleierung« durch Mitarbeiter, durch Korruption, Datenmanipulation oder Wirtschaftsspionage wiederfinden?

Zu denken ist auch an die Umweltschädigungen, die nicht aus Betrugs-, sondern (vielleicht oder auch nicht bewusst?) aus Kostenersparnisgründen für das Unternehmen geschehen (und/oder verschwiegen werden) oder gar der organisierten Wirtschaftskriminalität (wenn überhaupt rechtzeitig entdeckt und aufgespürt)? Beispiele gibt es hierfür sicherlich genug …

Erklärungsbedarf wird auch aufkommen, wenn Managemententscheidungen zu begründen sind, die zu Fehlentwicklungen führten und letztlich mit enormen Kosten zu Lasten des Unternehmens und deren Anteilseignern wieder rückgängig zu machen sind. Ebenso, wenn sich abzeichnende Entwicklungen nicht erkannt und aufgegriffen werden und damit ein Unternehmen den »Anschluss« zu verlieren scheint und letztendlich die eigene Marktposition gefährdet.

Es sollte – ja es muss, ohne Wenn und Aber – dazu führen, dass die Prüfung alle Geschäftsleitungen und Aufsichtsorgane zu umfassenden Antworten herausfordern, die sicherlich auf unliebsame, wenn nicht sogar bohrende, Fragen seitens der Prüfer zu geben sein werden.

Es darf künftig auch kein Tabu geben, kritische Beurteilungen und Bewertungen seitens der Prüfer in den Geschäftsbericht mit aufzunehmen. Vielfach (eigentlich fast immer) wird in harten Verhandlungen zwischen Geschäftsleitung/Vorstand und den Prüfern die

Formulierung des Abschlussberichtes – und des Risikolageberichtes (wenn er denn überhaupt im Abschlussbericht als solcher von den Prüfern aufgenommen wird) – diskutiert, bis ein Konsens gefunden ist, der beiden Seiten nicht »weh« tut (absolute – nicht verschleierte – Ehrlichkeit lässt grüßen ...).

Nicht nur die Prüfer sollten diese Fragen stellen, sondern auch im weiteren Verlauf die Anteilseigner unter der fortschreitenden Ausbreitung des Shareholder-Value-Gedankens – und mit Unterstützung der Prüfer aufgrund ihrer »wertfreien« nicht beeinflussbaren »Erkenntnisgewinnung«.

Die Anzeichen hierfür sind bereits in vielfacher Weise vorgegeben. Das Management eines jeden Unternehmens sollte für sein Handeln Rede und Antwort stehen müssen – mit entsprechenden Konsequenzen im Interesse für das Unternehmen, die Anteilseigner, das gesellschaftliche Umfeld und die Mitarbeiterinnen und Mitarbeiter.

Ein Unternehmen darf nicht ausschließlich dem aus Amerika importierten Shareholder-Value-Gedanken folgen und nur in reinen Kostenkategorien (von Quartal zu Quartal) denken, um (vermeintlich) den Wohlstand der Eigentümer zu mehren. Dieser Ansicht steht ein »Stakeholder Value« entgegen, der auch die Mitverantwortung gegenüber den Mitarbeitern, den Kunden und der Gesellschaft verlangt, was sich deutlich in der Sozial-, Entwicklungs- und Umweltpolitik zeigt. Der Mensch steht im Vordergrund aller Ökonomie, was zu einer Untrennbarkeit von Ökonomie, Politik und Ethik führt.

Alle Beteiligten und Betroffenen haben das Recht zu erfahren, wie das Unternehmensmanagement und die Unternehmensaufsichtsorgane mit Risiken – auch mit außerhalb des Unternehmens liegenden Risiken – umgehen und damit den Fortbestand eines Unternehmens in dem sich rasant ändernden globalen Umfeld für die Zukunft sichert.

Eine neue Herausforderungen auch an die Steuerberater

Während die Informationsbereitstellung über die unternehmerische Entwicklung und der Risikolage in großen bzw. komplexen Betrieben von einer Vielzahl von Organen oder Mitarbeitern erarbeitet wird, wird in mittelständischen Unternehmen diese Funktion sehr häufig durch den Geschäftsführer in Personalunion erledigt, unter Zuhilfenahme des eventuell vorhandenen Controllers. Wesentlicher Berater jedoch ist in vielen Fällen der zuständige Steuerberater. (Auch ihm sind die obigen Zeilen gewidmet). Er stellt für den Mittelständler nicht nur die Meinung eines unabhängigen Dritten dar, sondern ist Vertrauter des Unternehmens, der aufgrund seines Berufsrechtes und seiner Ausbildung die Unternehmensentwicklung, aber auch die Finanzierungsgespräche begleitet. Insofern besteht auch seitens der betreuen Unternehmen ein erweiterter Informationsfluss gegenüber »ihrem« Steuerberater.

Für den Steuerberater resultiert daraus zweifelsohne eine noch intensivere Zusammenarbeit und ein »Eintauchen« in die Kultur und Überlegungen seines Mandanten. Die oftmals vorzufindende monatliche Routine der Monatsabschlusserstellung und Versendung der Betriebswirtschaftsanalyse (BWA) wird nicht mehr ausreichen. Das Unternehmen muss bei der Analyse der Zahlen stärker unterstützt werden, insbesondere deren Auswirkung auf die Bank bei monatlicher Zusendung des Zahlenwerks. Kennzahlen und deren Entwicklung müssen beurteilt und verfolgt werden. Einflusskomponenten außerhalb der sich in Zahlen niedergeschlagenen Geschäftsvorfälle sind zu erläutern, z. B. Qualitätserfordernisse/-entwicklung, Kundenzufriedenheit, Konkurrenzentwicklung, Marktstellung, Produktsortiment, interne Ablaufprozesse usw.

Doch viele Steuerberater vollziehen ihre Tätigkeit nach wie vor in der alt hergebrachten Form mit dem Schwerpunkt der BWA-Erstellung und Abschlussprüfung trotz erheblich veränderter Rahmenbedingungen durch das KonTraG, Basel II und den neuen EU-Vorschriften für die Rechnungslegung. Sie alle verlangen letztendlich, dass die Unternehmen ein Risikomanagement zu implementieren haben und in ihren Jahresberichten explizit auf Risiken und Unsicherheiten hinweisen müssen.

Wenn bis heute überhaupt eine Risikobetrachtung seitens der Steuerberater erfolgt, so beschränkt sie sich meistens einzig und allein auf den Finanzbereich, d. h. auf das Rechnungswesen, die BWA, die zu erstellende Gewinn- und Verlustrechnung und die Bilanz. Häufig sind es aber gerade die Risiken, die im operativen Bereich des Unternehmens ihren Ursprung haben und vernachlässigt werden, ohne zu erkennen, dass gerade sie zu erheblichen Kosten und »verdeckten« Verlusten führen.

Schätzungsweise würden derzeit ca. 70 % – wenn nicht sogar mehr – der uneingeschränkt testierten Jahresabschlüsse der KMU einem Peer Review nicht mehr standhalten, denn die alleinige bilanzorientierte Betrachtung des Unternehmens steht längst nicht mehr im Vordergrund, sondern die aktuelle Gesamtrisikolage des Unternehmens und deren zukünftige Entwicklung. Auch wird immer noch zu wenig berücksichtigt, dass neben Basel II und dem daraus resultierenden Rating die verschärften Auslegungsbestimmungen des § 18 KWG von den Banken die regelmäßige Überprüfung und Beurteilung der wirtschaftlichen Verhältnisse und Entwicklungen ihrer Kreditnehmer verlangen.

Gerade das Erkennen von Risiken sowie deren Bewertung und Steuerung stehen im Mittelpunkt des Ratingprozesses. Risikomanagement mit seinem Berichtswesen schafft nicht nur die Informationsgrundlage für das Rating – Risikomanagement nützt vor allem dem Unternehmen selbst in dem das Risiko-/ Chancenpotential als Basis künftiger Entscheidungen herangezogen werden kann.

Das Risikomanagement wird aufgrund seiner ganzheitlichen Unternehmensbetrachtung, insbesondere auch der nicht-monetären Bereiche, ein wesentliches Kommunikationsmittel zwischen Unternehmer und Steuerberater sein. Um die Erwartungen des Mandanten und seine Aufgaben zu erfüllen, ist ein verstärkter bzw. erstmalig stattfindender Dialog auf Basis des Risikomanagements anzustreben.

Die sich daraus ergebenden neuen oder vertieften Aufgaben des Steuerberaters führen auch zu einem geänderten Auftragsverhältnis. Die beratende Tätigkeit hierzu ist nicht durch das Steuerberatungsgesetz und ergänzende Richtlinien gedeckt, da die Tätigkeit über die eigentliche Beratung zur Feststellung besteuerungsrelevanter Grundlagen (KSt, USt etc.) hinausgeht.

Vielmehr erscheint es unumgänglich im Mandantenverhältnis die geschuldete pflichtgemäße Tätigkeit des Steuerberaters klar zu definieren. Im Rahmen z.B. eines Geschäftsbesorgungsvertrages, als Dienst-, Werk- oder gemischter Vertrag, sind diese Regelungen eindeutig zu treffen. Es ist zu prüfen, ob das bestehende Vertragsverhältnis anzupassen ist. Eine Regelung über die auszuführenden Tätigkeiten des Steuerberaters entsteht zum einen aus der Notwendigkeit heraus auch später vereinbarte Leistungen abrechnen zu können, zum anderen aus Anspruchsgrundlagen des Mandanten hinsichtlich Fehlberatung, -einschätzung oder -verhalten, wie z.B. bei Kreditgesprächen oder der Beurteilung bestehender Unternehmensrisiken bzw. diese von vornherein auszuschließen.

Zusammenfassend ergibt sich eine Kausalität der gestiegenen Transparenzerfordernis der Banken zur Eigenkapitalsteuerung und der von den Kreditnehmern hierfür bereitzustellenden Informationen. Insofern dieser Datenfluss nicht allein von dem Unternehmen bewerkstelligt werden kann, erfährt der Steuerberater ein gesteigertes Informations- und Beratungsbedürfnis seines Mandanten. Dieses wiederum führt bereits schon aus haftungsrechtlichen Gründen zu einem transparenteren Mandantenverhältnis.

Ein Blick in die Zukunft

Risikomanagement als zu etablierende unternehmensinterne Funktion steckt derzeit noch in seinen Anfängen. Es wird sich jedoch m.E. in der Zunkunft zu einem eigenständigen betriebswirtschaftlichen Bereich entwickeln – analog dem Controlling – und aufgrund der Komplexität eine interdisziplinäre Ausrichtung erfahren. Die derzeit angebotenen Zusatzqualifikationen einiger Universitäten und

Fachhochschulen zum »theoretisch« ausgerichteten »Rating-Analyst« dürften und sollten dabei erst der Anfang sein.

Grund meiner festen Annahme hierfür ist nicht der Gesetzgeber, sondern es sind die Kapitalmärkte und die in den Märkten agierenden Kapitalgeber, seien es institutionelle oder private Anleger. Sie fordern für ihr bereitgestelltes Kapital von den von ihnen »eingesetzten« Unternehmenslenkern eine umfassend detaillierte Unternehmensinformationstransparenz hinsichtlich der Unternehmensziele, deren strategischen Umsetzung und des damit einhergehenden Risikos – sie fordern eine umfassende, kontinuierliche Risikoanalyse und Bewertung.

Risikomanagement wird zum strategischen Faktor eines jeden Unternehmens …

Anhang: Checklisten zum Risikomanagement und Risk Assessment

Risk Assessment

Allgemeine Fragen zum Unternehmen

	Ja	Nein	Risikoeinschätzung Schaden 1 2 3 4 5 6	Risiko-Eintritts- wahrscheinlichkeit 1 2 3 4 5 6
Gibt es eine eindeutige Geschäftsstrategie?	☐	☐	☐☐☐☐☐☐	☐☐☐☐☐☐
Ist diese nachweislich allen Mitarbeitern kommuniziert?	☐	☐	☐☐☐☐☐☐	☐☐☐☐☐☐
Sind die allgemein Geschäftsrisiken in den Unternehmensziele integriert?	☐	☐	☐☐☐☐☐☐	☐☐☐☐☐☐
Verfügt die Geschäftsleitung über ein wirksames Risikokontrollinstrument?	☐	☐	☐☐☐☐☐☐	☐☐☐☐☐☐
Werden Risiken in verständlicher Form dargestellt?	☐	☐	☐☐☐☐☐☐	☐☐☐☐☐☐
Kann die Höhe des Risikos jederzeit ermittelt werden?	☐	☐	☐☐☐☐☐☐	☐☐☐☐☐☐
Bestehen Steuerungskennzahlen für				
– die allgemeinen Geschäftsrisiken?	☐	☐	☐☐☐☐☐☐	☐☐☐☐☐☐
– die Finanzrisiken?	☐	☐	☐☐☐☐☐☐	☐☐☐☐☐☐
– die operativen Risiken (Betriebsrisiken)?	☐	☐	☐☐☐☐☐☐	☐☐☐☐☐☐
Haben die Unternehmensbereiche Zielvorgaben hinsichtlich der Steuerungskennzahlen?	☐	☐	☐☐☐☐☐☐	☐☐☐☐☐☐
Existieren Rahmenbedingungen bezüglich Messung, Analyse, Überwachung und Steuerung von Risiken?	☐	☐	☐☐☐☐☐☐	☐☐☐☐☐☐
Sind Bedingungen definiert, wie bei extremen Entwicklungen (worst case) zu reagieren ist?	☐	☐	☐☐☐☐☐☐	☐☐☐☐☐☐
Bestehen Kompetenzregelungen für den Fall des Risikoeintritts?	☐	☐	☐☐☐☐☐☐	☐☐☐☐☐☐
Existieren Rahmendingungen bezüglich des Kontroll- und Überwachungssystems?	☐	☐	☐☐☐☐☐☐	☐☐☐☐☐☐
Existieren Rahmenbedingungen bezüglich des internen Berichtswesens?	☐	☐	☐☐☐☐☐☐	☐☐☐☐☐☐
Existieren Rahmenbedingungen bezüglich des internen Rechnungswesens und der externen Rechnungslegung?	☐	☐	☐☐☐☐☐☐	☐☐☐☐☐☐
Existieren Richtlinien, die die organisatorischen Funktionstrennungen gewährleisten?	☐	☐	☐☐☐☐☐☐	☐☐☐☐☐☐
Existieren Organisationsrichtlinien hinsichtlich				
– Kompetenzzuordnungen?	☐	☐	☐☐☐☐☐☐	☐☐☐☐☐☐
– Arbeits-/Geschäftsabläufe?	☐	☐	☐☐☐☐☐☐	☐☐☐☐☐☐
– Arbeitsanweisungen?	☐	☐	☐☐☐☐☐☐	☐☐☐☐☐☐
– Stellenbeschreibungen?	☐	☐	☐☐☐☐☐☐	☐☐☐☐☐☐
– IT-/EDV-Dokumentationen?	☐	☐	☐☐☐☐☐☐	☐☐☐☐☐☐
Haben die Mitarbeiter Kenntnis von diesen Richtlinien?	☐	☐	☐☐☐☐☐☐	☐☐☐☐☐☐
Ist das Unternehmen von einer überdurchschnittlichen Personalfluktuation betroffen?	☐	☐	☐☐☐☐☐☐	☐☐☐☐☐☐
Sind hohe Personalfehlzeiten zu vermerken?	☐	☐	☐☐☐☐☐☐	☐☐☐☐☐☐
Besteht im Unternehmen ein Teamgeist?	☐	☐	☐☐☐☐☐☐	☐☐☐☐☐☐
Sind Motivationslücken bei den Mitarbeitern bekannt?	☐	☐	☐☐☐☐☐☐	☐☐☐☐☐☐
Besteht eine durchgängige Kommunikation im Unternehmen?	☐	☐	☐☐☐☐☐☐	☐☐☐☐☐☐

Risk Assessment

Fragen zum Unternehmen

	Ja	Nein	Risikoeinschätzung Schaden 1 2 3 4 5 6	Risiko-Eintrittswahrscheinlichkeit 1 2 3 4 5 6
Unterliegt das Unternehmen größeren Preisschwankungen auf den Finanz-, Beschaffungs-, Absatzmärkten?	☐	☐	☐☐☐☐☐☐	☐☐☐☐☐☐
Besteht ein mittelfristiger Finanzplan?	☐	☐	☐☐☐☐☐☐	☐☐☐☐☐☐
Ist der Finanzplan unter Abwägung aller konjunkturellen und wirtschaftlichen Aspekte realistisch?	☐	☐	☐☐☐☐☐☐	☐☐☐☐☐☐
Wird das Unternehmensergebnis durch Zusatzerträge aus Finanzgeschäften beeinflusst?	☐	☐	☐☐☐☐☐☐	☐☐☐☐☐☐
Werden derivate Finanzinstrumente eingesetzt?	☐	☐	☐☐☐☐☐☐	☐☐☐☐☐☐
Gibt es häufig Zahlungsverschiebungen seitens der Kontrahenten?	☐	☐	☐☐☐☐☐☐	☐☐☐☐☐☐
Ist die unternehmerische Finanzfähigkeit gesichert?	☐	☐	☐☐☐☐☐☐	☐☐☐☐☐☐
Gibt es eine Aufstellung über Risiken, die den Finanzplan und/oder Vermögenswerte gefährden können?	☐	☐	☐☐☐☐☐☐	☐☐☐☐☐☐
– Sind diese Risiken analysiert, bewertet und dokumentiert?	☐	☐	☐☐☐☐☐☐	☐☐☐☐☐☐
– Wie hoch werden die Risiken eingeschätzt?			☐☐☐☐☐☐	☐☐☐☐☐☐
Gibt es eine Aufstellung über bestandsgefährdende Risiken?	☐	☐	☐☐☐☐☐☐	☐☐☐☐☐☐
– Sind diese Risiken analysiert, bewertet und dokumentiert?	☐	☐	☐☐☐☐☐☐	☐☐☐☐☐☐
– Wie hoch werden die Risiken eingeschätzt?			☐☐☐☐☐☐	☐☐☐☐☐☐
Sind die Risiken explizit und ausführlich nachvollziehbar im Lagebericht dargestellt?	☐	☐	☐☐☐☐☐☐	☐☐☐☐☐☐
Sind diese Risiken ausführlich mit den Aufsichtsorganen besprochen?	☐	☐	☐☐☐☐☐☐	☐☐☐☐☐☐
Haben die Aufsichtsorgane eine klare Stellungnahme abgegeben?	☐	☐	☐☐☐☐☐☐	☐☐☐☐☐☐
Sind entsprechende Rückstellungen für Risiken gebildet/berücksichtigt?	☐	☐	☐☐☐☐☐☐	☐☐☐☐☐☐
Sind entsprechende Steuerungsmaßnahmen getroffen worden?	☐	☐	☐☐☐☐☐☐	☐☐☐☐☐☐
Sind die Umsatzprognosen unter Abwägung aller Eventualitäten realistisch angesetzt?	☐	☐	☐☐☐☐☐☐	☐☐☐☐☐☐
Sind folgende Faktoren berücksichtigt?				
– Marktentwicklung	☐	☐	☐☐☐☐☐☐	☐☐☐☐☐☐
– Nachfrageverhalten	☐	☐	☐☐☐☐☐☐	☐☐☐☐☐☐
– Konjunkturentwicklung	☐	☐	☐☐☐☐☐☐	☐☐☐☐☐☐
– Kundenentwicklung	☐	☐	☐☐☐☐☐☐	☐☐☐☐☐☐
– Kundenstruktur	☐	☐	☐☐☐☐☐☐	☐☐☐☐☐☐
Wie hoch wird das Risiko des Nichterreichens eingeschätzt?			☐☐☐☐☐☐	☐☐☐☐☐☐

Risk Assessment

Allgemeine Fragen zum Unternehmen

		Risikoeinschätzung Schaden						Risiko-Eintritts- wahrscheinlichkeit					
Ja	Nein	1	2	3	4	5	6	1	2	3	4	5	6

Liegen Produktionsstätten in gefährdeten geografischen Zonen?

Ist das Unternehmen abhängig vom technologischen Wandel?

Ist die Unternehmenskompetenz durch Substitutionsprodukte gefährdet?

Ist das Unternehmen von rechtlichen Verordnungen abhängig?

Unterliegt das Unternehmen politischen Einflüssen/ Entscheidungen?

Ist das Unternehmen von Großaufträgen abhängig?

Ist das Unternehmen von einem schlechten Image umgeben?

Bestehen Abhängigkeiten auf den Beschaffungs-/ Absatzmärkten?

Sind die internen Unternehmensbereiche hinsichtlich der Ablaufprozesse aufeinander abgestimmt?

Ist die Produktion von häufigen Leerstandszeiten betroffen?

Ist die Produktion von einer hohen Ausschussquote betroffen?

Unterliegt die Produktion Qualitätsschwankungen?

Sind die Produkte von einem schlechten Image umgeben?

Ist das Unternehmen von langfristiger Forschung und Entwicklung abhängig?

Treten in den Ablaufprozessen häufig Störungen auf?

Sind die Prozessdurchlaufzeiten optimal ausgestaltet?

Sind die Aufträge mit häufigen Terminverschiebungen verbunden?

Risk Assessment

Bereichsübergreifende Risiken

	Risikoeinschätzung Schaden	Risiko-Eintrittswahrscheinlichkeit
	1 2 3 4 5 6	1 2 3 4 5 6

Brandschutz
örtliche Auflagen

versicherungstechnische Auflagen

Durchschnittswert

Gebäudesicherheit
Einbruch, Diebstahl

Feuer, Wassereinbruch

Überschwemmungen

Erdbeben

Aufruhr

Durchschnittswert

Innerbetriebliche Strukturen
Parallelfunktionen

Berichtswesen

Zuständigkeiten

Zielvorgaben

Durchschnittswert

Business-Continuity-Management
BCP-Verantwortliche

Business-Impact-Analyse

BCP-Plan

– Anwendungen

– Prozesse

BCP-Tests

Dokumentation

Durchschnittswert

Risk Assessment

	Risikoeinschätzung Schaden	Risiko-Eintritts- wahrscheinlichkeit

Bereichsübergreifende Risiken

	1 2 3 4 5 6	1 2 3 4 5 6

Rechtliche Rahmenbedingungen

	Schaden	Wahrscheinlichkeit
mit Lieferanten		
mit Kunden		
für Transporte		
für den Produktionsbetrieb		
für Produktlagerung		
für Produkthaftung		
des Umweltschutzes		
für Versicherungsverträge		
für Finanzprodukte		
für Vermögensschadenhaftung		
der einzelnen Länder		
für grenzüberschreitenden Datenaustausch		
für das behördliche Meldewesen		
Durchschnittswert		

Unfallschutz

	Schaden	Wahrscheinlichkeit
Örtliche Auflagen		
Versuchungstechnische Auflagen		
Arbeitsrechtliche Auflagen		
Durchschnittswert		

Risk Assessment

Risiken im Bereich Beschaffung

	Risikoeinschätzung Schaden	Risiko-Eintrittswahrscheinlichkeit
	1 2 3 4 5 6	1 2 3 4 5 6

Lieferanten

	Schaden	Wahrscheinlichkeit
Bonitätsrisiko	☐☐☐☐☐☐	☐☐☐☐☐☐
Ausfallrisiko	☐☐☐☐☐☐	☐☐☐☐☐☐
Länderrisiko	☐☐☐☐☐☐	☐☐☐☐☐☐
Währungsrisiko	☐☐☐☐☐☐	☐☐☐☐☐☐
Lieferantenabhängigkeit	☐☐☐☐☐☐	☐☐☐☐☐☐
Länderabhängigkeit	☐☐☐☐☐☐	☐☐☐☐☐☐
Transport	☐☐☐☐☐☐	☐☐☐☐☐☐
Lagerwesen	☐☐☐☐☐☐	☐☐☐☐☐☐
Umwelt	☐☐☐☐☐☐	☐☐☐☐☐☐
Rohstoffmärkte	☐☐☐☐☐☐	☐☐☐☐☐☐
Preisschwankungen	☐☐☐☐☐☐	☐☐☐☐☐☐
Saisonale Einflüsse/Abhängigkeiten	☐☐☐☐☐☐	☐☐☐☐☐☐
Beschaffungszeiten	☐☐☐☐☐☐	☐☐☐☐☐☐
Lieferverzögerungen	☐☐☐☐☐☐	☐☐☐☐☐☐
Mindestbestellmenge	☐☐☐☐☐☐	☐☐☐☐☐☐
Durchschnittswert	☐☐☐☐☐☐	☐☐☐☐☐☐

Prozesse

	Schaden	Wahrscheinlichkeit
Funktionen/Funktionstrennung/Verantwortung	☐☐☐☐☐☐	☐☐☐☐☐☐
Kontrollen	☐☐☐☐☐☐	☐☐☐☐☐☐
Kompetenzen	☐☐☐☐☐☐	☐☐☐☐☐☐
EDV-Abhängigkeiten	☐☐☐☐☐☐	☐☐☐☐☐☐
Durchlaufzeiten	☐☐☐☐☐☐	☐☐☐☐☐☐
– Belegwesen	☐☐☐☐☐☐	☐☐☐☐☐☐
– Bestellstruktur	☐☐☐☐☐☐	☐☐☐☐☐☐
Prozessabstimmungen	☐☐☐☐☐☐	☐☐☐☐☐☐
Abhängigkeiten zu	☐☐☐☐☐☐	☐☐☐☐☐☐
– Produktion	☐☐☐☐☐☐	☐☐☐☐☐☐
– Vertrieb	☐☐☐☐☐☐	☐☐☐☐☐☐
Prozessunterbrechungen	☐☐☐☐☐☐	☐☐☐☐☐☐
Prozessdokumentation	☐☐☐☐☐☐	☐☐☐☐☐☐
BCP	☐☐☐☐☐☐	☐☐☐☐☐☐
Durchschnittswert	☐☐☐☐☐☐	☐☐☐☐☐☐

Risk Assessment

Risiken im Bereich Beschaffung

<table>
<tr><td></td><td>Risikoeinschätzung Schaden
1 2 3 4 5 6</td><td>Risiko-Eintritts-wahrscheinlichkeit
1 2 3 4 5 6</td></tr>
</table>

EDV
Systemverfügbarkeit

Datenverfügbarkeit

Systemstabilität

Zugriffszeit

Datensicherheit

Zugriffsrechte

Prozessintegration

BCP (Disaster Recovery)

Dokumentation

Durchschnittswert

Personal
Motivation

Qualifikation

Aus-/Weiterbildung

Fehlzeiten

Fluktuation

Arbeitsmarkt

Arbeitsplatzbeschreibung

Kompetenzen

Ressourceneinsatz

Externe Mitarbeiter

Durchschnittswert

Produkte/Komponenten
Qualität

Reklamationen

Produkt-/Komponentenabhängigkeit

Substitute

Technologieabhängigkeit

Umwelt

Preisentwicklung

Beschaffungskosten

Mindestbestellmengen

Durchschnittswert

Risk Assessment

Risiken im Bereich Produktion

	Risikoeinschätzung Schaden	Risiko-Eintrittswahrscheinlichkeit
	1 2 3 4 5 6	1 2 3 4 5 6

Prozesse

Funktionen/Funktionstrennung/Verantwortung	☐☐☐☐☐☐	☐☐☐☐☐☐
Kontrollen	☐☐☐☐☐☐	☐☐☐☐☐☐
EDV-Abhängigkeit	☐☐☐☐☐☐	☐☐☐☐☐☐
Produktionsausschuss	☐☐☐☐☐☐	☐☐☐☐☐☐
Reklamationszeiten	☐☐☐☐☐☐	☐☐☐☐☐☐
Durchlaufzeiten	☐☐☐☐☐☐	☐☐☐☐☐☐
Stillstandszeiten	☐☐☐☐☐☐	☐☐☐☐☐☐
Abhängigkeiten zu		
– Beschaffung	☐☐☐☐☐☐	☐☐☐☐☐☐
– Vertrieb	☐☐☐☐☐☐	☐☐☐☐☐☐
Prozessabstimmungen	☐☐☐☐☐☐	☐☐☐☐☐☐
Prozessdokumentation	☐☐☐☐☐☐	☐☐☐☐☐☐
Schutzmaßnahmen	☐☐☐☐☐☐	☐☐☐☐☐☐
– Sicherheit	☐☐☐☐☐☐	☐☐☐☐☐☐
BCP	☐☐☐☐☐☐	☐☐☐☐☐☐
Durchschnittswert	☐☐☐☐☐☐	☐☐☐☐☐☐

Umwelt

Gesetzliche Auflagen	☐☐☐☐☐☐	☐☐☐☐☐☐
– Emissionen	☐☐☐☐☐☐	☐☐☐☐☐☐
– Lagerung	☐☐☐☐☐☐	☐☐☐☐☐☐
– Verarbeitung	☐☐☐☐☐☐	☐☐☐☐☐☐
– Sicherheitsauflagen	☐☐☐☐☐☐	☐☐☐☐☐☐
Durchschnittswert	☐☐☐☐☐☐	☐☐☐☐☐☐

EDV

Systemverfügbarkeit	☐☐☐☐☐☐	☐☐☐☐☐☐
Datenverfügbarkeit	☐☐☐☐☐☐	☐☐☐☐☐☐
Systemstabilität	☐☐☐☐☐☐	☐☐☐☐☐☐
Zugriffszeit	☐☐☐☐☐☐	☐☐☐☐☐☐
Datensicherheit	☐☐☐☐☐☐	☐☐☐☐☐☐
Zugriffsrechte	☐☐☐☐☐☐	☐☐☐☐☐☐
Prozessintegration	☐☐☐☐☐☐	☐☐☐☐☐☐
BCP (Disaster Recovery)	☐☐☐☐☐☐	☐☐☐☐☐☐
Dokumentation	☐☐☐☐☐☐	☐☐☐☐☐☐
Durchschnittswert	☐☐☐☐☐☐	☐☐☐☐☐☐

Risk Assessment

Risiken im Bereich Produktion

	Risikoeinschätzung Schaden	Risiko-Eintrittswahrscheinlichkeit
	1 2 3 4 5 6	1 2 3 4 5 6

Personal
Motivation

Qualifikation

Aus-/Weiterbildung

Fehlzeiten

Fluktuation

Arbeitsmarkt

Arbeitsplatzbeschreibung

Kompetenzen

Ressourceneinsatz

Externe Mitarbeiter

Durchschnittswert

Produkt
Produkthaftung

Produktqualität

Produktrückrufquote

Reklamationsquote

Produktalter

Produkttechnik

Produktsicherheit

Produktabhängigkeit

– Trends

– Technologie

– vom Produkt selbst

– Substitute

Lagerwesen

– Umwelt

Durchschnittswert

Maschinen
Kapazitätsauslastung

Maschinenalter

Ausfallzeitenquote

Leerstandsquote

Technischer Stand

Ausschussquote

BCP (Disaster Recovery)

Durchschnittswert

Risk Assessment

Risiken im Bereich Vertrieb

	Risikoeinschätzung Schaden	Risiko-Eintritts-wahrscheinlichkeit
	1 2 3 4 5 6	1 2 3 4 5 6

Kunden

Bonitätsrisiko

Ausfallrisiko

Länderrisiko

Währungsrisiko

Kundenabhängigkeit

Länderabhängigkeit

Transport

Lagerwesen

Umwelt

Kundenzufriedenheit

Stornierungen

Reklamationsquote

Lieferzeiten

Lieferverzögerungen

Vertriebsaufwand

Durchschnittswert

Prozesse

Funktionen/Funktionstrennung/Verantwortung

Kontrollen

Kompetenzen

EDV-Abhängigkeiten

Durchlaufzeiten

– Belegwesen

– Prozessabstimmungen

Abhängigkeiten zu

– Produktion

– Beschaffung

Prozessdokumentation

BCP

Durchschnittswert

Risk Assessment

Risiken im Bereich Vertrieb

	Risikoeinschätzung Schaden	Risiko-Eintritts- wahrscheinlichkeit
	1 2 3 4 5 6	1 2 3 4 5 6

Produkte

Produktalter	□□□□□□	□□□□□□
Produkttechnik	□□□□□□	□□□□□□
Produktabhängigkeit	□□□□□□	□□□□□□
– Trends	□□□□□□	□□□□□□
– Technologie	□□□□□□	□□□□□□
– Substitute	□□□□□□	□□□□□□
– saisonale Einflüsse	□□□□□□	□□□□□□
Produktqualität/Produktpreise	□□□□□□	□□□□□□
Wettbewerber	□□□□□□	□□□□□□
Produkthaftung	□□□□□□	□□□□□□
Produktimage	□□□□□□	□□□□□□
Produktrückruf	□□□□□□	□□□□□□
Produktreklamationen	□□□□□□	□□□□□□
Nachfrage	□□□□□□	□□□□□□
Exportquote	□□□□□□	□□□□□□
Marktanteil	□□□□□□	□□□□□□
Umsatzstruktur	□□□□□□	□□□□□□
Durchschnittswert	□□□□□□	□□□□□□

EDV

Systemverfügbarkeit	□□□□□□	□□□□□□
Datenverfügbarkeit	□□□□□□	□□□□□□
Systemstabilität	□□□□□□	□□□□□□
Zugriffszeit	□□□□□□	□□□□□□
Datensicherheit	□□□□□□	□□□□□□
Zugriffsrechte	□□□□□□	□□□□□□
Prozessintegration	□□□□□□	□□□□□□
BCP (Disaster Recovery)	□□□□□□	□□□□□□
Dokumentation	□□□□□□	□□□□□□
Durchschnittswert	□□□□□□	□□□□□□

Risk Assessment

Risiken im Bereich Vertrieb

	Risikoeinschätzung Schaden	Risiko-Eintritts- wahrscheinlichkeit
	1 2 3 4 5 6	1 2 3 4 5 6

Personal

Motivation	☐☐☐☐☐☐	☐☐☐☐☐☐
Qualifikation	☐☐☐☐☐☐	☐☐☐☐☐☐
Aus-/Weiterbildung	☐☐☐☐☐☐	☐☐☐☐☐☐
Fehlzeiten	☐☐☐☐☐☐	☐☐☐☐☐☐
Fluktuation	☐☐☐☐☐☐	☐☐☐☐☐☐
Arbeitsmarkt	☐☐☐☐☐☐	☐☐☐☐☐☐
Arbeitsplatzbeschreibung	☐☐☐☐☐☐	☐☐☐☐☐☐
Kompetenzen	☐☐☐☐☐☐	☐☐☐☐☐☐
Ressourceneinsatz	☐☐☐☐☐☐	☐☐☐☐☐☐
Bonusabhängige Vergütung	☐☐☐☐☐☐	☐☐☐☐☐☐
Durchschnittswert	☐☐☐☐☐☐	☐☐☐☐☐☐

Risk Assessment

Risiken im Bereich EDV/IT

	Risikoeinschätzung Schaden	Risiko-Eintritts- wahrscheinlichkeit
	1 2 3 4 5 6	1 2 3 4 5 6

Infrastruktur

	Risikoeinschätzung Schaden	Risiko-Eintritts- wahrscheinlichkeit
Systemverfügbarkeit	☐☐☐☐☐☐	☐☐☐☐☐☐
Datenverfügbarkeit	☐☐☐☐☐☐	☐☐☐☐☐☐
Systemstabilität	☐☐☐☐☐☐	☐☐☐☐☐☐
Systemsicherheit	☐☐☐☐☐☐	☐☐☐☐☐☐
Systemdokumentation	☐☐☐☐☐☐	☐☐☐☐☐☐
Hardware	☐☐☐☐☐☐	☐☐☐☐☐☐
– Kompatibilität	☐☐☐☐☐☐	☐☐☐☐☐☐
– Lebenszyklus	☐☐☐☐☐☐	☐☐☐☐☐☐
– Erweiterungsfähigkeit	☐☐☐☐☐☐	☐☐☐☐☐☐
Netzwerkstabilität	☐☐☐☐☐☐	☐☐☐☐☐☐
Netzwerksicherheit	☐☐☐☐☐☐	☐☐☐☐☐☐
Netzwerkintegration	☐☐☐☐☐☐	☐☐☐☐☐☐
– Erweiterungsfähigkeit	☐☐☐☐☐☐	☐☐☐☐☐☐
Zugriffszeit	☐☐☐☐☐☐	☐☐☐☐☐☐
Prozessintegration	☐☐☐☐☐☐	☐☐☐☐☐☐
Software	☐☐☐☐☐☐	☐☐☐☐☐☐
– Softwarekompatibilität	☐☐☐☐☐☐	☐☐☐☐☐☐
BCP-Systeme/Netzwerke	☐☐☐☐☐☐	☐☐☐☐☐☐
Durchschnittswert	☐☐☐☐☐☐	☐☐☐☐☐☐

Kontrollen

	Risikoeinschätzung Schaden	Risiko-Eintritts- wahrscheinlichkeit
systemseitig	☐☐☐☐☐☐	☐☐☐☐☐☐
vor-/nachgelagert (manuell)	☐☐☐☐☐☐	☐☐☐☐☐☐
Log File	☐☐☐☐☐☐	☐☐☐☐☐☐
Dokumentation	☐☐☐☐☐☐	☐☐☐☐☐☐
Durchschnittswert	☐☐☐☐☐☐	☐☐☐☐☐☐

Risk Assessment

Risiken im Bereich EDV/IT

	Risikoeinschätzung Schaden						Risiko-Eintrittswahrscheinlichkeit					
	1	2	3	4	5	6	1	2	3	4	5	6

Organisation

Datensicherheit												
Administration												
Zugriffsrechte												
– systemseitig												
– anwenderseitig												
Software												
– Lizenzen												
– BCP-Anwendungen												
Datenbankenabgleich												
BCP-Verantwortung												
Durchschnittswert												

Prozesse

Funktionen/Funktionstrennung/Verantwortung												
Prozessintegration												
Schnittstellen												
Back up												
BCP												
Dokumentation												
Abhängigkeiten												
Durchschnittswert												

BCP

BCP-Verantwortliche												
Business-Impact-Analyse												
BCP-Plan												
– Systeme												
– Anwendungen												
– Netzwerke												
– Prozesse												
BCP-Tests												
Dokumentation												
Durchschnittswert												

Risk Assessment

Risiken im Bereich EDV/IT

	Risikoeinschätzung Schaden	Risiko-Eintritts- wahrscheinlichkeit
	1 2 3 4 5 6	1 2 3 4 5 6

Personal

Motivation

Qualifikation

Aus-/Weiterbildung

Fehlzeiten

Fluktuation

Arbeitsmarkt

Externe Mitarbeiter

Arbeitsplatzbeschreibung

Kompetenzen

Ressourceneinsatz

Personalabhängigkeit (Wissensträger)

Durchschnittswert

Risk Assessment

Risiken im Bereich Personal

	Risikoeinschätzung Schaden	Risiko-Eintrittswahrscheinlichkeit
	1 2 3 4 5 6	1 2 3 4 5 6

Motivation

Selbständigkeit	☐☐☐☐☐☐	☐☐☐☐☐☐
Umsetzung von Ideen	☐☐☐☐☐☐	☐☐☐☐☐☐
Kompetenzen	☐☐☐☐☐☐	☐☐☐☐☐☐
Karrierechancen	☐☐☐☐☐☐	☐☐☐☐☐☐
Gehaltsstrukturen	☐☐☐☐☐☐	☐☐☐☐☐☐
Sozialleistungen	☐☐☐☐☐☐	☐☐☐☐☐☐
Mitarbeiterzufriedenheit	☐☐☐☐☐☐	☐☐☐☐☐☐
Risikobewusstsein	☐☐☐☐☐☐	☐☐☐☐☐☐
Incentives	☐☐☐☐☐☐	☐☐☐☐☐☐
Corporate Identity	☐☐☐☐☐☐	☐☐☐☐☐☐
Arbeitszeiten	☐☐☐☐☐☐	☐☐☐☐☐☐
Arbeitsumfeld	☐☐☐☐☐☐	☐☐☐☐☐☐
Durchschnittswert	☐☐☐☐☐☐	☐☐☐☐☐☐

Gehaltsstruktur

Tarif	☐☐☐☐☐☐	☐☐☐☐☐☐
Zulagen	☐☐☐☐☐☐	☐☐☐☐☐☐
Erfolgsabhängige Zahlungen	☐☐☐☐☐☐	☐☐☐☐☐☐
Zusatzzahlungen (Verbesserungsvorschläge)	☐☐☐☐☐☐	☐☐☐☐☐☐
Betriebszugehörigkeit	☐☐☐☐☐☐	☐☐☐☐☐☐
Altersversorgung	☐☐☐☐☐☐	☐☐☐☐☐☐
Durchschnittswert	☐☐☐☐☐☐	☐☐☐☐☐☐

Fluktuation

Fluktuationsrate	☐☐☐☐☐☐	☐☐☐☐☐☐
Krankenstand	☐☐☐☐☐☐	☐☐☐☐☐☐
Betriebsklima	☐☐☐☐☐☐	☐☐☐☐☐☐
Arbeitsmarkt	☐☐☐☐☐☐	☐☐☐☐☐☐
Arbeitsbedingungen	☐☐☐☐☐☐	☐☐☐☐☐☐
– Umfeld	☐☐☐☐☐☐	☐☐☐☐☐☐
– Arbeitszeiten	☐☐☐☐☐☐	☐☐☐☐☐☐
Perspektiven	☐☐☐☐☐☐	☐☐☐☐☐☐
Unternehmensimage	☐☐☐☐☐☐	☐☐☐☐☐☐
Produktimage	☐☐☐☐☐☐	☐☐☐☐☐☐
Durchschnittswert	☐☐☐☐☐☐	☐☐☐☐☐☐

Risk Assessment

Risiken im Bereich Personal

	Risikoeinschätzung Schaden	Risiko-Eintritts- wahrscheinlichkeit
	1 2 3 4 5 6	1 2 3 4 5 6

Arbeitseffizienz

	Risikoeinschätzung Schaden	Risiko-Eintrittswahrscheinlichkeit
Arbeitsbedingungen	☐☐☐☐☐☐	☐☐☐☐☐☐
Selbständigkeit	☐☐☐☐☐☐	☐☐☐☐☐☐
Vorschlagswesen	☐☐☐☐☐☐	☐☐☐☐☐☐
Fehlzeiten	☐☐☐☐☐☐	☐☐☐☐☐☐
Qualifikation	☐☐☐☐☐☐	☐☐☐☐☐☐
Altersstruktur	☐☐☐☐☐☐	☐☐☐☐☐☐
Mitarbeiterverfügbarkeit	☐☐☐☐☐☐	☐☐☐☐☐☐
Krankenstand	☐☐☐☐☐☐	☐☐☐☐☐☐
Fluktuation	☐☐☐☐☐☐	☐☐☐☐☐☐
Externe Mitarbeiter	☐☐☐☐☐☐	☐☐☐☐☐☐
Cash-Flow/Mitarbeiter	☐☐☐☐☐☐	☐☐☐☐☐☐
Personalaufwand	☐☐☐☐☐☐	☐☐☐☐☐☐
Durchschnittswert	☐☐☐☐☐☐	☐☐☐☐☐☐
Risk Assessment	☐☐☐☐☐☐	☐☐☐☐☐☐
Risiken im Bereich Personal	☐☐☐☐☐☐	☐☐☐☐☐☐
Aus- und Weiterbildung	☐☐☐☐☐☐	☐☐☐☐☐☐
Förderung	☐☐☐☐☐☐	☐☐☐☐☐☐
Angebot	☐☐☐☐☐☐	☐☐☐☐☐☐
Perspektiven	☐☐☐☐☐☐	☐☐☐☐☐☐
Durchschnittswert	☐☐☐☐☐☐	☐☐☐☐☐☐

Wirtschaftsdelikte

	Risikoeinschätzung Schaden	Risiko-Eintrittswahrscheinlichkeit
Kompetenzstrukturen	☐☐☐☐☐☐	☐☐☐☐☐☐
Betriebsklima	☐☐☐☐☐☐	☐☐☐☐☐☐
Erfolgsabhängiges Gehalt	☐☐☐☐☐☐	☐☐☐☐☐☐
Dienstreisenregelung	☐☐☐☐☐☐	☐☐☐☐☐☐
Betriebszugehörigkeit	☐☐☐☐☐☐	☐☐☐☐☐☐
Perspektiven	☐☐☐☐☐☐	☐☐☐☐☐☐
Präventivmaßnahmen	☐☐☐☐☐☐	☐☐☐☐☐☐
– Kontrollen	☐☐☐☐☐☐	☐☐☐☐☐☐
Betrugsfälle/Unterschlagungen	☐☐☐☐☐☐	☐☐☐☐☐☐
Durchschnittswert	☐☐☐☐☐☐	☐☐☐☐☐☐

Prozesse

	Risikoeinschätzung Schaden	Risiko-Eintrittswahrscheinlichkeit
Gehaltsabwicklung	☐☐☐☐☐☐	☐☐☐☐☐☐
Bewerbungen	☐☐☐☐☐☐	☐☐☐☐☐☐
Interne Abläufe	☐☐☐☐☐☐	☐☐☐☐☐☐
Stellenausschreibungen	☐☐☐☐☐☐	☐☐☐☐☐☐
Durchschnittswert	☐☐☐☐☐☐	☐☐☐☐☐☐

Risk Assessment

Risiken im Bereich Finanzen

	Risikoeinschätzung Schaden	Risiko-Eintritts-wahrscheinlichkeit
	1 2 3 4 5 6	1 2 3 4 5 6

Strategie

	Schaden	Wahrscheinlichkeit
Eindeutige Vorgaben für die Absicherungsstrategie		
Zielsetzung/Ausrichtung Cost-Center/Profit-Center		
Durchschnittswert		

Produkte

	Schaden	Wahrscheinlichkeit
Klare Vorgaben für den Produkteinsatz		
Handelsbefugnisse für Produkte		
Produktlimits		
Produktdokumentation		
Durchschnittswert		

Prozesse

	Schaden	Wahrscheinlichkeit
Funktionen/Funktionstrennung/Verantwortung		
Geschäftserfassung		
Positionserfassung		
Limiterfassung		
Abwicklung		
Zahlungsverkehr		
Terminüberwachung		
Settlementüberwachung		
Bewertung		
BCP		
Durchschnittswert		

Personal

	Schaden	Wahrscheinlichkeit
Motivation		
Qualifikation		
Handelsbefugnisse		
Kompetenzen		
Produktkenntnisse		
Personalabhängigkeiten (Wissensträger)		
Erfolgsabhängiges Gehalt		
Aus-/Weiterbildung		
Fehlzeiten		
Fluktuation		
Arbeitsmarkt		
Arbeitsplatzbeschreibung		
Wirtschaftsdelikte		
Durchschnittswert		

Risk Assessment

Risiken im Bereich Finanzen

	Risikoeinschätzung Schaden	Risiko-Eintritts-wahrscheinlichkeit
	1 2 3 4 5 6	1 2 3 4 5 6

EDV

	Schaden	Eintrittswahrscheinlichkeit
Systemverfügbarkeit	□□□□□□	□□□□□□
Datenverfügbarkeit	□□□□□□	□□□□□□
Systemstabilität	□□□□□□	□□□□□□
Zugriffszeiten	□□□□□□	□□□□□□
Datensicherheit	□□□□□□	□□□□□□
Zugriffsrechte	□□□□□□	□□□□□□
Prozessintegration	□□□□□□	□□□□□□
BCP (Disaster Recovery)	□□□□□□	□□□□□□
Dokumentation	□□□□□□	□□□□□□
Durchschnittswert	□□□□□□	□□□□□□

Kontrollen

	Schaden	Eintrittswahrscheinlichkeit
Limits	□□□□□□	□□□□□□
Funktionstrennung	□□□□□□	□□□□□□
– Front-Back-Office	□□□□□□	□□□□□□
– Marktpreiskonsistenz	□□□□□□	□□□□□□
– Positionsabstimmungen	□□□□□□	□□□□□□
– Nachvollziehbarkeit von		
– Produkteinsatz	□□□□□□	□□□□□□
– Marktkurse	□□□□□□	□□□□□□
– Bewertung	□□□□□□	□□□□□□
Ablauf-Prozesse	□□□□□□	□□□□□□
– Vier-Augen-Prinzip	□□□□□□	□□□□□□
– Plausibilitätskontrollen	□□□□□□	□□□□□□
Belegwesen	□□□□□□	□□□□□□
Durchschnittswert	□□□□□□	□□□□□□

Risk Assessment

Risiken im Bereich Projekte

	Risikoeinschätzung Schaden	Risiko-Eintritts-wahrscheinlichkeit
	1 2 3 4 5 6	1 2 3 4 5 6
Management		
Organisation		
Struktur		
Methoden		
Controlling		
– Projektverlauf		
– Projektbudget		
– Projektrisiken		
Projektmitarbeiter		
Durchschnittswert		

Risk Assessment

Gesamtübersicht

	Risikoeinschätzung Schaden	Risiko-Eintritts-wahrscheinlichkeit
	1 2 3 4 5 6	1 2 3 4 5 6

Bereichsübergreifend

Bandschutz	☐☐☐☐☐☐	☐☐☐☐☐☐
Gebäudesicherheit	☐☐☐☐☐☐	☐☐☐☐☐☐
Unfallschutz	☐☐☐☐☐☐	☐☐☐☐☐☐
Rechtliche Rahmenbedingungen	☐☐☐☐☐☐	☐☐☐☐☐☐
Innerbetriebliche Strukturen	☐☐☐☐☐☐	☐☐☐☐☐☐
BCP	☐☐☐☐☐☐	☐☐☐☐☐☐
Durchschnittswert	☐☐☐☐☐☐	☐☐☐☐☐☐

Beschaffung

Lieferanten	☐☐☐☐☐☐	☐☐☐☐☐☐
Prozesse	☐☐☐☐☐☐	☐☐☐☐☐☐
EDV	☐☐☐☐☐☐	☐☐☐☐☐☐
Personal	☐☐☐☐☐☐	☐☐☐☐☐☐
Produkte/Komponenten	☐☐☐☐☐☐	☐☐☐☐☐☐
Durchschnittswert	☐☐☐☐☐☐	☐☐☐☐☐☐

Produktion

Prozesse	☐☐☐☐☐☐	☐☐☐☐☐☐
EDV	☐☐☐☐☐☐	☐☐☐☐☐☐
Produkte	☐☐☐☐☐☐	☐☐☐☐☐☐
Umwelt	☐☐☐☐☐☐	☐☐☐☐☐☐
Personal	☐☐☐☐☐☐	☐☐☐☐☐☐
Maschinen	☐☐☐☐☐☐	☐☐☐☐☐☐
Durchschnittswert	☐☐☐☐☐☐	☐☐☐☐☐☐
Risk Assessment	☐☐☐☐☐☐	☐☐☐☐☐☐
Gesamtübersicht	☐☐☐☐☐☐	☐☐☐☐☐☐
Vertrieb	☐☐☐☐☐☐	☐☐☐☐☐☐
Kunden	☐☐☐☐☐☐	☐☐☐☐☐☐
Produkte	☐☐☐☐☐☐	☐☐☐☐☐☐
Prozesse	☐☐☐☐☐☐	☐☐☐☐☐☐
EDV	☐☐☐☐☐☐	☐☐☐☐☐☐
Personal	☐☐☐☐☐☐	☐☐☐☐☐☐
Durchschnittswert	☐☐☐☐☐☐	☐☐☐☐☐☐

Risk Assessment

Risiken im Bereich Finanzen

	Risikoeinschätzung Schaden	Risiko-Eintritts-wahrscheinlichkeit
	1 2 3 4 5 6	1 2 3 4 5 6

EDV/IT

Infrastruktur

Organisation

Prozesse

Kontrollen

BCP

Personal

Durchschnittswert

Personal

Motivation

Fluktuation

Aus-/Weiterbildung

Gehaltsstruktur

Arbeitseffizienz

Wirtschaftsdelikte

Prozesse

Durchschnittswert

Finanzen

Strategie

Produkte

Prozesse

Personal

Kontrollen

EDV

Durchschnittswert

Projekte

Management

Organisation

Struktur

Methoden

Controlling

– Projektverlauf

– Projektbudget

– Projektrisiken

Projektteam

Durchschnittswert

Risk Assessment

Risiken im Bereich Finanzen

	Risikoeinschätzung Schaden	Risiko-Eintritts- wahrscheinlichkeit
	1 2 3 4 5 6	1 2 3 4 5 6

Steuerungsinstrumente

	Schaden	Wahrscheinlichkeit
Geschäftsstrategie	☐☐☐☐☐☐	☐☐☐☐☐☐
Liquiditätsplanung	☐☐☐☐☐☐	☐☐☐☐☐☐
Finanzplanung	☐☐☐☐☐☐	☐☐☐☐☐☐
Investitionsplanung	☐☐☐☐☐☐	☐☐☐☐☐☐
Risikomanagement	☐☐☐☐☐☐	☐☐☐☐☐☐
Finanzkennzahlen	☐☐☐☐☐☐	☐☐☐☐☐☐
Betriebskennzahlen	☐☐☐☐☐☐	☐☐☐☐☐☐
Frühwarnindikatoren	☐☐☐☐☐☐	☐☐☐☐☐☐
Berichtswesen	☐☐☐☐☐☐	☐☐☐☐☐☐
Controlling	☐☐☐☐☐☐	☐☐☐☐☐☐
Risk Controlling	☐☐☐☐☐☐	☐☐☐☐☐☐
Interne Revision	☐☐☐☐☐☐	☐☐☐☐☐☐

	Schaden	Wahrscheinlichkeit
Unternehmen allgemein	☐☐☐☐☐☐	☐☐☐☐☐☐
– Strategie	☐☐☐☐☐☐	☐☐☐☐☐☐
– Management	☐☐☐☐☐☐	☐☐☐☐☐☐
– Nachfolgeregelung	☐☐☐☐☐☐	☐☐☐☐☐☐
Organisation/Struktur	☐☐☐☐☐☐	☐☐☐☐☐☐
–Bereichsübergreifend	☐☐☐☐☐☐	☐☐☐☐☐☐
Beschaffung	☐☐☐☐☐☐	☐☐☐☐☐☐
Produktion	☐☐☐☐☐☐	☐☐☐☐☐☐
Vertrieb	☐☐☐☐☐☐	☐☐☐☐☐☐
EDV/IT	☐☐☐☐☐☐	☐☐☐☐☐☐
Personal	☐☐☐☐☐☐	☐☐☐☐☐☐
Finanzen	☐☐☐☐☐☐	☐☐☐☐☐☐
Projekte	☐☐☐☐☐☐	☐☐☐☐☐☐
Verwaltung	☐☐☐☐☐☐	☐☐☐☐☐☐
Steuerungsinstrumente	☐☐☐☐☐☐	☐☐☐☐☐☐
– Controlling	☐☐☐☐☐☐	☐☐☐☐☐☐
– Kostenkalkulation	☐☐☐☐☐☐	☐☐☐☐☐☐
– Interne Revision	☐☐☐☐☐☐	☐☐☐☐☐☐

	Schaden	Wahrscheinlichkeit
Risiko-Gesamteinschätzung	☐☐☐☐☐☐	☐☐☐☐☐☐

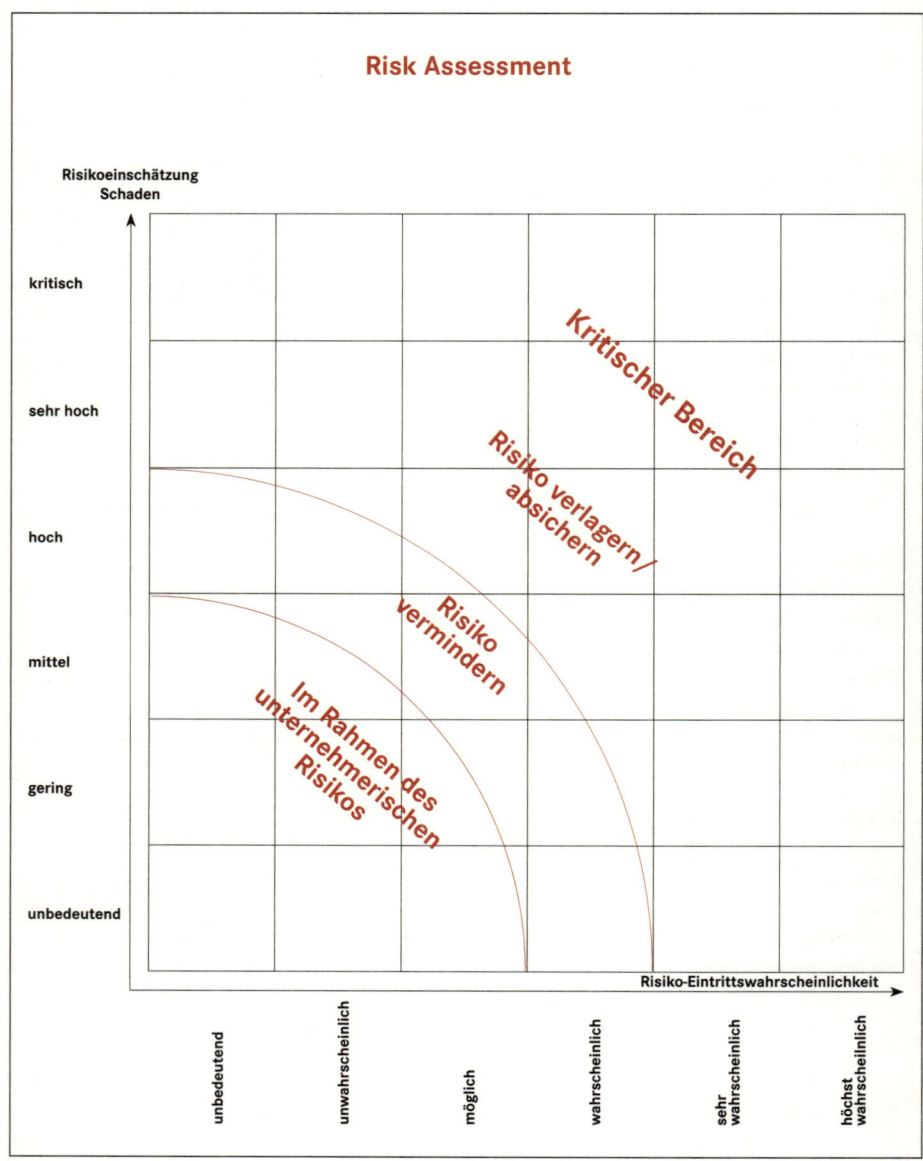

Risk Assessment

Risikoeinschätzung
Schaden

kritisch

sehr hoch

hoch

mittel

gering

unbedeutend

Kritischer Bereich

Risiko verlagern/
absichern

Risiko
vermindern

Im Rahmen des
unternehmerischen
Risikos

Risiko-Eintrittswahrscheinlichkeit

unbedeutend

unwahrscheinlich

möglich

wahrscheinlich

sehr
wahrscheinlich

höchst
wahrscheinlich

Glossar

Amerikanische Option
ist eine Option, die an jedem Handelstag während der Laufzeit ausgeübt werden kann.

Back-Office
ist der Bereich, der die Abwicklung der getätigten Finanztransaktionen vornimmt.

Back up
Datensicherung im EDV-Bereich.

Barwert
ist der abgezinste heutige Wert eines in der Zukunft fälligen Betrages.

Basisgeschäft
bezeichnet das dem eigentlichen Unternehmensziel zugrunde gelegte Geschäft, wie Produktion von Anlagen oder Im- und Export-Geschäft usw.

Basis Point Value
gibt die Marktwertveränderung eines Finanzproduktes, Portfolios oder einer Position bei einer durchgehend für alle Laufzeiten unterstellten Zinsveränderung um einen Basispunkt an.

BCM
Business-Continuity-Management: Notfallplanung für Betriebsstörung, um den allgemeinen Geschäftsbetrieb aufrecht erhalten zu können.

BCP (Business Continuity Plan)
Notfallplan bei Betriebsstörung, um den allgemeinen Geschäftsbetrieb notdürftig aufrecht erhalten zu können.

Bewertung
ist die Ermittlung des aktuellen Wertes eines Finanzproduktes durch Gegenüberstellung von Einstandspreis und aktuellem Marktpreis.

Bilaterales Netting
Transfer des Saldos, der sich nach Erfassung und gegenseitiger Aufrechnung der Zahlungsströme (Forderungen und Verbindlichkeiten) von zwei Teilnehmern oder Unternehmungen ergibt.

Bonds
sind festverzinsliche Wertpapiere mit einer Laufzeit von zehn bis 30 – oder mehr – Jahren.

Bottom Up
Hierarchische Betrachtung von unten nach oben.

Call
stellt eine Kauf-Option dar. Sie gibt das Optionsrecht zum Kauf von festverzinslichen Wertpapieren oder anderen Underlyings innerhalb einer bestimmten Zeit zu einem bestimmten Preis an. Der Gegensatz dazu ist die Put-Option. Es besteht keine Verpflichtung, sondern nur ein Wahlrecht. Wird eine Kaufoption nicht ausgeübt, verfällt sie wertlos.

Call Money
Geldanlage, für die keine besondere Laufzeit vereinbart wurde.

Call Option
ist eine Kaufoption.

Cap
ist eine Vereinbarung, die dem Käufer eines Zinsterminkontraktes gegen Zahlung einer Prämie innerhalb der Vertragslaufzeit eine Zinsobergrenze garantiert.

Cash
flüssige Finanzmittel, Kassenbestand und Sichteinlagen.

Cash-Flow
Der Cash-Flow ist eine Bilanzkennzahl, die Rückschlüsse auf die Finanzierungskraft eines Unternehmens zulässt. Der Cash-Flow wird aus der Summe von Jahresüberschuss, Abschreibungen, Veränderungen der langfristigen Rückstellungen sowie Steuern vom Ertrag und Einkommen ermittelt.

Cash-Flow-Analyse
bewertet alle zukünftigen Zahlungsströme einer Finanzposition, wobei nicht nur die Nominalbeträge aus den einzelnen Transaktionen berücksichtigt werden, sondern darüber hinaus auch die aus ihnen hervorgehenden Zins- und Tilgungsbeträge.

Cash-Flow-Risiko
bezeichnet das Risiko, dass künftige Cash-Flows Schwankungen unterliegen und damit die Liquidität entsprechend beeinflussen.

Chart
ist die grafische Darstellung eines historischen Kursverlaufs eines Finanzproduktes (Aktien, Devisen etc.).

Collar
ist die vertragliche Vereinbarung über eine Zinsobergrenze und eine Zinsuntergrenze bezogen auf einen nominellen Kapitalbetrag. Übersteigt der Referenzzinssatz die vertraglich festgelegte Zinsobergrenze (= Cap), so zahlt der Verkäufer dem Käufer des Collars die Differenz zwischen Referenzzinssatz und Zinsobergrenze. Fällt der Referenzzinssatz unter die vereinbarte Zinsuntergrenze (= Floor), so muss der Käufer des Collars die Differenz zum Referenzzinssatz dem Verkäufer erstatten.

Commercial Paper
sind kurzfristige Schuldtitel, die von erstklassigen Adressen am Geldmarkt emittiert werden.

Delta
bezeichnet eine Kennzahl, die die Abhängigkeit des Wertes einer Option von der Veränderung des Kassakurses des Basisinstrumentes (Underlying) angibt.

Derivate Finanzinstrumente
Derivate sind als Festgeschäfte oder Optionsgeschäfte ausgestattete Termingeschäfte (z.B. Optionen, Swaps, Swaption etc.), deren Preis unmittelbar oder mittelbar von dem Börsen- und Marktpreis von Wertpapieren, dem Börsen- oder Marktpreis von Geldmarktinstrumenten, dem Kurs von Devisen, Zinssätzen oder dem Börsen- und Marktpreis von Waren und Edelmetallen abhängt.

Duration
Die einfache Duration zeigt als Kennzahl die durchschnittliche Bindungsdauer des eingesetzten Kapitals an.

Durationsanalyse
drückt die mittlere Kapitalbindungsdauer eines Zinspapiers aus, wobei alle bis zur Fälligkeit anfallenden Zinsen und Zahlungen mitberücksichtigt werden.

Encryption
Datenverschlüsselung.

Erfüllungsrisiko
betrifft die Nichterfüllung einer Lieferverpflichtung aus einem Finanzprodukt.

Ertrag
ist die realisierte Wertdifferenz einer Finanzposition.

Europäische Option
ist eine Option, die nur am letzten Handelstag während der Laufzeit ausgeübt werden kann.

Exposure
ist eine nicht abgesicherte Finanzposition, die den Finanzmarktrisiken unterliegt.

Floor
ist eine Vereinbarung, die dem Käufer eines Zinsterminkontraktes gegen Zahlung einer Prämie innerhalb der Vertragslaufzeit eine Zinsuntergrenze garantiert.

FRA
ist eine Vereinbarung zwischen zwei Parteien, durch die ein fester Zinssatz auf einen nominalen Kapitalbetrag mittels einer Ausgleichszahlung festgelegt wird.

Front Office
ist der Bereich, der die Aufgaben des Handels/ Treasury ausübt.

Futures
sind standardisierte, an Börsen gehandelte Termingeschäfte, bei denen eine bestimmte Menge eines Finanzinstrumentes zu einem festgelegten Kurs am Fälligkeitstag (Valutatag) zu liefern bzw. abzunehmen ist.

Gamma
bezeichnet eine Kennzahl, die die Abhängigkeit des Delta von der Veränderung des Kassakurses des Basisinstrumentes (Underlying) angibt.

Gap
ist eine Lücke in einem Chart, die dadurch zustande kommt, wenn zwischen zwei Handelstagen der Kurssprung so riesig ausfällt, dass der Kurs am zweiten Tag deutlich über oder unter der Tagesbandbreite des vorherigen Tages liegt.

Geldmarktpapiere
sind z.B. Schatzwechsel, unverzinsliche Schatzanweisungen, Euro-Commercial-Papers sowie zweijährige Bundesschatzanweisungen. Geldmarktpapiere sind kurzfristige Schuldtitel der öffentlichen Hand, die am Geldmarkt gehandelt werden.

Glattstellung
ist die Schließung einer Finanzposition.

Grundgeschäft
bezeichnet das dem eigentlichen Unternehmensziel zugrunde gelegte Geschäft, wie Produktion von Anlagen oder Im- und Export-Geschäft usw.

Hedge
ist die Absicherung einer Position durch ein Gegengeschäft in derselben Geschäftsart, das insbesondere der Risikoabsicherung, z.B. im Devisenhandel dient.

Knock-in-Option
ist eine Option, die ihre Wirksamkeit erst erlangt, wenn während der Laufzeit ein vorher vereinbartes Kursniveau des Basisinstrumentes (Underlying) erreicht ist.

Knock-out-Option
ist eine Option, die bereits vor ihrer vertraglichen Fälligkeit verfällt, wenn während der Laufzeit ein vorher vereinbartes Kursniveau des Basisinstrumentes (Underlying) erreicht ist.

KonTraG
Gesetz zur Kontrolle und Transparenz im Unternehmensbereich.

Kreditrisiko
bezeichnet das Risiko, dass eine Vertragspartei ihrer Zahlungsverpflichtung nicht nachkommt.

Liquiditätsrisiko
a) Risiko, aufgrund fehlender Finanzmittel Zahlungsverpflichtungen nicht nachkommen zu können.
b) Risiko, Finanzpositionen aufgrund fehlender Markttiefe (Marktliquidität) nicht glattstellen zu können.

Log file
Systemprotokoll im EDV-Bereich.

MaK
Mindestanforderung an das Kreditgeschäft.

Makro-Hedge
meint die Bündelung mehrerer Finanzpositionen zwecks Absicherung durch ein Gegengeschäft.

Mark-to-Market
ist die Bewertung von Finanzpositionen zum aktuellen Marktwert.

Mark-to-Market-Methode
Gegenüberstellung (Bewertung) von Finanzpositionen, -portfolien und -transaktiven zum aktuellen Marktwert.

Marktrisiko
bezeichnet das Risiko, dass der Wert eines Finanzproduktes aufgrund von Marktpreisbewegungen schwanken kann. Dies gilt auch für andere an einem Markt gehandelten Produkte.

Markttiefe (Marktliquidität)
bezeichnet die Marktdurchdringung der einzelnen Finanzmärkte in Form von geringer Volatilität aufgrund vieler Marktteilnehmer.

Mikro Hedge
ist die Absicherung einer einzelnen Finanzposition durch ein Gegengeschäft.

Money-at-Risk
(Capital-at-Risk, Value-at-Risk)
zeigt als quasi Kennzahl das Verlustpotential, das mit einer bestimmten Wahrscheinlichkeit nicht überschritten wird.

Multilaterales Netting
Erfassung und Aufrechnung aller Forderungen und Verbindlichkeiten einer gesamten Unternehmensgruppe, wobei durch entsprechende Verzinsung der internen Guthaben und Forderungen unterschiedliche Zahlungszeitpunkte ausgeglichen werden können.

Netting
Als Netting wird die gegenseitige Aufrechnung von Forderungen (Ansprüchen) und Verbindlichkeiten (Verpflichtungen), die mit ein und demselben Vertragspartner bestehen, bezeichnet.

Offene Position
ist eine nicht abgesicherte Finanzposition, die den Finanzmarktrisiken unterliegt.

Option
ist eine vertragliche Vereinbarung, die dem Käufer der Option das Recht gibt, ihn aber nicht verpflichtet, die Lieferung oder Abnahme des Gegenstandes der Option zu einem im Voraus festgelegten Preis zu verlangen.

Originärgeschäft
bezeichnet das dem eigentlichen Unternehmensziel zugrunde gelegte Geschäft, wie Produktion von Anlagen oder Im- und Export-Geschäft usw.

OTC (Over the Counter)
OTC-Produkte sind Finanztransaktionen, die nicht an Börsen gehandelt werden.

Outright
ist ein auf einen in der Zukunft liegenden Termin abgeschlossenes Devisengeschäft.

Outsourcing
Verlagerung von Arbeitsprozessen an Dritte, von denen gegen Entgelt der Prozess im Auftragsverfahren zurück geholt wird.

Overnight Money
Tagesgeldanlage.

Performance
Erfolgsmessung, die das Erreichen oder Nichterreichen von geplanten unternehmerischen Zielgrößen, so genannter Benchmarks, zum Ausdruck bringt.

Preisrisiko
bezeichnet das Zins-, Wäh-rungs- und Kurs-risiko, wobei sowohl Gewinne als auch Verluste aufgrund der Preisschwankungen eines Produktes entstehen können.

Put-Option
Der Käufer der Option erwirbt gegen Zahlung einer Prämie das Wahlrecht, ein bestimmtes Gut (z.B. Aktien) zu einem bestimmten Zeitpunkt oder innerhalb der Optionsfrist zu einem vorher definierten Preis (Basispreis) zu verkaufen, wobei der Erwerber einer Verkaufsoption keine Erfüllung verlangen muss; er kann die Option auch (wertlos) verfallen lassen.

Rating
die Bewertung eines Zustandes.

Rendite
drückt den prozentualen Ertrag einer Finanzposition aus.

Risiko-Matrix
Matrix zur visuellen Darstellung der Risikolage.

Risiko-Punkte-Tafel
Instrument zur systematischen Erfassung und Bewertung und Darstellung von Risiken.

Risk-Flow
Darstellung des Risikoverlaufes innerhalb eines Arbeits-/Ablaufprozesses.

Schubladengeschäfte
Finanztransaktionen, die nicht »buchmäßig« in der Finanzposition erfasst sind.

Sensitivität
drückt die Anfälligkeit eines Finanzproduktes hinsichtlich dessen Performance durch Marktveränderungen aus.

Simulationsanalyse
Analyse der Auswirkung auf Risiko und Performance einer Finanzposition durch Unterstellung veränderter Marktparameter.

Standing
Ansehen, Ruf eines Unternehmens, Image.

Stillhalter
ist der Verkäufer einer Option, auch Optionsschreiber genannt.

Stop-Loss
Verlustbegrenzungslimit. Durch Vorgabe eines Preisniveaus wird bei dessen Erreichen die Finanzposition geschlossen, um den Verlust zu begrenzen.

Swap
Tausch einer Währung gegen eine andere Währung zu einem bestimmten Valutatag bei gleichzeitiger Rücktauschverpflichtung zu einem anderen Fälligkeitstag mit dem gleichen Kontrahenten.

Swapsatz
ist der Unterschied zwischen Kasse und Terminkurs einer Währung und drückt im Dezimal die prozentuale Zinsdifferenz beider involvierter Währungen aus.

Swaption
ist eine Option auf einen Swap.

Tagesgeld (Overnight Money)
Geld, das für einen Tag zwischen zwei verschiedenen Banken verliehen wird und aus dem jeweiligen Guthaben der Banken bei der Bundesbank stammt.

Termingeld
Zeitgeschäfte, bei denen die Erfüllung des Vertrags, d. h. Abnahme und Lieferung von Devisen, Waren oder Wertpapieren, zu einem späteren Termin zu einem fest vereinbarten Kurs erfolgt.

Time Lag
bezeichnet den Zeitraum zwischen einer Maßnahme und ihrer Wirkung.

Top-Down
hierarchische Betrachtung von oben nach unten.

Treasury
Abteilung in Unternehmen, die für die externe und interne Finanzierung sowie für die Gewährleistung des finanziellen Gleichgewichts zuständig ist.

Underlying
ist das einem Finanzderivat (z.B. Optionen, Termingeschäften) zugrundeliegende Basisinstrument, das bei Ausübung oder Fälligkeit des Options- oder Termingeschäfts anzudienen oder zu erhalten ist. Bei einem Neuer-Markt-Future ist z.B. der Neue Markt das Underlying, bei einer SAP-Option die SAP-Aktie.

Value-at-Risk (Capital-at-Risk, Money-at-Risk)
zeigt als Quasi-Kennzahl das Verlustpotential, das mit einer bestimmten Wahrscheinlichkeit nicht überschritten wird.

Valutatag
Fälligkeitstag einer Finanztransaktion.

Varianz/Kovarianz
Mathematisch-statistisches Verfahren zur Bestimmung von Verlustpotentialen, die unter einer angenommenen Wahrscheinlichkeit innerhalb eines vorgegebenen Zeitraumes nicht überschritten werden.

Volatilität
drückt die Schwankungsintensität der Kurse/Preise aus.

Währungsübergreifendes Netting
Reduzierung der Transferzahlungen bei gleichzeitiger Minimierung des Währungsrisikos dadurch, dass für jeden Nettingteilnehmer die Ausgleichszahlungen entweder in seiner »Heimatwährung« oder in einer festgelegten Konzernwährung erfolgt.

Wert

Der Wert einer Finanzposition ergibt sich durch Vergleich des Einstandspreises zum momentanen Marktwert.

Zero-Cost-Option

Optionsstrategie, bei der der Kostenaufwand für den Erwerb eines Call oder Put mit gleichzeitigem Verkauf eines Call oder Put prämienneutral ausgeglichen wird.

Zinsänderungsrisiko

bezeichnet das Risiko, dass der Wert eines Finanzinstrumentes aufgrund von Marktzinsänderungen Schwankungen unterliegt.

Literaturverzeichnis

Bitz, Horst: Risikomanagement nach KonTraG, Stuttgart 2000

Bundesaufsichtsamt: Verlautbarung über Mindestanforderungen an das Kreditwesen: das Betreiben von Handelsgeschäften der Kreditinstitute

Dörner, Dietrich; Horvath, Peter; Kargermann, Henning: Praxis des Risikomanagements, Stuttgart 2000

Eller, Roland: Alles über Finanzinnovationen, Landsberg am Lech 2006

Fischbach, Sven: Lexikon der Wirtschaftsformeln und Kennzahlen, Landsberg am Lech 2006

Fischer-Erlach, Peter: Handel und Kursbildung am Devisenmarkt, Stuttgart 1995

Gesetz zur Kontrolle und Transparenz im Unternehmensbereich (KonTraG), Bundesgesetzblatt I 1998, S. 786–794

Giese, Rolf: Die Prüfung des Risikomanagementsystems einer Unternehmung durch den Abschlußprüfer gemäß KonTraG, Die Wirtschaftsprüfung Nr. 10 vom 15. Mai 1998

Goldberg, Joachim: Technische Devisenkursprognose, 1996

Heidorn, Thomas; Bruttel, Henning: Treasury Management, Wiesbaden 1993

Hopp, Kai U.: GmbH-Risikomanagement zur Unternehmenssicherung und Haftungsbegrenzung, Bonn 2001

Kröger, Fritz: Risikomanagement in mittelständischen Unternehmen: Risiken erkennen, bewerten und beherrschen, Reinbek 2001

Uszczapowski, Igor: Optionen und Futures verstehen, München 2005.

Vollmuth, Hilmar J.: Kennzahlen, Planegg 2006

Wolf, Klaus; Runzheimer, Bodo: Risikomangement und KonTraG. Konzeption und Implementierung, Wiesbaden 2003

Stichwortverzeichnis